"十三五"普通高等教育本科系列教材

中国电力教育协会
高校能源动力类专业精品教材

泵与风机

主　编　王　娟

副主编　周　欣　李春曦

参　编　上官剑峰　邵　红

主　审　安连锁

中国电力出版社
CHINA ELECTRIC POWER PRESS

内 容 提 要

本书主要阐述了离心式、轴流式泵与风机的基本理论和工作特点，增加了对容积式和其他类型泵与风机的论述。本书共分八章，主要内容包括泵与风机的结构、泵与风机的工作原理与性能、相似理论及其在工程实践中的应用、泵与风机的运行及运行中的问题、叶轮初步设计等。

本书主要针对能源与动力工程类本科教学，同时兼顾核工程与核技术类、供暖通风与空调工程类以及其他相近专业的教学需求，也可供高职高专及有关工程技术人员参考。

图书在版编目（CIP）数据

泵与风机/王娟主编 . —北京：中国电力出版社，2017.8（2024.7重印）
"十三五"普通高等教育本科规划教材
ISBN 978-7-5198-0756-6

Ⅰ.①泵…　Ⅱ.①王…　Ⅲ.①泵—高等学校—教材　②鼓风机—高等学校—教材　Ⅳ.①TH3
②TH44

中国版本图书馆 CIP 数据核字（2017）第 194392 号

出版发行：中国电力出版社
地　　址：北京市东城区北京站西街 19 号（邮政编码 100005）
网　　址：http：//www. cepp. sgcc. com. cn
责任编辑：李　莉（010—63412538）
责任校对：朱丽芳
装帧设计：赵姗姗
责任印制：吴　迪

印　　刷：北京九州迅驰传媒文化有限公司
版　　次：2017 年 8 月第一版
印　　次：2024 年 7 月北京第四次印刷
开　　本：787 毫米×1092 毫米　16 开本
印　　张：13.5
字　　数：326 千字
定　　价：42.00 元

前 言

泵与风机是一门在工科院校普遍开设的课程。不同专业的授课内容有所区别。

本书内容按照从泵到风机、从离心式到轴流式、从叶片式到容积式进行编排，在加强理论的基础上，层层深入，注重应用和实践，深化了对轴流式泵与风机的分析与探讨，扩充了对容积式泵与风机的讲解与论述。另外，本教材还涉及一些叶轮初步设计的相关内容，具有结构更完整、内容更合理、实用性更强的特点。

全书共八章。第一章、第二章、第五章第一~三节、第六章第二节、第八章由王娟编写；第三章，第六章第一、三、五、六、七节由周欣编写；第四章、第五章第四节、第七章由李春曦编写；第五章第五节、第六章第四节由上官剑峰编写。邵红参与了本书资料收集、课后思考题与习题的编写、整理工作。王娟担任本书的主编；周欣、李春曦担任本书的副主编。

本书由华北电力大学安连锁教授主审。本书在编写过程中，得到了有关单位和企业的大力支持与帮助，也得到了有关院校领导和教师的关心与鼓励，在此表示衷心感谢！

由于编者水平有限和时间仓促，书中不足之处在所难免，恳请读者及专家批评指正。

编 者

2017 年 3 月于南京

目　录

前言

第一章　泵与风机概述 ………………………………………………………… 1
　第一节　泵与风机的发展与应用 ………………………………………………… 1
　第二节　泵与风机的基本性能参数 ……………………………………………… 4
　第三节　泵与风机的分类 ………………………………………………………… 10
　思考题 …………………………………………………………………………… 11
　习题 ……………………………………………………………………………… 11

第二章　叶片式泵与风机的结构 ……………………………………………… 12
　第一节　离心式泵与风机结构 …………………………………………………… 12
　第二节　轴流式泵与风机结构 …………………………………………………… 22
　第三节　其他形式的叶片式泵与风机结构 ……………………………………… 25
　第四节　几种典型的叶片式泵与风机结构 ……………………………………… 26
　思考题 …………………………………………………………………………… 39

第三章　离心式泵与风机的工作原理与性能 ………………………………… 40
　第一节　离心式泵与风机的工作原理 …………………………………………… 40
　第二节　离心式泵与风机的能量方程式及其分析 ……………………………… 43
　第三节　离心式泵与风机的损失和效率 ………………………………………… 55
　第四节　离心式泵与风机的性能曲线 …………………………………………… 62
　第五节　泵与风机的性能试验 …………………………………………………… 67
　思考题 …………………………………………………………………………… 70
　习题 ……………………………………………………………………………… 71

第四章　轴流式泵与风机的工作原理与性能 ………………………………… 73
　第一节　轴流式泵与风机的工作原理 …………………………………………… 73
　第二节　轴流式泵与风机的机翼理论 …………………………………………… 76
　第三节　基于机翼理论的轴流式泵与风机的能量方程式 ……………………… 79
　第四节　轴流式泵与风机的损失和效率 ………………………………………… 88
　第五节　轴流式泵与风机的性能曲线 …………………………………………… 94
　思考题 …………………………………………………………………………… 96
　习题 ……………………………………………………………………………… 97

第五章　相似理论及其应用 …………………………………………………… 98
　第一节　相似条件与相似定律 …………………………………………………… 98
　第二节　比转速与型式数 ………………………………………………………… 104
　第三节　无因次性能曲线和通用性能曲线 ……………………………………… 109

　　第四节　叶轮的切割与加长 ……………………………………… 112
　　第五节　泵与风机的选择 ………………………………………… 119
　　思考题 …………………………………………………………… 124
　　习题 ……………………………………………………………… 125
第六章　叶片式泵与风机的运行 ……………………………………… 127
　　第一节　泵与风机的工作点 ……………………………………… 127
　　第二节　泵与风机运行工况的调节 ……………………………… 132
　　第三节　泵与风机的联合工作 …………………………………… 139
　　第四节　水泵汽蚀 ………………………………………………… 144
　　第五节　失速、喘振与抢风 ……………………………………… 155
　　第六节　轴向力与径向力的平衡 ………………………………… 159
　　第七节　泵与风机运行中的问题 ………………………………… 165
　　思考题 …………………………………………………………… 169
　　习题 ……………………………………………………………… 170
第七章　叶片式泵与风机叶轮的初步设计 …………………………… 173
　　第一节　泵与风机叶轮设计的总体要求与任务 ………………… 173
　　第二节　离心式泵与风机叶轮的初步设计 ……………………… 174
　　第三节　轴流式泵与风机叶轮的初步设计 ……………………… 191
　　思考题 …………………………………………………………… 196
第八章　容积式和其他类型的泵与风机 ……………………………… 197
　　第一节　往复式泵与风机 ………………………………………… 197
　　第二节　回转式泵与风机 ………………………………………… 200
　　第三节　其他类型泵与风机简介 ………………………………… 202
　　思考题 …………………………………………………………… 205
附录 A　水的物理参数表 ……………………………………………… 206
附录 B　压力的单位换算表 …………………………………………… 207
参考文献 ………………………………………………………………… 208

第一章 泵与风机概述

第一节 泵与风机的发展与应用

泵与风机是一类用来输送流体并提高流体能量的通用机械。泵与风机通过做功，将原动机的机械能转化为被输送流体的能量（动能与势能）。一般，将输送液体的设备称为泵，将输送气体的设备称为风机。

一、泵与风机的发展

泵与风机历史悠久，它的产生与发展与人类的生产、生活过程息息相关。

泵与风机的起源可以追溯到远古时代，人类在生产劳动过程中所创造的原始水力、风力工具可以看作是当代泵与风机的雏形。公元前 17 世纪，古代埃及人就开始采用链泵［如图 1-1（a）所示］作为提水的工具；公元前 7 世纪，我国劳动人民就已普遍使用桔槔［俗称"吊杆"，如图 1-1（b）所示］来汲水生产；公元前 3 世纪，古希腊著名学者阿基米德发明了螺旋抽水机［如图 1-1（c）所示］。古老的风车和风箱（如图 1-2 所示）在人类的生产活动过程中也发挥着巨大的作用。人们采用风车进行碾谷、灌溉；使用风箱进行冶炼、吹扫。在我国明代已广泛应用的木制拉杆风箱，其结构已与当代活塞式压气机类似，并于 16 世纪传入欧洲。

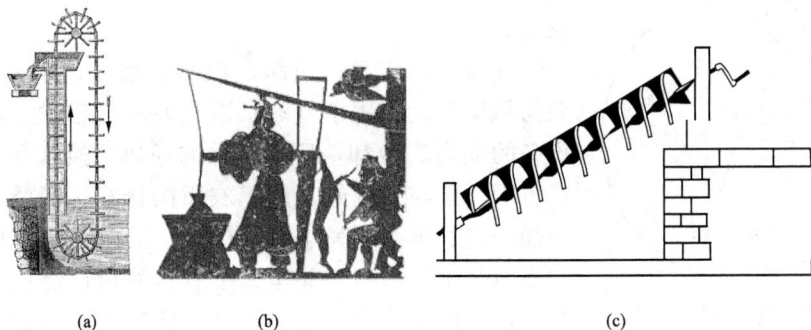

(a)　　　　　　(b)　　　　　　(c)

图 1-1　原始水力工具

（a）链泵；（b）桔槔 ；（c）螺旋抽水机

真正现代意义上的泵与风机的产生是在蒸汽机出现以后。18 世纪中后期，第一次工业革命使得采矿、冶金行业空前繁荣，泵与风机也迅速发展起来。

起初，往复直线运动的蒸汽机带动了活塞式泵与风机的优先发展，出现了蒸汽机驱动的现代活塞泵。随着蒸汽机的不断改进（往复直线运动转变为圆周运动），叶片式泵与风机的优势有了更充分的发挥。美国出现径向直叶片、半开、双吸叶轮的蜗壳泵；英国出现弯曲叶片离心泵，并采用导叶来提高离心泵的效率。

19 世纪末，高速电动机的发明与应用，使得泵与风机获得了更理想的动力源，泵与风机的结构和性能也不断完善。

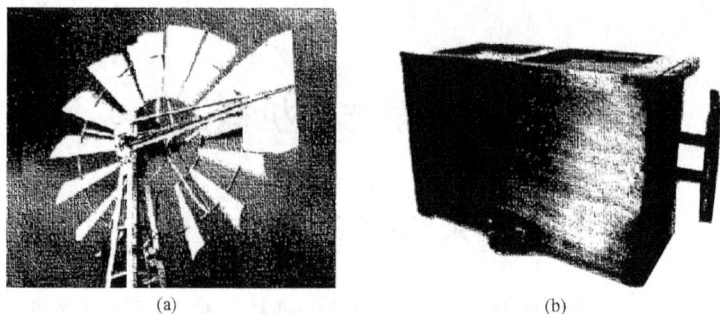

图 1-2　原始风力工具

(a) 风车；(b) 风箱

20 世纪后期至 21 世纪，随着计算机技术、材料技术的飞速发展，泵与风机的设计制造和应用技术不断提高。目前，大型水泵的驱动功率已达 10 000kW，出口压力达 34MPa；高速离心泵转速现已增至 10 000r/min；巨型轴流泵叶轮直径突破 7m，全压高达 15kPa；单级轴流风机全压效率也已增至 90% 以上。

大容量、高扬程、高转速、高效率、系列化、通用化、标准化、自动化是现代化工业生产对泵与风机提出的新要求，也是目前泵与风机发展的新方向。

二、泵与风机的应用

泵与风机广泛地应用于国民经济的各个部门。在我国，泵与风机的总耗电量约占全国总用电量的 30%～40%，其中泵的耗电量约占 2/3。泵与风机应用广、数量多、节能潜力巨大。泵与风机在各个行业分布情况大致可用图 1-3 加以说明。

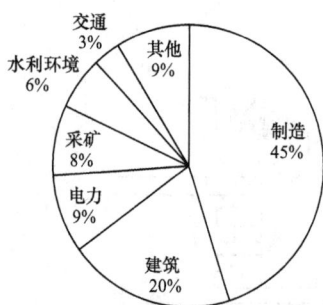

图 1-3　泵与风机的行业分布

在石油、化工、纺织、机械、冶金、采矿等行业中，泵与风机广泛地用于气态、液态原料的输送、加工，机器设备的润滑、冷却，厂房矿井的通风、换气等。在农业生产方面，泵与风机通常用于农田的排涝、灌溉，农作物的干燥、选送等。在医疗卫生行业，洁净舒适环境的运行维护离不开泵与风机，甚至人工脏器的设计制造也离不开泵与风机。随着高层楼宇、地铁、隧道的大力兴建，其通风空调、给水排水更离不开泵与风机。在经济发展与环境问题日益突出的当今，泵与风机在污水处理、噪声控制、尾气净化、能量回收等方面也发挥着令人瞩目的巨大作用。

电力行业是国民经济的支柱产业。在电力生产过程中，泵与风机起着举足轻重的作用。据统计，在火力发电厂中，泵与风机的种类可达三十几种，且数量众多。有向锅炉送水的给水泵、向汽轮机提供冷却水的循环水泵、输送凝汽器凝结水的凝结水泵；有向锅炉输送空气的送风机、输送煤粉的排粉机、排除烟气的引风机；有向系统提供润滑调节用油的主油泵；有启动锅炉的点火油泵；还有向灰场输送灰渣的渣浆泵等。泵与风机在输送工质、提供能量的同时，其自身也消耗着巨大能量。据统计，泵耗电量约占厂用电的 50%（给水泵非汽动情况下），风机耗电量约占厂用电的 30%。因此，泵与风机对发电厂的安全经济运行至关重要。

火力发电厂的生产流程如图 1-4 所示。

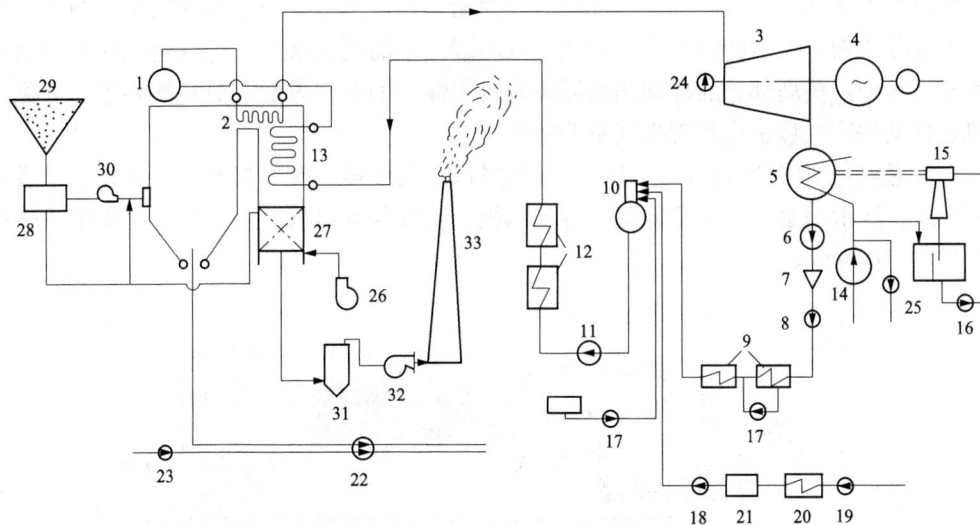

图 1-4 火力发电厂系统简图

1—锅炉汽包；2—过热器；3—汽轮机；4—发电机；5—凝汽器；6—凝结水泵；7—除盐装置；8—升压泵；
9—低压加热器；10—除氧器；11—锅炉给水泵；12—高压加热器；13—省煤器；14—循环水泵；
15—射水抽气器；16—射水泵；17—疏水泵；18—补给水泵；19—生水泵；20—生水预热器；
21—化学水处理设备；22—灰渣泵；23—冲灰水泵；24—液压泵；25—工业水泵；26—送风机；
27—空气预热器；28—磨煤机；29—煤斗；30—排粉风机；31—除尘器；32—引风机；33—烟囱

随着能源与环保问题日益突出，核电在电力生产中发挥着越来越重要的作用。核电厂一般由核岛和常规岛两个部分组成。核岛类似于火力发电厂的锅炉；在常规岛中，其热力循环与普通发电厂类似。目前，核电厂一般采用压水式反应堆，其系统原理如图 1-5 所示。

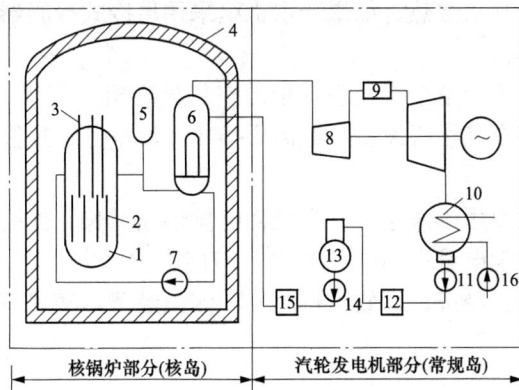

图 1-5 压水式反应堆核电厂系统简图

1—反应堆；2—燃料元件；3—控制棒；
4—安全壳；5—稳压器；6—蒸汽发生器；
7—冷却剂循环泵；8—汽轮机发电机组；9—汽水分离再热器；
10—凝汽器；11—凝结水泵；12—低压加热器；
13—除氧器；14—给水泵；15—高压加热器；16—循环冷却水泵

由图 1-5 可以看出，核电厂的生产过程以反应堆冷却剂循环、工质水蒸气循环、冷却水循环三个流程为基础。核电厂三大循环均以泵为动力源，主要有推动冷却剂循环的冷却剂循环泵、提供吸热做功工质的给水泵、输送凝汽器凝结水的凝结水泵、向汽轮机提供冷却水的冷却水泵。其中，核岛部分的冷却剂循环泵在密闭性、安全性方面有更高的要求。可见，泵与风机在核电生产过程中也起着极其重要的作用。

在供暖通风与空气调节制冷系统中，泵与风机形式多样，有冷却水泵、冷冻水（或其他载冷剂）泵、润滑油泵；有盘管风机、冷却风机、空气处理风机等。典型的半集中式中央空调系统如图 1-6 所示。

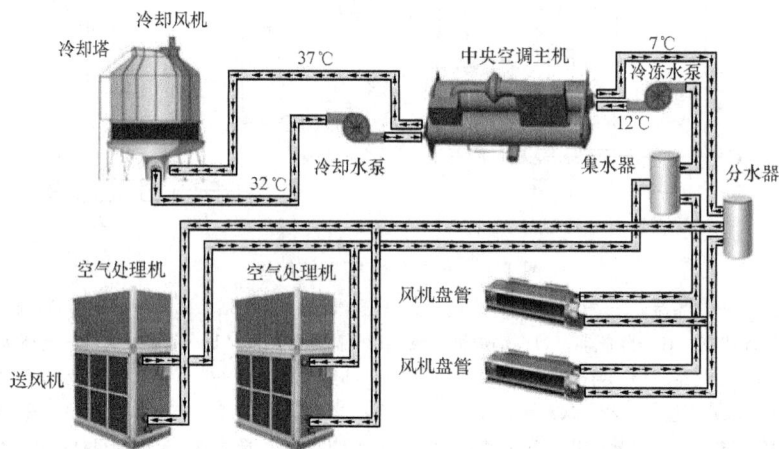

图 1-6　半集中式中央空调系统图

作为空调冷源设备的冷水机组，其冷冻水（或其他载冷剂）的循环离不开冷冻水泵（或载冷剂循环泵）。如果冷水机组采用水冷式冷凝器，则需配备冷却水泵，同时冷却塔中还要安装冷却风机，以加速冷却水散热；如果冷水机组采用风冷式冷凝器，则需配备冷却风机来实现对冷凝器的强制冷却。

作为空气处理设备，不论是全空气系统中的空气处理机、空气-水系统中的新风机还是末端的风机盘管，风机都是其核心设备。在需要排放污浊空气、提供空气幕以实现冷热空气隔离等场合也离不开风机。

随着社会发展，空调使用越来越多，空调耗电量迅速增长。据统计，在制冷空调系统总的耗电量中，泵与风机的耗电量占 30%～40%，节能潜力巨大。

总之，泵与风机安全、经济、高效运行对发展国民经济，实现节能减排、可持续发展的战略目标具有重要意义。

第二节　泵与风机的基本性能参数

不同的工作场合需要性能不同的泵与风机。如在火力发电厂中，要求给水泵具有较高的扬程；在核电厂中，要求冷却水泵具有较大的流量；在空调行业中，要求风机低噪声运行等。在满足生产、生活基本要求的前提下，安全、高效也是评价泵与风机性能的主要指标。

性能参数是用来定量衡量泵与风机性能的物理量。泵与风机的基本性能参数主要包括体

积流量 q_V、质量流量 q_m、扬程 H（风机全压 p、静压 p_{st}）、轴功率 P、效率 η、转速 n、比转速 n_s（风机比转速 n_y）、水泵汽蚀余量 $[NPSH]$ 等。这些性能参数从不同的角度反映了泵与风机的性能。

一、流量

单位时间内通过泵或风机的流体的数量称为流量。流量通常分为体积流量 q_V 和质量流量 q_m，单位分别为 m^3/s、kg/s。体积流量、质量流量可以互相换算，q_V 和 q_m 的换算关系为

$$q_m = \rho q_V \tag{1-1}$$

式中　q_m——质量流量，kg/s；

ρ——流体的密度，kg/m^3；

q_V——体积流量，m^3/s。

由于风机内流动的为气体，其流量常用体积流量 q_V 表示。若无特殊说明，q_V 一般指在标准进气状态下（大气压 $p_a=101\,325Pa$、温度 $t=20℃$、相对湿度 $\varphi=50\%$、空气密度 $\rho=1.2kg/m^3$）气体的体积流量。

二、扬程与全压

（1）扬程与全压的定义。单位重力的液体通过泵后所获得的能量称为扬程。扬程用 H 表示，单位为 m。根据水力学知识，泵的扬程又可称为能头、水头。

单位体积的气体通过风机后所获得的能量称为全压。全压用 p 表示，单位为 Pa。

（2）扬程与全压的计算。根据泵扬程的定义可知，扬程在数值上就是以单位重力的液体为基准，泵出口总机械能与入口总机械能之差，其数学表达式可写为

$$H = H_2 - H_1 \tag{1-2}$$

式中　H_2——泵出口截面上单位重力液体具有的机械能，m；

H_1——泵进口截面上单位重力液体具有的机械能，m。

式（1-2）还可进一步写为

$$H = (Z_2 - Z_1) + \left(\frac{p_2}{\rho g} - \frac{p_1}{\rho g}\right) + \left(\frac{v_2^2}{2g} - \frac{v_1^2}{2g}\right) \tag{1-3}$$

式中　Z_2、Z_1——泵出口、进口截面上单位重力液体具有的位能，m；

p_2、p_1——泵出口、进口截面上液体的压力，Pa；

ρ——液体的密度，kg/m^3；

g——重力加速度，一般取 $9.807m/s^2$；

v_2、v_1——泵出口、进口截面上液体的平均速度，m/s；

$\frac{p_2}{\rho g}$、$\frac{p_1}{\rho g}$——泵出口、进口截面上单位重力液体具有的压力势能，m；

$\frac{v_2^2}{2g}$、$\frac{v_1^2}{2g}$——泵出口、进口截面上单位重力液体具有的动能，m。

对于某些高压水泵，泵出口、进口的位能差与动能差在总扬程中所占比例很小，即使位能差与动能差不为零，也可以忽略不计，直接根据出口、进口压差计算扬程。此时，泵的扬程可简化为

$$H = \frac{p_2}{\rho g} - \frac{p_1}{\rho g}$$

同样，风机全压在数值上等于以单位体积气体为基准，风机出口总机械能与入口总机械能之差。由于风机内流动的是气体，密度较小，一般忽略其位能的变化。风机的全压由动压 p_d 和静压 p_{st} 两部分构成，即

$$p = p_d + p_{st}$$

风机全压的数学表达式可写为

$$p = p_{st2} + p_{d2} - p_{st1} + p_{d1} \tag{1-4}$$

式中　p_{st2}、p_{st1}——风机出口、进口截面上气体的静压（静压在工程上一般简称为压力，并用 p_2、p_1 代替 p_{st2}、p_{st1}），Pa；

　　　p_{d2}、p_{d1}——风机出口、进口截面上气体的动压，Pa。

风机出口、进口截面上气体的动压实质上就是在风机出口、进口截面上单位体积气体具有的动能，即

$$p_{d2} = \frac{1}{2} \rho v_2^2$$

$$p_{d1} = \frac{1}{2} \rho v_1^2$$

式中　ρ——气体的密度，kg/m³；

v_2、v_1——风机出口、进口截面上气体的平均速度，m/s。

一般，把风机出口截面上的动压 p_{d2} 作为风机的动压 p_d，即

$$p_d = \frac{1}{2} \rho v_2^2$$

因此，由式（1-4），风机的静压为

$$p_{st} = p_{st2} - p_{st1} - p_{d1} = p_{st2} - p_1 \tag{1-5}$$

式中　p_{st2}、p_{st1}——风机出口、进口截面上气体的静压，Pa；

　　　p_{d1}——风机进口截面上气体的动压，Pa；

　　　p_1——风机进口截面上气体的全压，Pa。

三、轴功率与有效功率

（1）轴功率。单位时间内，由原动机传到泵或风机轴上的功率称为轴功率。轴功率用 P 表示，单位为 W 或 kW。轴功率实际上是泵或风机的输入功率。

（2）有效功率。单位时间内，流体通过泵或风机后实际获得的功率称为有效功率。有效功率用 P_e 表示，单位为 W 或 kW。有效功率实际上是泵或风机的输出功率。

对比有效功率与扬程、全压的定义，发现它们之间存在着一定的数量关系。

对于泵，其计算关系式为

$$P_e = \frac{\rho g q_V H}{1000} \tag{1-6}$$

式中　P_e——泵的有效功率，kW；

　　　ρ——液体的密度，kg/m³；

　　　g——重力加速度，一般取 9.807m/s²；

　　　q_V——泵的体积流量，m³/s；

　　　H——泵的扬程，m。

对于风机，其计算关系式为

$$P_e = \frac{q_V p}{1000} \tag{1-7}$$

式中　P_e——风机的有效功率，kW；

　　　q_V——风机的体积流量，m^3/s；

　　　p——风机的全压，Pa。

四、效率

泵与风机在输送流体、转换能量的过程中不可避免地存在各种损失。效率是用来衡量损失相对大小的物理量。泵或风机的有效功率与轴功率之比称为效率（或总效率），用 η 表示，即

$$\eta = \frac{P_e}{P} \times 100\% \tag{1-8}$$

式中　η——效率；

　　　P_e——有效功率，W 或 kW；

　　　P——轴功率，W 或 kW。

五、原动机功率与配套原动机功率

（1）原动机功率。泵与风机由原动机拖动，原动机轴与泵或风机轴之间的传动存在机械损失。对于泵与风机来说，原动机功率一般是指原动机的输出功率 P_g。原动机功率通常要比泵或风机的轴功率大些，其计算式为

$$P_g = \frac{P}{\eta_{tm}} \tag{1-9}$$

式中　P_g——原动机功率，W 或 kW；

　　　P——泵或风机的轴功率，W 或 kW；

　　　η_{tm}——传动装置的传动效率。

不同传动装置的传动效率不同，其数值如表 1-1 所示。

表 1-1　　　　　　传动方式与传动效率 η_{tm}

传动类型	传动效率 η_{tm}
齿轮传动	0.95～0.99
皮带传动	0.95～0.98
联轴器	0.95～0.99
电动机直联传动	1.00

（2）配套原动机功率。若需要为泵与风机配置选择原动机，则应在原动机输入功率 $P_{g,in}$ 的基础上扩大一定的安全裕量，得到配套原动机功率 P_{gr}，根据 P_{gr} 来选择原动机，即

$$P_{gr} = K P_{g,in} \tag{1-10}$$

式中　P_{gr}——配套原动机功率，W 或 kW；

　　　K——容量安全系数；

　　　$P_{g,in}$——原动机输入功率，W 或 kW。

安全裕量与电动机容量大小、泵或风机的工作特性有关。对于一般用途的泵或风机，小

功率的容量安全系数可选大些，大功率的容量安全系数选小些，其取值可参考表 1-2。

表 1-2　　　　　　　　　　　电动机功率与容量安全系数 K

电动机功率（kW）	电动机容量安全系数 K	电动机功率（kW）	电动机容量安全系数 K
0.5 以下	1.5	2～5	1.20
0.5～1	1.4	5	1.15
1～2	1.3	5 以上	1.08

对于一些特殊用途的泵与风机，除了按照上述原则外，还要参考有关的特殊行业规定。如在火力发电厂中，泵与风机所选用的电动机功率远大于 5kW，但为安全起见，K 值仍采用 1.1～1.15。

配套原动机功率也称为选择原动机功率。若原动机的效率为 η_g，则

对于泵

$$P_{gr}=KP_{g,\,in}=K\,\frac{\rho g q_V H}{1000\eta\eta_{tm}\eta_g} \tag{1-11}$$

式中　P_{gr}——配套原动机功率，kW；

　　　K——容量安全系数；

　　　ρ——液体的密度，kg/m³；

　　　g——重力加速度，一般取 9.807m/s²；

　　　q_V——泵的体积流量，m³/s；

　　　H——泵的扬程，m；

　　　η——泵的效率；

　　　η_{tm}——传动装置的传动效率；

　　　η_g——原动机的效率。

对于风机

$$P_{gr}=KP_{g,\,in}=K\,\frac{q_V p}{1000\eta\eta_{tm}\eta_g} \tag{1-12}$$

式中　q_V——风机体积流量，m³/s；

　　　p——风机的全压，Pa；

　　　η——风机的效率。

六、转速

泵或风机的轴每分钟的转数称为转速，用 n 表示，单位为 r/min。

当转速变化时，泵或风机的其他性能参数如流量、扬程、功率等都随之发生变化。

七、噪声

声音是由振动产生的。噪声是发声体做无规则振动时发出的声音，或妨碍人们正常生活、学习和休息的声音。噪声大小可用 dB（Decibel，分贝）表示。分贝是一个纯计数值，没有单位，其大小等于声源功率和基准声功率的比值取对数的 10 倍。

一般噪声高过 50dB 就会对人类的日常工作生活产生影响。噪声除了损伤听力以外，还能引起多种疾病，损害身体健康，必须控制噪声不超过允许值（75～90dB）。

此外，泵与风机的性能参数还有比转速（或型式数）、泵的汽蚀余量（或吸上真空高度）等，将在以后的有关章节中讨论。

【例 1-1】 有一输水系统，如图 1-7 所示。泵出口、进口截面 2-2、1-1 的中心到基准面的距离分别为 Z_2、Z_1，且 $Z_2=Z_1=1.6\text{m}$。某一工况下，泵出口截面处压力表读数为 1.5MPa、进口截面处真空表读数为 0.05MPa，若泵出口、进口的管径相同，液体的密度为 $1.0\times10^3\text{kg/m}^3$。求泵的扬程。

【解】 在泵出口截面 2-2 上，单位重力液体具有的总机械能为

$$H_2=Z_2+\frac{p_2}{\rho g}+\frac{v_2^2}{2g}$$

在泵入口截面 1-1 上，单位重力液体具有的总机械能为

$$H_1=Z_1+\frac{p_1}{\rho g}+\frac{v_1^2}{2g}$$

由于出口、进口的管径相同，根据连续性方程可知管内流速相同，即

$$v_2=v_1$$

根据泵扬程定义，泵的扬程为

$$\begin{aligned}H=&H_2-H_1\\=&(Z_2-Z_1)+\frac{p_2-p_1}{\rho g}+\frac{v_2^2-v_1^2}{2g}\\=&0+\frac{(1.5+0.05)\times10^6}{1000\times9.8}+0\\=&158(\text{m})\end{aligned}$$

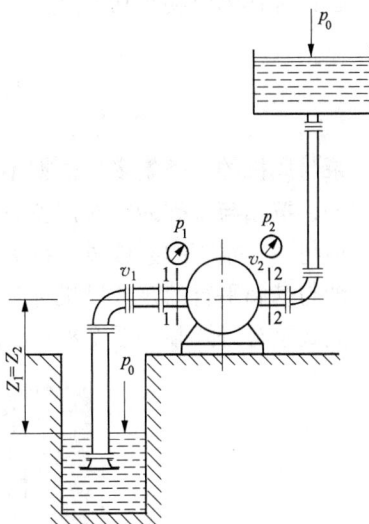

图 1-7 【例 1-1】用图

答：泵的扬程 158m。

【例 1-2】 某离心泵的流量为 250m³/h，扬程为 120m，效率为 78%，采用联轴器传动。问该泵应选用多大容量的电动机？

【解】 泵的流量为

$$q_V=250\text{m}^3/\text{h}=\frac{250\text{m}^3}{3600\text{s}}=0.07(\text{m}^3/\text{s})$$

泵有效功率为

$$P_e=\frac{q_V\rho g H}{1000}=\frac{0.07\times1000\times9.8\times120}{1000}=82.32(\text{kW})$$

泵轴功率为

$$P=\frac{P_e}{\eta}=\frac{82.32}{0.78}=105.5(\text{kW})$$

采用联轴器传动，选取传动效率 $\eta_{tm}=0.98$；选取电动机效率 $\eta_g=0.99$，容量安全系数 $K=1.08$，则配套原动机功率为

$$P_{gr}=KP_{g,\text{in}}=K\frac{P}{\eta_{tm}\eta_g}=1.08\times\frac{105.5}{0.98\times0.99}=108.7(\text{kW})$$

答：选择的电动机功率至少为 108.7kW。

第三节　泵与风机的分类

泵与风机的种类繁多，根据不同的分类标准可以分成不同的类别。

一、按轴与基础的相对位置分类

轴与基础垂直的泵或风机称为立式泵或风机。

轴与基础平行的泵或风机称为卧式泵或风机。

立式泵与卧式泵如图 1-8 所示。

图 1-8　立式泵与卧式泵

（a）立式泵；（b）卧式泵

二、按扬程或全压的高低分类

泵根据扬程高低分为低压泵、中压泵和高压泵。其中，低压泵扬程小于 200m；中压泵扬程位于 200～600m 之间；高压泵扬程大于 600m。

风机根据全压高低分为通风机、鼓风机和压气机。其中，通风机全压小于 15kPa，鼓风机全压位于 15～340kPa 之间，压气机全压大于 340kPa。

三、按工作原理分类

按工作原理，泵与风机可以分为叶片式、容积式和其他类型。

1. 叶片式泵与风机

叶片式泵与风机具有叶轮，通过工作叶轮旋转、叶片对流体做功来输送流体。根据叶片对流体的作用力的不同，叶片式泵与风机又可再分为离心式、轴流式和混流式（斜流式）等。

2. 容积式泵与风机

容积式泵与风机具有工作室，通过工作室容积周期性的变化来输送流体。根据工作元件的运动方式的不同，容积式泵与风机还可再分为往复式和回转式。活塞泵是常见的往复式泵。螺杆泵、齿轮泵是常见的回转式泵。

3. 其他类型

无法归入前面两种类型的泵与风机属于其他类型。如射流泵，它利用射流产生的高速动能来输送能量较低的流体。

四、按用途分类

泵与风机按用途可以分为给水泵、循环水泵、冲灰泵、送风机、给粉机、新风机、冷却风机等。

　　上述泵与风机的分类之间可以相互交叉，同一台泵或风机可以分属于不同的类别。如某水泵可以为卧式、高压、离心式给水泵。

思 考 题

1-1　泵与风机的定义是什么？

1-2　泵与风机的发展过程是怎样的？

1-3　泵与风机在各行业中的应用状况如何？

1-4　火力发电厂中有哪些常用的泵与风机？各有什么作用？

1-5　核电站主要有哪些泵？各有什么作用？

1-6　空调制冷系统有哪些泵与风机，各有什么作用？

1-7　泵与风机有哪些性能参数？是如何定义的？

1-8　如何计算泵的扬程？

1-9　如何计算风机的全压？

1-10　如何为泵或风机配置电动机？

1-11　泵与风机是如何分类的？

1-12　立式泵与卧式泵有何区别？

1-13　什么是低压泵、中压泵和高压泵？

1-14　什么是通风机、鼓风机和压气机？

1-15　叶片式泵与风机的工作原理是什么？

1-16　容积式泵与风机的工作原理是什么？

习 题

　　1-1　有一风机，从大气中吸气，若风机出口压力表读数为700Pa，出口气流速度为25m/s，空气密度为1.2kg/m³，求风机动压和全压。

　　1-2　某水泵正常工作时，流量为25L/s，扬程为30m，若输送的水密度为1000kg/m³，求其有效功率。

　　1-3　某风机流量$q_V = 70\,000\text{m}^3/\text{h}$，全压$p = 1400\text{Pa}$，轴功率$P = 34\text{kW}$，求其效率。

　　1-4　某水泵流量为40L/s，扬程为15m，效率为75%，采用联轴器传动，问该泵应选用多大容量的电动机？

第二章 叶片式泵与风机的结构

了解泵与风机的结构是理解和掌握泵与风机工作原理和性能的基础。根据叶片对流体作用力的不同，叶片式泵与风机分为离心式、轴流式和混流式。根据工作元件的运动方式不同，容积式泵与风机分为回转式和往复式。

第一节 离心式泵与风机结构

一、离心泵的结构

离心泵形式多样，但总体结构相似，主要部件有轴、叶轮、吸入室、压出室、导叶、密封装置、轴承座、联轴器等。其结构如图 2-1 所示。

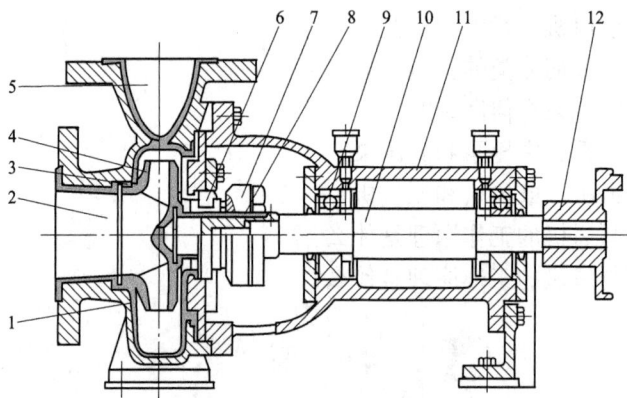

图 2-1 离心泵的结构

1—泵壳；2—吸入室；3—密封环；4—叶轮；5—压出室；6—轴向机械密封（静环）；

7—轴向机械密封（动环）；8—轴套；9—轴承；10—轴；11—轴承座；12—联轴器

（一）泵轴

泵轴的作用是传递原动机扭矩。

泵轴应有足够的抗扭强度和足够的刚度，且其挠度不能超过允许值。泵轴的材料一般采用碳钢或合金钢。根据外形，泵轴可分为水平轴和阶梯轴。中小型泵多采用水平轴，大型泵多采用阶梯轴。叶轮可滑套在轴上，也可热套在轴上。轴上一般开有键槽，通过键来固定叶轮。轴上还有轴套，起轴向定位和保护泵轴的作用。轴和轴套如图 2-2 所示。泵轴需要有轴承支承，通过传动装置与原动机相连。

（二）叶轮

叶轮的作用是对流体做功。轴带动叶轮旋转，叶片对流体做功，将原动机输入的机械能转化为流体的能量。

若泵轴上只有一个叶轮，称单级泵；若泵轴上有多个叶轮，称多级泵。

离心泵叶轮按吸入口个数，可分为单吸叶轮和双吸叶轮。单吸是指叶轮只有一个吸入口，流体从一侧进入叶轮，如图 2-3（a）所示；双吸是指叶轮有两个吸入口，流体从两侧进入叶轮，如图 2-3（b）所示。

离心叶轮一般铸造成一体，有封闭式、半开式及开式三种形式。

封闭式叶轮由前盖板、后盖板、叶片及轮毂组成，如图 2-3（a）、图 2-3（b）所示。封闭式叶轮效率高，适合输送清水、油及其他无杂质液体。

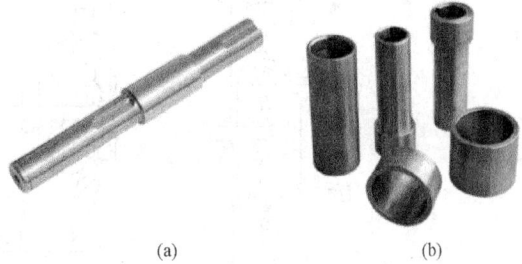

图 2-2　轴与轴套
(a) 轴；(b) 轴套

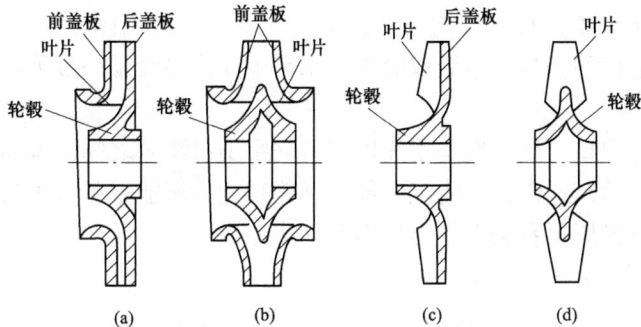

图 2-3　叶轮的形式
(a) 单吸封闭式叶轮；(b) 双吸封闭式叶轮；(c) 半开式叶轮；(d) 开式叶轮

半开式叶轮由后盖板、叶片及轮毂组成，如图 2-3（c）所示。开式叶轮由叶片及轮毂组成，叶片两侧均无盖板，如图 2-3（d）所示。半开式和开式叶轮效率相对较低，适合输送含有杂质的液体。

（三）吸入室

吸入室位于叶轮入口前。泵吸入口法兰至叶轮进口前的流动空间称为吸入室。吸入室的作用是使叶轮进口流速分布均匀，降低流动损失，平稳地将流体引入叶轮。离心泵的吸入室主要有以下三种形式。

1. 圆锥形吸入室

圆锥形吸入室如图 2-4（a）所示。

圆锥形吸入室结构简单、制造方便，且流速分布均匀、流动损失小，但轴向尺寸较大。圆锥形吸入室普遍用于小型单吸单级悬臂式离心泵中。有些大型离心泵入口采用弯管或肘形管，在叶轮进口前设有一段锥形管，具有锥形吸入室的优点，也称为弯管形吸入室或肘形吸入室。

2. 圆环形吸入室

圆环形吸入室如图 2-4（b）所示。

圆环形吸入室轴向尺寸较短，结构对称而简单，但因其流动空间为圆环形，流速分布不太均匀，损失较大。由于轴向尺寸小，节段式多级泵大多采用圆环形吸入室。

3. 半螺旋形吸入室

半螺旋形吸入室如图 2-4（c）所示。

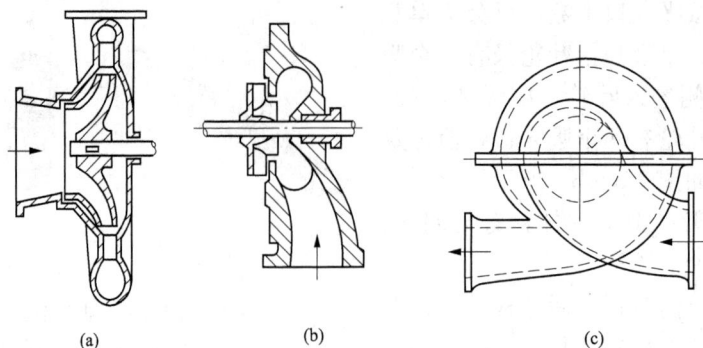

图 2-4　水泵吸入室

(a) 圆锥形吸入室；(b) 圆环形吸入室；(c) 半螺旋形吸入室

半螺旋形吸入室流速分布比较均匀，流动损失较小，但流体在叶轮入口前有旋转运动（预旋），降低了离心泵的扬程。单级双吸泵、水平中开式多级泵一般采用半螺旋形吸入室。

（四）压出室

压出室位于叶轮出口。压出室是指叶轮出口到泵出口法兰之间的流动空间。压出室的作用是收集叶轮出口处的高速流体，将流体部分动能转化为压能，引入出口管路。

压出室主要有环形压出室和螺旋形压出室。

环形压出室如图 2-5 (a) 所示。

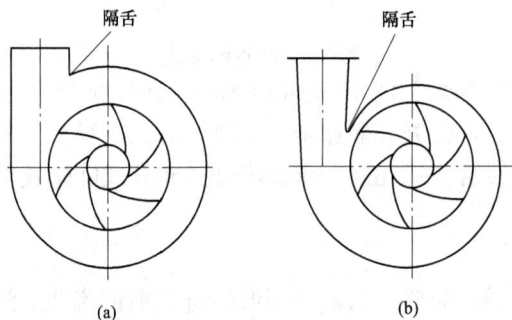

图 2-5　压出室

(a) 环形压出室；(b) 螺旋形压出室

环形压出室结构简单，轴向尺寸小，但速度分布不均匀，损失大。环形压出室的隔舌空隙很大，不易形成杂质的阻塞，普遍用于节段式多级泵和杂质泵中。

螺旋形压出室又称蜗室，如图 2-5 (b) 所示。

螺旋形压出室速度分布均匀，流动损失小。单级双吸泵或水平中开式多级泵中一般均采用螺旋形压出室。

（五）导叶

导叶即导向叶轮，位于多级泵上级叶轮后或末级叶轮出口。导叶的作用是收集上级叶轮出口流体，将流体引入下级叶轮或出口。多级泵中必须装有导叶。设计良好的导叶应具有较低的流动损失。

导叶一般有径向式和流道式两种形式。

径向式导叶如图 2-6 所示。径向式导叶由正导叶、过渡区和反导叶组成。正导叶收集流体，过渡区的作用是改变流体流动方向，反导叶将流体引入下级叶轮。径向式导叶结构简单、便于制造，其实物如图 2-7 所示。

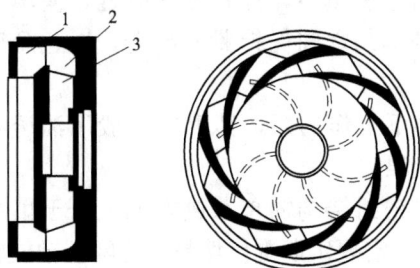

图 2-6　径向式导叶

1—正导叶；2—过渡区；3—反导叶

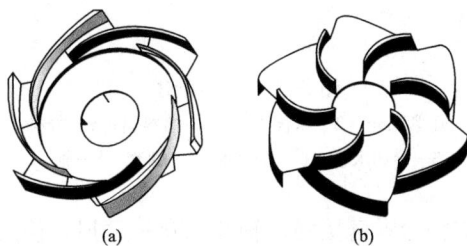

图 2-7　径向式导叶实物图

（a）正导叶；（b）反导叶

流道式导叶如图 2-8 所示。流道式导叶实际上是若干个独立的流体通道，每条流道内流体不相混合。流体在一个连续变化的流道内流动，速度变化均匀，水力性能较好，其径向尺寸比径向式导叶小，但结构较复杂，制造工艺性差。节段式多级泵趋向于采用流道式导叶，以减少外壳直径。

（六）密封装置

泵运行时，叶轮旋转、泵壳静止。叶轮与泵壳之间存在间隙，泵轴与泵壳之间也存在间隙，为了防止泄漏，必须设有密封装置。

1. 密封环

为了防止泵出口高压流体通过泵壳与叶轮间的间隙泄漏到叶轮入口，在叶轮入口必须设置密封装置，称密封环或口环。密封环（如图 2-9 所示）通过增加介质的流动阻力来降低介质在叶轮入口和泵壳间的泄漏。

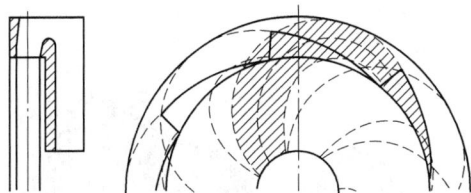

图 2-8　流道式导叶

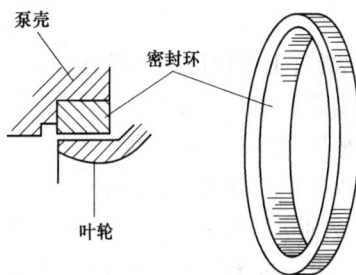

图 2-9　密封环

离心泵密封环的设置也可起到保护叶轮的作用，以防磨损。

密封环有平环、阶梯环和迷宫环等形式，满足不同的密封效果要求。

2. 轴封

泵轴与泵壳间存在间隙，为了防止泵内高压流体从高压段泄漏或外界气体从低压段渗入，泵必须设有轴端密封装置。轴端密封装置简称轴封。

轴端密封装置主要有填料密封、机械密封、迷宫式密封、浮动环密封和动力密封等。

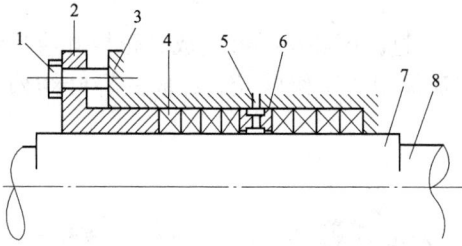

图 2-10　填料密封
1—压紧螺栓；2—填料压盖；3—填料箱；4—填料；
5—冷却水管；6—水封环；7—轴套；8—轴

（1）填料密封。填料密封的结构如图 2-10 所示。

填料密封主要由填料箱、水封环（也称填料环）、填料、填料压盖以及压紧螺栓等组成。填料箱内塞满填料，拧紧压紧螺栓，使填料和轴（或轴套）之间保持紧密配合，以达到密封的目的。

常温下工作的泵，其填料一般用油透石墨或棉织盘根。

填料密封结构简单、成本低。由于填料与轴或轴套紧密接触，轴和轴套易磨损，使用寿命较短，需要定期更换填料。为降低轴或轴套与填料间的磨损与发热，填料密封正常要保持一定的滴漏，密封效果较差。

目前，填料密封大多设有水封。将一定压力的水注入填料箱中，以提高密封效果和使用寿命。

填料密封一般用于小型低速泵中。

（2）机械密封。机械密封的结构如图 2-11 所示。

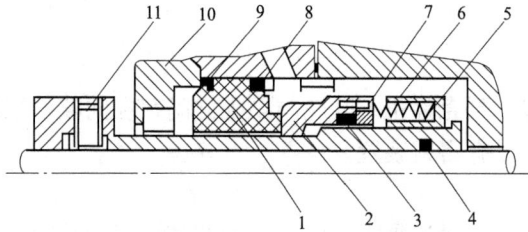

图 2-11　机械密封结构图
1—静环；2—动环；3、4、8、9—密封圈；5—弹簧；
6—弹簧座；7—推环；10—压盖；11—固定螺钉

机械密封主要由四类部件构成。

1）主要密封件：动环和静环。

2）辅助密封件：密封圈。

3）压紧件：弹簧、推环。

4）传动件：弹簧座及键或固定螺钉。

图 2-12 所示为机械密封部件实物图。

机械密封在弹性构件（如弹簧）和密封介质的压力下，在旋转的动环和静止的静环的接触面（端面）上产生适当的压紧力，使这两个端面紧密贴合，端面间维持一层极薄的液体膜，达到密封的目的。这层液体膜具有流体动压力与静压力，起着润滑与密封的作用。

机械密封与填料密封比较，具有如下优点：密

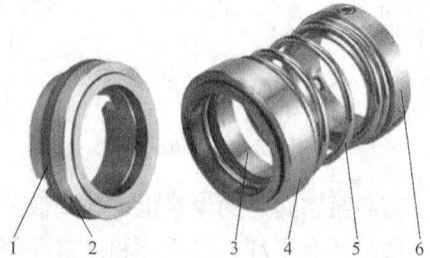

图 2-12　机械密封部件实物图
1—静环密封圈；2—静环；3—推环；
4—动环；5—弹簧；6—定位环

封可靠，泄漏量很小，摩擦功率消耗小（轴或轴套基本上不受磨损），使用寿命长，适用范围广（机械密封能用于低温、高温、真空、高压、不同转速以及各种腐蚀性介质和含磨粒介质等的密封）。但其缺点是机械密封结构较复杂，对制造加工、安装要求高，价格贵，成本高。

（3）迷宫式密封。迷宫式密封如图 2-13 所示。

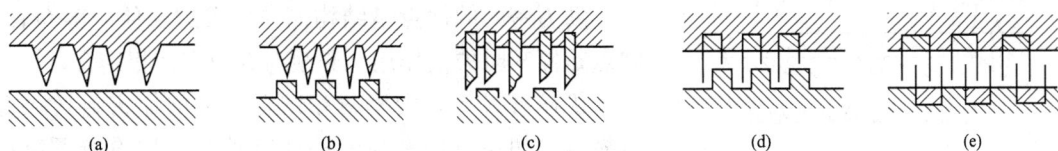

图 2-13　迷宫式密封
（a）整体平滑式；（b）整体曲折式；（c）复合参差式；（d）复合曲折式；（e）镶嵌曲折式

迷宫式密封通过节流作用达到密封效果。首先，流体在流经迷宫式密封齿和轴（或固定衬套）之间的环形窄缝时，速度增大，温度、压力下降。然后，在密封齿后的一个环形腔室中突然膨胀，产生漩涡，造成能量损失，温度又回复到密封齿前的数值，而压力却大大下降，不能再恢复初值。这样一齿接一齿下来，直到最后压力趋近于环境背压。

通过密封齿的泄漏量取决于一个齿前后的压差，而这个压差比整个密封装置前后压差小得多，因而可以大大减小泄漏量。

迷宫式密封的优点是结构简单、尺寸小、成本低廉、维护方便，转子和机壳间存在间隙，不需润滑，且功率消耗小。缺点是泄漏量较大。

由于迷宫式密封存在间隙，它允许有热膨胀，所以适应于高温、高压、高转速的场合。

（4）浮动环密封。浮动环密封结构如图 2-14 所示。

浮动环密封由许多浮动环和支承环（浮动套或密封环座）组成。这些浮动环可以自由地沿径向浮动，但受防转径向导销挡住，不能转动。

浮动环密封是靠浮动环端面、浮动套端面以及浮动环和轴套间的微小径向间隙节流来实现密封的，它既有径向密封作用，又具有轴向密封作用。

在运行中，由于流体动力作用，浮动环在工作中能自由浮动，并自动对正中心自动调整，运行中不会碰撞，所以径向间隙可以做得很小。

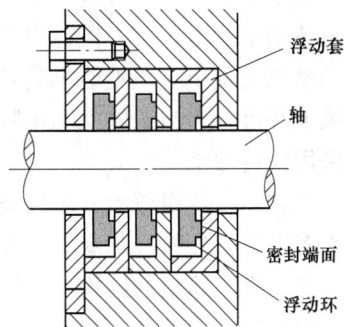

图 2-14　浮动环密封

为了提高密封效果，减少泄漏量，在多级环的中间还可通入高压密封水。

浮动环密封适用于密封高压高温流体，而且和其他密封形式配合使用效果更好。

由于浮动环与转轴之间必须保持水膜，一旦水流中断，密封就会被破坏。所以不宜在空转或汽化条件下运行。

浮动环密封随着密封环数的增多，轴向尺寸加长，不适宜用在轴粗而短的大容量水泵上（如给水泵）。目前趋向于以迷宫式密封替代浮动环密封。

（5）动力密封。动力密封依靠转子旋转时产生的压头来平衡密封侧的压力。主要有副叶轮、螺旋动力密封等形式。

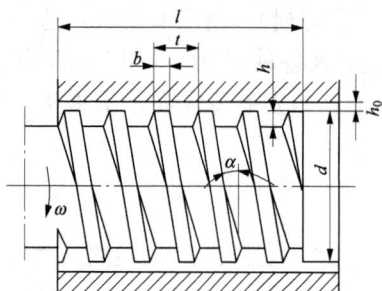

图 2-15　螺旋动力密封

副叶轮实际上是一个半开式的离心叶轮，旋转时产生的扬程可以降低轴向密封处的泄漏量。

螺旋动力密封相当于一个容积式的螺杆泵，如图 2-15 所示。在轴上车削出螺旋，旋转时流体压头升高，与被密封流体平衡。

动力密封的优点是结构简单、可靠，使用寿命长。缺点是停车时失去作用，必须与其他密封相结合。

机械密封与动力密封相结合，可增加密封效果和可靠性。如在机械密封的动环座轴套上增设所谓高鲁皮夫（Golubiev）反向螺旋槽，这一结构实际上就是使旋转套上的螺纹与静止衬套里口的螺纹方向相反，因而在几乎所有的情况下，都能使泄漏返回水提升压力，经导流通道强制进入动环和静环的间隙中去，以带走摩擦热和冲掉气泡杂质等。高压密封水一方面顶住高压泄出水，另一方面窜进动静环之间，维持一层流动膜，使动静环面不接触。流动膜很薄，因此泄出水量很少。

（七）轴承与轴承座

轴承与轴承座是用来支撑和承力的部件，如图 2-16 所示。轴承安装于轴承座内。作为转动部件，轴承用以支撑转动部分的重量以及承受运行时的轴向力及径向力。一般来说，卧式泵以径向力为主，立式泵以轴向力为主。

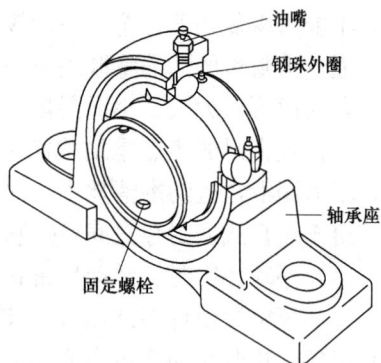

图 2-16　轴承与轴承座

泵中常用的轴承有滑动轴承和滚动轴承两类。滑动轴承转动摩擦力较大，但能承受较大径向力；滚动轴承转动摩擦力较小，但不能承受较大径向力。滚动轴承按荷载大小可分为滚子轴承和滚柱轴承两种。一般荷载大的采用滚柱轴承。

当轴承发热量较大、单用空气冷却不足以将热量散逸时，可采用水冷套的形式来冷却。水冷套上要另外接冷却水管。大型泵为了降低轴承温度，一般安装轴承降温水套。

二、离心风机的结构

离心风机的部件主要有叶轮、轴、机壳、集流器、导流器、进气箱等。其基本结构如图 2-17 所示。

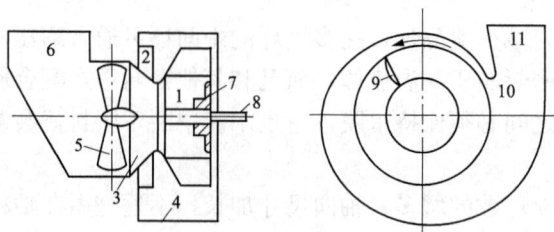

图 2-17　离心风机结构

1—叶轮；2—整流器；3—集流器；4—机壳；5—导流器；6—进气箱；
7—轮毂；8—轴；9—叶片；10—蜗舌；11—扩压器

（一）叶轮与轴

离心风机叶轮与轴的作用与离心泵类似。

离心风机叶轮由前盘、后盘、叶片、轮毂组成。叶轮前盘有平前盘、锥前盘和弧形前盘等几种，如图 2-18（a）～图 2-18（c）所示。平前盘制造简单，弧形前盘的叶轮效率高。

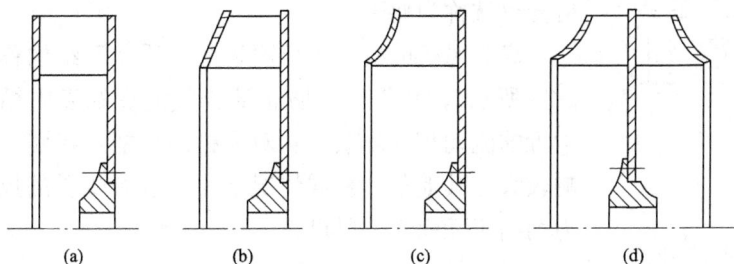

图 2-18　离心风机叶轮

（a）平前盘叶轮；（b）锥前盘叶轮；（c）弧形前盘叶轮；（d）双吸叶轮

离心风机的叶轮也可以采用双吸，如图 2-18（d）所示。

离心风机叶轮的制造主要有焊接和铆接两种形式。

由于风机输送的介质是气体，与泵相比，风机轴所传递的扭矩较小，所以可以有较大的轴径和长度。风机轴的材料一般采用碳钢或合金钢。

根据离心风机使用条件和要求不同，规定了"左"或"右"的旋转方向。如从驱动端方向看，风机逆时针旋转，称之为左旋；否则，称之为右旋。

（二）集流器

离心风机集流器位于叶轮进口前，类似于离心泵的吸入室，其作用是降低损失，引导气体平稳进入叶轮。

若风机通过集流器直接从大气中吸气，称为自由进气；否则，称为非自由进气。

不同形式的集流器将引起风机内部不同的流动状态。集流器的形状设计应尽可能地符合叶轮进口附近气流的流动状况，尽量减小涡流区范围，同时还应保证集流器流道内气流流动的平稳性。常见的集流器主要有圆筒形、圆锥形、锥弧形、喷嘴形等，如图 2-19 所示。喷

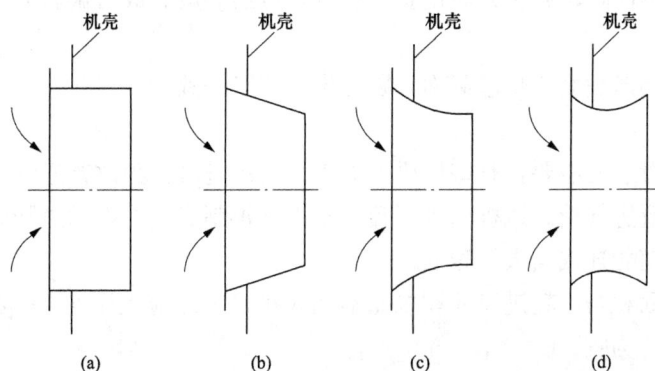

图 2-19　离心风机集流器

（a）圆筒形；（b）圆锥形；（c）锥弧形；（d）喷嘴形

嘴形集流器流动损失较小，具有较高的流动效率。

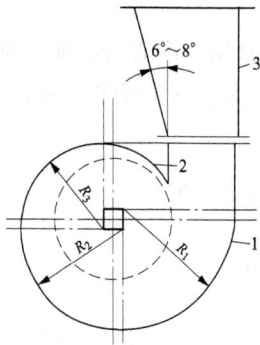

图 2-20　机壳及扩压器
1—蜗壳；2—蜗舌；3—扩压器

（三）机壳与扩压器

离心风机的机壳类似于离心泵的压出室。机壳侧面一般设计成阿基米德螺旋线或对数螺旋线形状，以提高效率，因此，机壳也被称为蜗壳。

离心风机的机壳出口附近的"舌状"结构称为蜗舌（如图 2-20 所示），其作用是防止部分气流在蜗壳内循环流动。蜗舌附近的流动相当复杂，它对风机的性能，特别是效率和噪声影响较大。其他条件相同情况下，一般有蜗舌的风机的效率、压力均高于无蜗舌的风机。

风机对应于每一左旋或右旋的旋转方向，分别有 8 种不同出风口位置，出风口方向如图 2-21 所示。

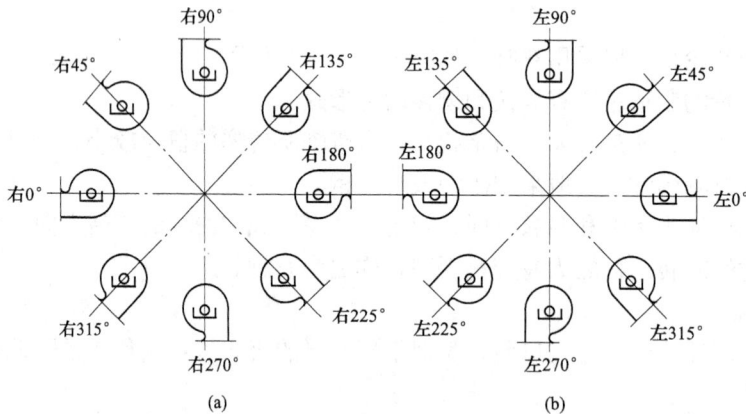

图 2-21　离心风机八种出风口位置
（a）右旋出风口位置；（b）左旋出风口位置

风机出口断面的气流速度很大，为减小流动损失，机壳出口一般设有扩压器。由于蜗壳出口气流受惯性作用向叶轮旋转方向偏斜，所以扩压器一般做成沿偏斜方向扩大，其扩散角通常为 $6°\sim8°$。

扩压器可做成圆形截面或矩形截面，以与出口管路一致。

（四）进气箱

由于结构或布置上的需要，有些风机不能采用自由进气。为改善进气条件、减小进气损失，集流器前可设置进气箱。风机的进气箱一般由钢板制成，一端通过膨胀节与风机的外壳相连，另一端与风道相连或与大气相通。

进气箱的进口面积与叶轮进口面积之比不能太小，一般应大于 1.5；否则，效率会大大下降，以 $1.75\sim2.0$ 为宜。

如图 2-22（a）所示的进气箱，其底部有直角转弯区，气流流经此处会产生较强的涡流与回流，能量损失很大，效率较低。若将底部直角转弯改为折线转弯，涡流与回流现象将大大改善，如图 2-22（b）所示。

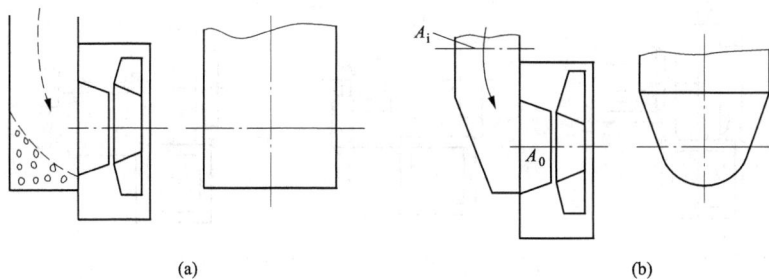

图 2-22　不同形式的进气箱

(a) 低效进气箱；(b) 高效进气箱

　　进气箱的结构和尺寸不仅关系到进气箱内的气流情况，而且对风机入口处的流动也产生很大影响。研究表明，在进气箱内局部加装导流板，也可以提高进气箱的效率。通过对进气箱内气体流动进行数值模拟，可以优化进气箱结构，消除或减小涡流区，设计出高效进气箱。

　　（五）导流器

　　导流器又称风量调节器，一般设置在离心风机的进风口或进风口的流道（如进气箱）内。通过改变导流器叶片的角度（开度）可以调节风机的流量，以扩大工作范围和提高调节效率。

　　常见的导流器有轴向导流器、径向导流器和斜叶式导流器等，如图 2-23 所示。径向导流器一般安装在进气箱入口，轴向导流器、斜叶式导流器一般安装在进气箱出口和风机入口之间。自由进气的离心风机多采用轴向导流器调节流量。

　　进气箱、导流器和集流器组成进气机构。

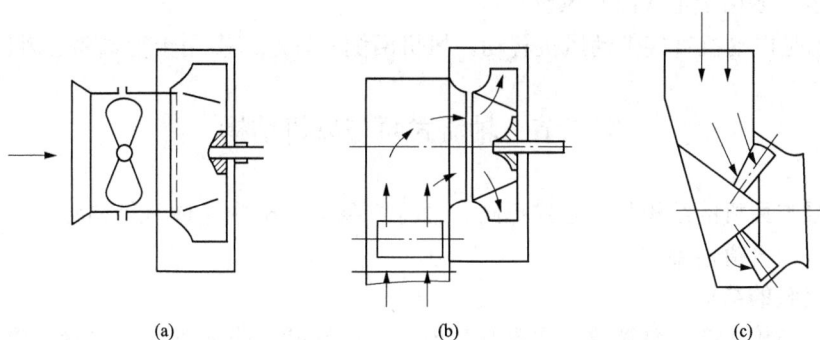

图 2-23　离心风机导流器

(a) 轴向导流器；(b) 径向导流器；(c) 斜叶式导流器

　　（六）离心风机的传动方式

　　根据使用情况不同，离心风机的传动方式也有多种。目前，风机制造厂把离心风机的传动方式规定为六种形式，如图 2-24 所示。

　　A 型传动是电动机轴与风机轴为同一根轴的连接方式，电动机直接带动风机转动。

　　B 型传动是电动机通过皮带轮带动风机转动，与风机连接的皮带轮的轴跟风机同轴，轴

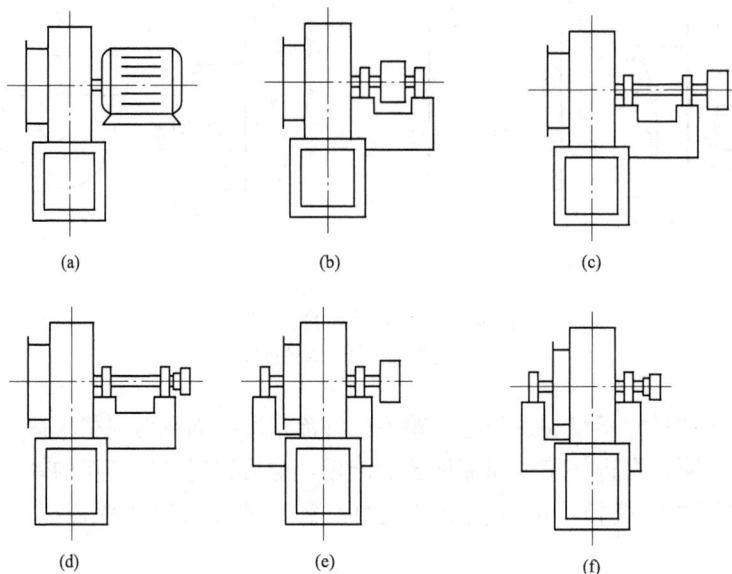

图 2-24　离心风机的传动方式

(a) A 型；(b) B 型；(c) C 型；(d) D 型；(e) E 型；(f) F 型

承在电动机两侧。

C 型传动是电动机通过皮带轮带动风机转动，但与风机连接的皮带轮的轴跟风机不同轴，通过轴承传动。

D 型传动是电动机与风机不同轴，通过轴承传动带动风机运转。

E 型传动是电动机通过皮带轮带动风机转动，与风机连接的皮带轮的轴跟风机同轴，风机两侧有轴承（多用于柜式离心风机）。

F 型传动是电动机直接带动风机转动，风机两侧有轴承（多用于柜式离心风机）。

第二节　轴流式泵与风机结构

轴流式泵与风机的结构与离心式不同。轴流式泵与风机中流体从轴向流入、轴向流出，可以很方便地与管道连接。

一、轴流泵的结构

轴流泵的结构比离心泵简单，主要有叶轮、轴、导叶、吸入管、出水管、密封装置等，如图 2-25 所示。

（一）叶轮

叶轮是轴流泵的主要部件，由叶片、轮毂体、导水锥等几部分组成。叶片安装在轮毂上，叶轮前方的导水锥可以改善进口水力性能。轴流泵叶片多为高效的机翼型。叶片有固定式和可调式两种，其中可调式又可再分为半可调式和全可调式两种。固定式叶片和轮毂铸成一体，叶片角度不可改变；半调节式叶片用螺母和定位销紧固在轮毂上，对应几个不同安装角度。在运行过程中，如工作条件发生变化，要停机后才能把叶轮拆卸下来进行调节。全可调式叶片在泵运行中可按工作要求随时调节叶轮叶片的安装角度。

　　轴流泵轮毂有圆锥形、圆柱形和球形三种。球形轮毂可以使可调叶片在任意角度下与轮毂有一固定的间隙，以减少流体流经间隙而产生的泄漏损失。

　　轴流泵由于结构特点，只能是单侧吸入，通常采用单级叶轮，偶尔也有双级叶轮。

　　叶轮材料通常用铸铁或铸钢。

（二）轴

　　轴流泵轴的作用也是传递扭矩。在大型轴流泵中，为了在轮毂体内布置叶片调节操作机构，泵轴常由优质碳素钢做成空心，既可减轻轴的质量又便于在里面安置调节操作杆，如图2-26所示。

（三）导叶

　　在轴流泵中，叶轮出口液体除了有轴向运动外，还有旋转运动。导叶固定在泵壳上，水流经过导叶时，导叶可把叶轮出口的旋转运动变为轴向运动，可以避免由于旋转而造成的冲击损失和旋涡损失，并可将旋转的动能变为压能。

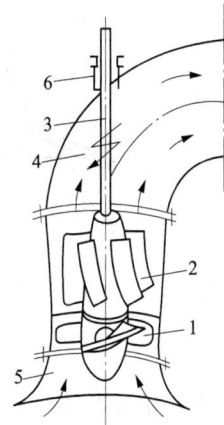

图 2-25　轴流泵结构
1—叶轮；2—导叶；3—轴；
4—出水管；5—吸入管；
6—密封装置

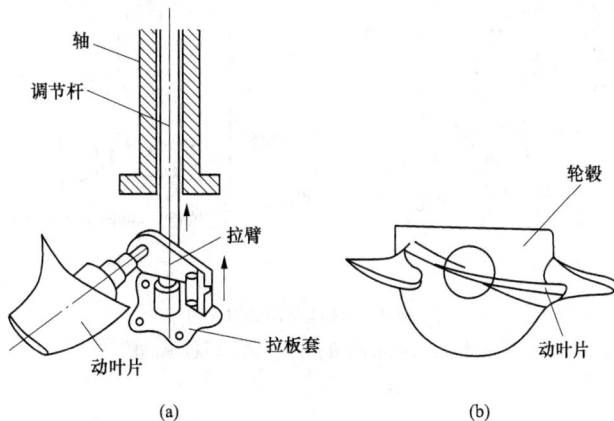

图 2-26　轴流泵的轮毂与调节机构
（a）叶片调节操作机构；（b）轮毂与动叶

　　导叶也可安装在叶轮前的入口处，称为前导叶。前导叶可使流体在进入叶轮之前产生负的圆周速度（负预旋），同样也可以消除叶轮出口的旋转运动，以提高压能及效率。

　　一般轴流泵中有6～12片导叶。

（四）吸入管

　　轴流泵入口吸入管的作用类似于离心泵的吸入室。为了改善轴流泵入口处的水力条件，吸入管形式主要有喇叭管和肘形两种，如图2-27所示。喇叭管吸入管主要应用于中、小型轴流泵，肘形吸入管主要应用于大型轴流泵。

（五）出水管

　　轴流泵出水管的作用类似于离心泵的压水室。轴流泵的出水管一般为弯管，便于轴的穿出和与电动机相连，如图2-25所示。

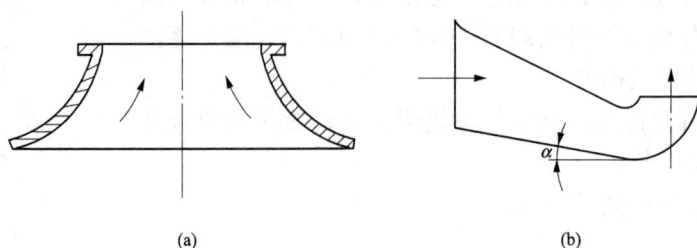

图 2-27　轴流泵吸入管

(a) 喇叭管吸入管；(b) 肘形吸入管

（六）密封装置

轴流泵出水弯管的轴孔处需要设置密封装置。目前，一般常用填料型的密封装置。

二、轴流风机的结构

轴流风机的主要部件有轴、叶轮、集流器，导叶、整流体、扩压筒等，如图 2-28 所示。

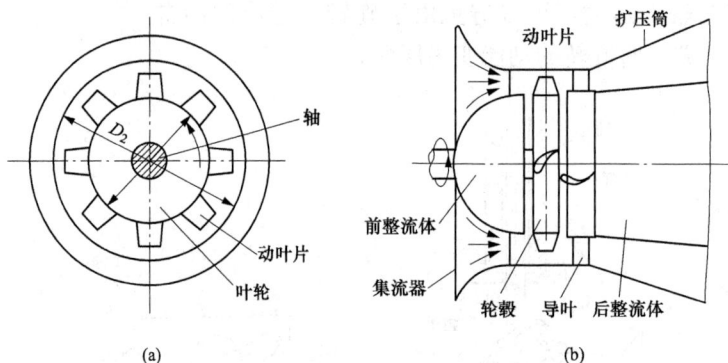

图 2-28　轴流风机的结构

(a) 轴流风机横剖图；(b) 轴流风机纵剖图

（一）叶轮与轴

轴流风机的叶轮与轴的结构、作用与轴流泵类似。轴流风机的叶片多为机翼型。叶片也分为固定式和可调式两种。

（二）集流器

为了减小进气损失，轴流风机的入口一般也可设置集流器，其结构和作用与离心风机集流器类似。

（三）导叶

轴流风机的进、出口常常装有导叶，其作用与轴流泵导叶类似。为避免气流通过时产生共振，导叶数应比动叶数少些。

（四）整流体

为了改善轴流风机进气条件，降低风机的噪声与流动损失，轴流风机一般安装整流体（罩），如图 2-28 所示。整流体一般分为前、后两个部分，前整流体位于进气前端，通常为半圆或半椭圆形，并与尾部整流体一起构成流线型。整流体的好坏对风机的性能影响很大。

（五）扩压筒

扩压筒的作用是将出口气体部分动能转变成压能。为了提高能量转换效率，轴流风机的扩压筒与后整流体根据具体的条件可以有不同的形式，如图 2-29 所示。

子午加速轴流风机是一种新型轴流风机，其叶轮轮毂为锥形，即叶轮出口轮毂直径大于进口轮毂直径，如图 2-30 所示。由于叶轮流道的截面积沿流动方向逐渐减少，气流经过叶轮子午面时速度提高，故称子午加速轴流风机。由于气流在该风机的进、出口截面上仍是轴向流动，故仍属轴流式风机的范畴。

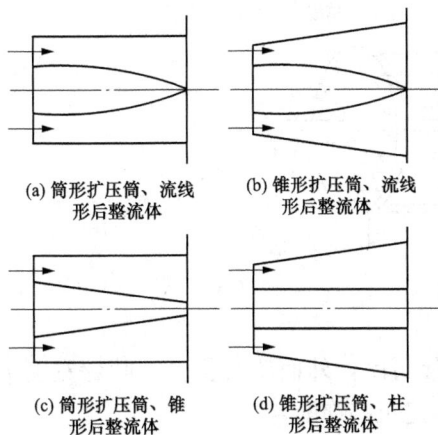

(a) 筒形扩压筒、流线形后整流体
(b) 锥形扩压筒、流线形后整流体
(c) 筒形扩压筒、锥形后整流体
(d) 锥形扩压筒、柱形后整流体

图 2-29 扩压筒与后整流体

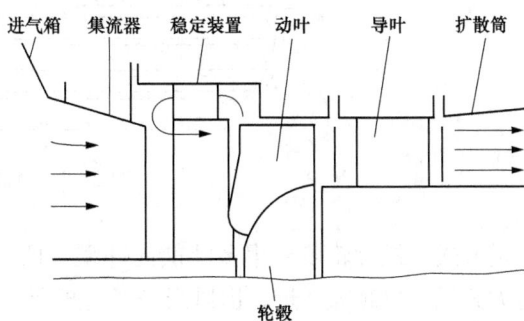

图 2-30 子午加速轴流风机

第三节 其他形式的叶片式泵与风机结构

一、混流式泵与风机的结构

混流式泵与风机的结构介于离心式和轴流式泵与风机之间，性能也介于两者之间，分为蜗壳式和导叶式两种，如图 2-31 所示。

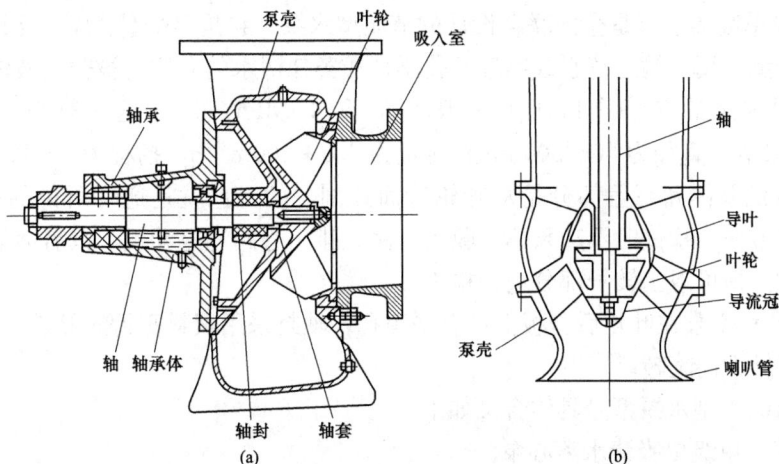

图 2-31 混流泵
（a）蜗壳式；（b）导叶式

混流蜗壳泵的结构和性能接近于离心泵；混流导叶泵的结构和性能接近于轴流泵。在此不再详述。

二、贯流式泵与风机的结构

贯流式泵与风机也属于叶片式泵与风机，具有大流量、低能头的特点。与离心式、轴流式泵与风机不同的是，其叶轮轴向宽度远远大于叶轮直径，如图 2-32 所示。叶轮旋转时，气流从叶轮敞开处径向进入叶栅，穿过叶轮内部，从另一面叶栅处排入蜗壳。由于气流的流动方向是横向对穿叶轮，因此也叫横流式泵与风机。

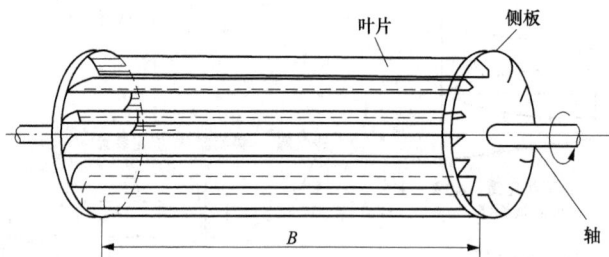

图 2-32　贯流式叶轮

贯流式风机叶轮多采用多叶前向叶型，两端用侧板封闭，外面罩有机壳。叶轮宽度 B 值越大其风量也越大。进、出风门一般为矩形，极易与建筑装饰配合。

贯流式风机体积小、质量轻、噪声低、耗电量少、安装简便，因此，家用空调、大型商场和宾馆大门上方空气幕中经常采用该种类型风机。

第四节　几种典型的叶片式泵与风机结构

一、单级单吸离心泵

单级单吸离心泵广泛应用于工厂、城市、矿山、电厂、农田、水利工程等国民经济各个部门。单级单吸离心泵结构如前所述（如图 2-1 所示）。

IS 型单级单吸离心泵是全国联合设计的节能型水泵，它是 BA 型、B 型及其他单级清水离心泵的更新型，用于输送清水或物理及化学性质类似清水的介质。被输送液体温度不高于80℃。该类型水泵的允许进口压力一般不大于 0.6MPa，其转速一般为 1450r/min 和2900r/min，泵进口直径为 50～200mm，流量为 6.3～400m³/h，扬程为 5～125m。

IS 型水泵的泵体和泵盖部分是从叶轮背面处剖分的，也就是通常所说的后开门结构。其优点是检修方便，检修时不动泵体、吸入管路、排出管路和电动机，只需拆下加长联轴器的中间连接件，即可退出转子部分进行检修。

大多数 IS 型水泵在叶轮后盖板上设有平衡孔，轴封采用填料密封的形式。从驱动端看，泵一般为顺时针方向旋转。

IS80-65-160A 型水泵型号具体含义如下：

（1）IS 表示单级单吸清水离心泵。

（2）80 表示泵吸入口直径，单位为 mm。

（3）65 表示泵排出口直径，单位为 mm。

（4）160 表示叶轮名义直径，单位为 mm。

（5）A 表示该泵的叶轮外径切割过，A、B、C 分别表示叶轮外径经第一、二、三次切割。

二、单级双吸离心泵

单级双吸离心泵也是一种被广泛应用的清水型离心泵，其结构如图 2-33 所示。单级双吸离心泵常见的有 S、SH 两种形式。该泵采用水平中开式，检修时无需拆卸进、出水管路及电动机。转速一般为 360～2900r/min，进水口直径为 150～1400mm，流量为 90～3000m³/h，扬程为 12～125m。一般采用填料密封，根据用户需要也可采用机械密封结构。

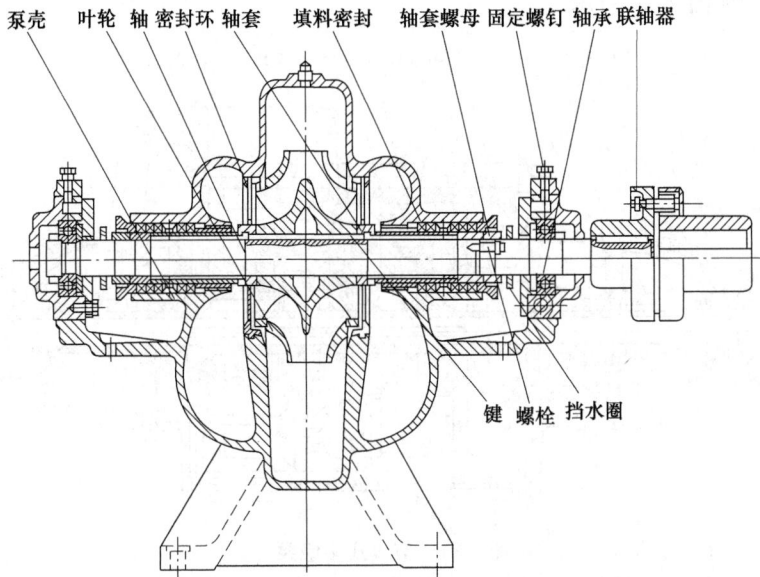

图 2-33　单级双吸离心泵

SH 型水泵和 S 型水泵的工作性能及配用电动机大体相同，只是泵的旋转方向不同。从电动机端看，SH 型泵为逆时针旋转，而 S 型泵则为顺时针旋转（根据用户需要也可改为逆时针方向旋转）。

（1）250-S-24-A 型水泵型号具体含义如下：

1）250 表示泵吸入口直径，单位为 mm。

2）S 表示单级双吸离心清水泵。

3）24 表示设计点扬程，单位为 m。

4）A 表示叶轮外径第一次切割。

（2）10SH-13A 型水泵型号具体含义如下：

1）10 表示吸入口直径被 25 除后数值（该泵吸水口直径为 250mm）。

2）SH 表示单级双吸离心清水泵。

3）13 表示比转速被 10 除后数值（该泵的比转速为 130）。

4）A 表示该泵叶轮外径第一次切割。

（3）10SHME13AF 型水泵型号具体含义如下：

1）10 表示泵吸入口直径被 25 除后数值（该泵吸水口直径为 250mm）。

2）SH 表示单级双吸清水离心泵。

3）ME 表示机械密封。

4）13 表示比转速被 10 除后数值（即该泵的比转速为 130）。

5）A 表示该泵叶轮外径第一次切割。

6）F 表示泵为顺时针方向旋转（缺省为逆时针）。

三、单吸多级节段式离心泵

单吸多级节段式离心泵主要有 D、DM、DF、DY、DG 型等系列。一般流量为 6.3～300m³/h，扬程为 13～650m，功率为 2.2～400kW，转速为 1450～2950r/min，口径为 50～200mm。其结构如图 2-34 所示。

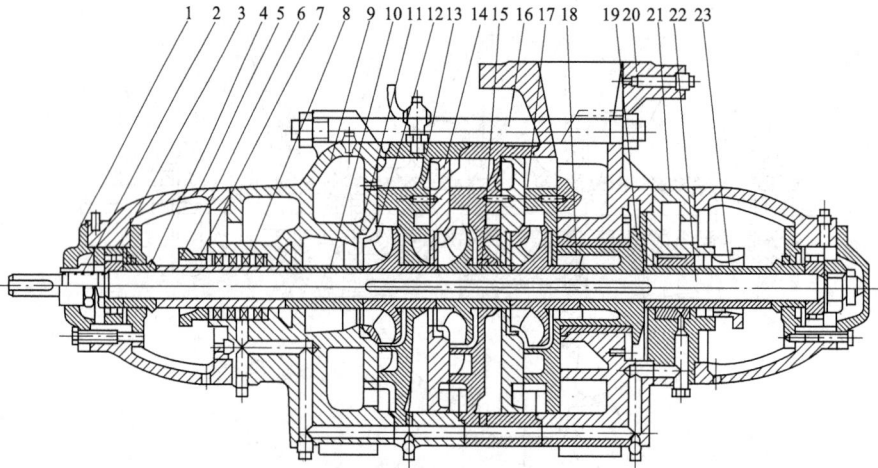

图 2-34 节段式多级泵

1—轴承盖；2—螺母；3—轴承；4—挡水套；5—轴套架；6—轴套甲；7—填料压盖；
8—填料环；9—进水段；10—中间套；11—密封环；12—叶轮；13—中段；
14—导叶挡板；15—导叶套；16—拉紧螺栓；17—出水段导叶；18—平衡套；
19—平衡环；20—出水段；21—尾盖；22—轴；23—轴套乙

D 型水泵适用于输送不含固体颗粒的清水或物理化学性质类似于清水的液体，被输送介质的温度为 0～80℃，泵吸入口为水平、吐出口垂直向上。

DM 型水泵适用于输送含少量固体颗粒、物理化学性质类似于清水的液体，被输送介质的温度为 0～80℃，泵吸入口为水平、吐出口垂直向上。

DG 型水泵适用于输送不含固体颗粒的清水或物理化学性质类似于清水的物体，被输送介质的温度为－20～150℃，泵的吸入口、吐出口均垂直向上。

DY 型水泵适用于输送不含固体颗粒的石油产品或类似于水的其他液体，被输送介质的温度为－20～400℃，泵的吸入口、吐出口均垂直向上。

DF 型水泵适用于输送不含固体颗粒的腐蚀性液体，被输送介质温度为－20～150℃，泵的吸入口、吐出口均垂直向上。

（1）D280-43/84×5 型水泵型号具体含义如下：

1）D 表示多级、单吸、节段式离心清水泵。

2）280 表示泵的流量，单位为 m³/h。

3）43 表示泵的单级扬程，单位为 m。

4）84 表示年号。

5）5 表示级数。

（2）150D30×5 型水泵型号具体含义如下：

1）150 表示泵的吸入口直径，单位为 mm。

2）D 表示多级、单吸、节段式离心清水泵。

3）30 表示泵的单级扬程，m。

4）5 表示级数。

四、锅炉给水泵

火力发电厂锅炉给水泵向锅炉连续供给高温、高压给水。随着机组单机容量的迅速增加，给水泵运行条件也日趋苛刻，不仅要求其能在高温、高压、高转速条件下运行，还要求它能够迅速适应机组负荷变化的需要。

目前，世界上高压给水泵均为双壳体筒型、多级离心泵。采用双层壳体结构不仅可以满足对高压水密封安全的要求，更能保证泵在受到剧烈热冲击时结构上保持对称性。筒型给水泵的外壳体可永久性焊在给水管路上，内泵（通常称为泵芯）为可抽式。泵筒体为水平中心支撑，设有刚性强的单独底座或共同底座。给水泵的高压端密封一般采用金属缠绕垫密封。叶轮与泵轴为过盈配合，以键连接传递转矩，轴为刚性轴。

双壳高压给水泵的内泵，目前有两种结构形式：一种是轴向剖分中开式结构，以美国福斯泵业公司（Flowserve Pump Division，FPD）为代表。福斯泵业公司的前身为拜伦·杰克逊（Byron Jackson，B.J）公司，现在日本荏原制作所（EBARA）、三菱泵业（MITSVBISHI）等都是引进美国原 B.J 公司的给水泵制造技术。另一种是径向剖分多级节段式结构，以德国凯士比泵阀公司（KSB）为代表，包括英国韦尔泵公司、瑞士苏尔寿泵公司等。

CHT 系列高压锅炉给水泵由沈阳水泵厂引进德国 KSB 公司技术设计制造，该类型给水泵对高压、超高压、热冲击以及机组负荷变化适应性强。

图 2-35 所示为火力发电厂 200MW 机组配套使用的 40CHTA/6 型锅炉水泵具体结构。

40CHTA/6 型锅炉给水泵型号具体含义如下：

（1）40 表示流量序号除以 10 后数值，单位为 t/h。

（2）CHT 表示筒式多级高压锅炉给水泵系列代号。

（3）A 表示形式代号。

（4）6 表示级数。

40CHTA/6 型锅炉给水泵主要参数：流量为 400t/h（450m³/h），扬程为 1865m，轴功率为 2857kW，转速为 5290r/min，级数为 6 级，给水温度为 172℃，最小流量为 110t/h，抽头压力为 6.27MPa，抽头流量为 20t/h，效率为 80%，从驱动端看泵为顺时针方向旋转。

五、循环水泵

在凝汽式火力发电厂中，循环水泵形式可采用离心泵、轴流泵或混流泵，但随着机组容量的迅速增加，循环水泵所需的流量也大大增加，动叶可调立式轴流泵或混流泵得到了越来越广泛的应用。

（一）ZLB 型轴流立式循环水泵

图 2-36 所示为火力发电厂 200MW 机组配套使用的 40ZLB-50 型轴流立式循环水泵具体

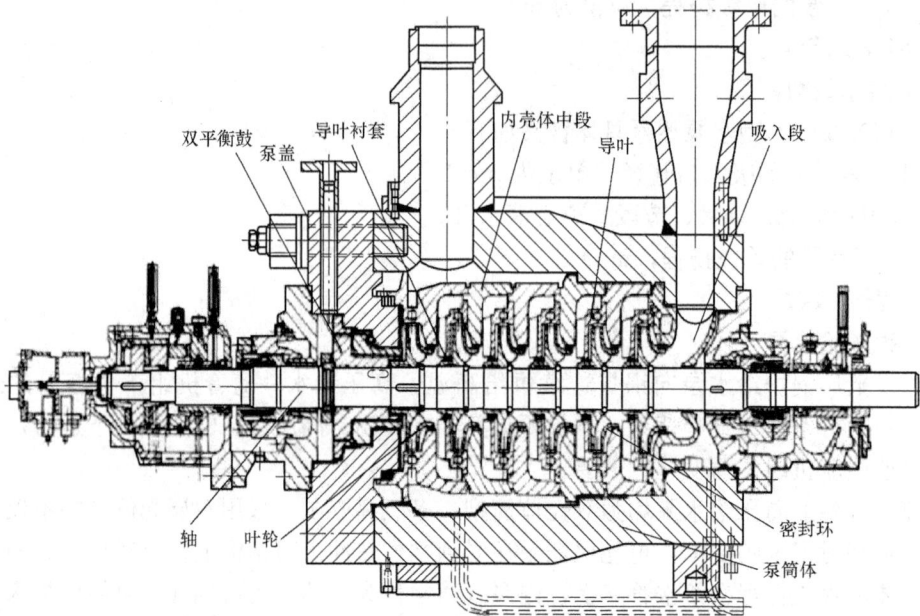

图 2-35　40CHTA/6 型锅炉给水泵

结构。其型号具体含义如下：

(1) 40 表示口径为被 25 除后所得数值，即出口直径为 1000mm。

(2) Z 表示轴流泵。

(3) L 表示立式。

(4) B 表示叶片为半调节。

(5) 50 表示比转速被 10 除后数值（即比转速为 500）。

(二) HB 型混流立式循环水泵

目前，超临界及超超临界参数机组循环水泵有采用混流泵的趋势，图 2-37 所示为火力发电厂 300MW 机组配套使用的 HB 型混流立式循环水泵具体结构。

1. 分类

HB 型混流立式循环水泵分单级和多级两类，单级如 1600HB 型，多级如 1400HB2S 型。

(1) 1600HB 型混流立式循环水泵型号具体含义如下：

1) 1600 表示泵出口直径为 1600mm。

2) H 表示混流泵（斜流泵）。

3) B 表示闭式叶轮（K 为半开式叶轮）。

1600HB 型混流立式循环水泵主要参数：流量为 18500m^3/h，扬程为 18.2m，转速为 370r/min。

(2) 1400HB2S 型混流立式循环水泵型号具体含义如下：

1) 1400 表示泵出口直径为 1400mm。

2) H 表示混流泵。

3) B 表示闭式叶轮（K 为半开式叶轮）。

4) 2 表示叶轮级数。

5) S 表示叶轮比转速代号。

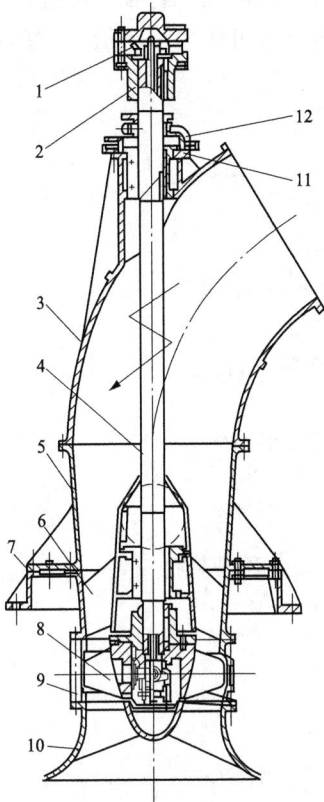

图 2-36　40ZLB-50 型轴流立式循环水泵

1—叶片角度调节机构；2—联轴器部件；

3—出水弯管；4—泵轴；5—泵座；6—导叶体；

7—底座；8—叶轮；9—叶轮外客；10—进水喇叭口；

11—橡胶轴承；12—填料函

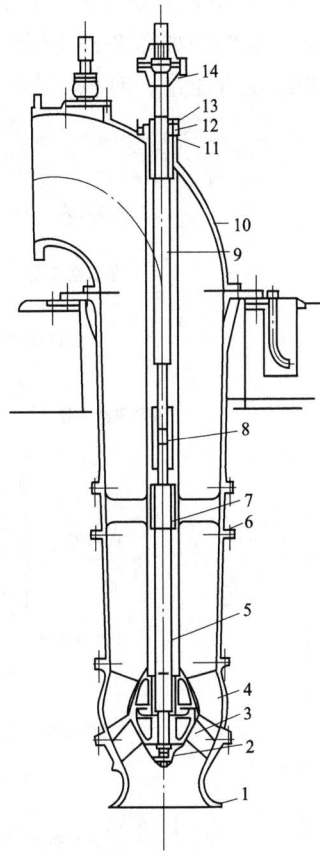

图 2-37　HB 型混流立式循环水泵结构图

1—喇叭管；2—导流冠；3—叶轮；4—导叶；

5—下部轴；6—支架；7—轴承；

8、14—联轴器；9—上部轴；10—出口弯管；

11—填料箱；12—填料；13—压盖

2. 特点

HB 型混流立式循环水泵有以下特点：

没有不稳定工作区，在整个流量范围内能够稳定运行；在整个流量范围内轴功率变化小，由于所需轴功率大体一致，故原动机不需要留有较大裕量；高效区宽；出口阀关闭时，耗功小，并能适应较大的水位变化；作为循环水泵，可以在处于反转或倒流情况下（10％额定转速以下）进行启动；如果需要，立式混流泵也可以制作成中间转子从电动机侧可抽出的形式，以利于检修。

六、凝结水泵

凝结水泵用于输送凝汽器凝结水，要求抗汽蚀性能和入口密封性要好，且水泵扬程较高。凝结水泵一般多采用多级低速离心泵。

200MW 以下机组凝结水泵多采用卧式单级单吸加装诱导轮的离心泵，对于 300MW 以上机组，主要采用立式离心泵。有两种情况：一种是采用筒袋式结构凝结水泵并配置凝结水升压泵；另一种是采用筒袋式结构多级凝结水泵，泵首级叶轮前加装诱导轮。

　　NLT350-400×6 型凝结水泵是在引进德国凯士比泵阀公司（KSB）技术的基础上改进设计而成的，其结构如图 2-38 所示。该泵适用于 300MW 发电机组凝结水系统，可作为凝结水泵或凝结水升压泵。对 600MW 机组凝结水系统，该泵也可作为半容量（50%）的凝结水泵。

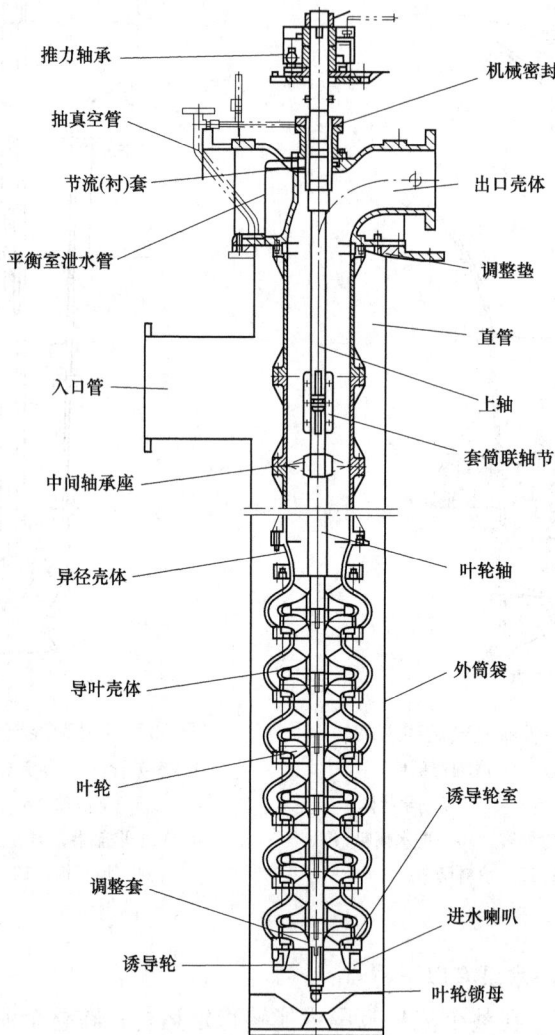

推力轴承
抽真空管
节流(衬)套
平衡室泄水管
入口管
中间轴承座
异径壳体
导叶壳体
叶轮
调整套
诱导轮
机械密封
出口壳体
调整垫
直管
上轴
套筒联轴节
叶轮轴
外筒袋
诱导轮室
进水喇叭
叶轮锁母

图 2-38　NLT350-400×6 型凝结水泵

　　NLT350-400×6 型凝结水泵型号具体含义如下：

（1）NLT 表示筒形立式凝结水泵。

（2）350 表示泵出口名义直径，单位为 mm。

（3）400 表示叶轮名义直径，单位为 mm。

（4）6 表示级数。

　　NLT350-400×6 型凝结水泵性能参数：流量为 870m³/h，扬程为 286.4m，转速为 1480r/min，输送介质温度不超过 80℃。

　　NLT 型凝结水泵的结构特点是泵的进口与出口垂直于泵的轴心线水平布置，且两者不在同一水平面上，互成 180°。转子部分采用抽芯式结构，可整体抽出，拆装、检修方便。首级叶轮采用诱导轮，以增加抗汽蚀性能。泵转子部分由导轴承作径向支承，导轴承由输送液体来润滑和冷却。

七、灰渣泵

灰渣泵所输送的介质含有固体颗粒，要求过流部件耐磨损。PH 型叶片式灰渣泵，其泵体分为内、外两层，如图 2-39 所示。内层由前护板、护套等部件组成，将泵体和泵盖与液体隔离，使之不被磨损，内层各部件和叶轮均由耐磨铸铁制成。

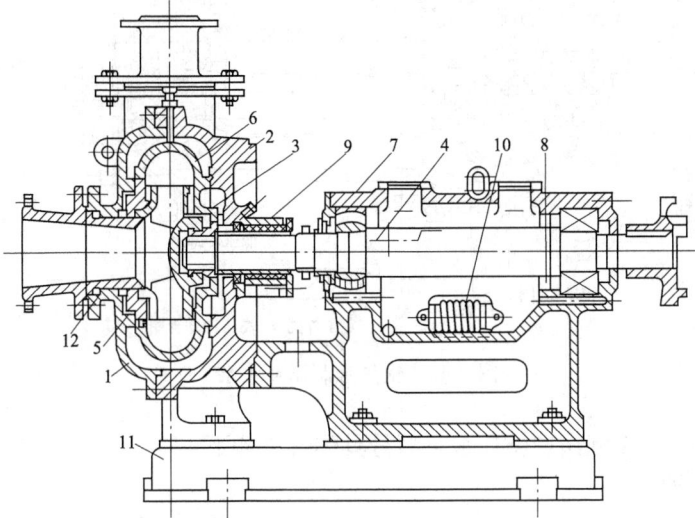

图 2-39　PH 型叶片式灰渣泵

1—泵体；2—泵盖；3—叶轮；4—轴；5—前护板；6—护套；7—托架盖；
8—托架；9—填料箱；10—冷却水管；11—泵座；12—进水护套

4PH-60 型灰渣泵具体含义如下：

(1) 4 表示泵出口直径除 25 后数值，即出口直径为 100mm。

(2) P 表示杂质泵。

(3) H 表示灰浆泵。

(4) 60 表示扬程，单位为 m。

PH 型灰渣泵性能参数：流量为 180m³/h，转速为 1470r/min，轴功率为 52kW，效率为 57%。

PH 型灰渣泵结构紧凑、布置合理、外形美观；进、出口径相同，便于管路连接。泵运行平稳、噪声低、寿命长。密封可靠、无泄漏。可根据流量和扬程需要增减泵级数，并结合切割叶轮外径予以满足。

八、锅炉强制循环泵

随着火力发电厂机组容量增大，汽包锅炉水循环的动力越来越小。锅炉强制循环水泵是控制循环锅炉（又称强制循环锅炉）的心脏设备，它安装在锅炉汽包下降管上，作用是迫使锅炉水再循环；还可以在锅炉需要化学清洗的时候，用来循环化学清洗溶液。

锅炉强制循环泵在高温、高压条件下运行，泵的轴封困难，一般采用无轴封泵。

无轴封泵的驱动方式分为屏蔽电动机驱动和湿式电动机驱动。由于屏蔽电动机屏蔽套的存在，水泵效率下降，所以大功率锅炉强制循环泵一般采用湿式电动机驱动。

图 2-40 所示为 KSB 公司制造的湿式电动机 LUVAK 250-300/1 型锅炉强制循环水泵结构图，该泵流量比给水泵大 3～4 倍，但扬程和功率比给水泵小得多。

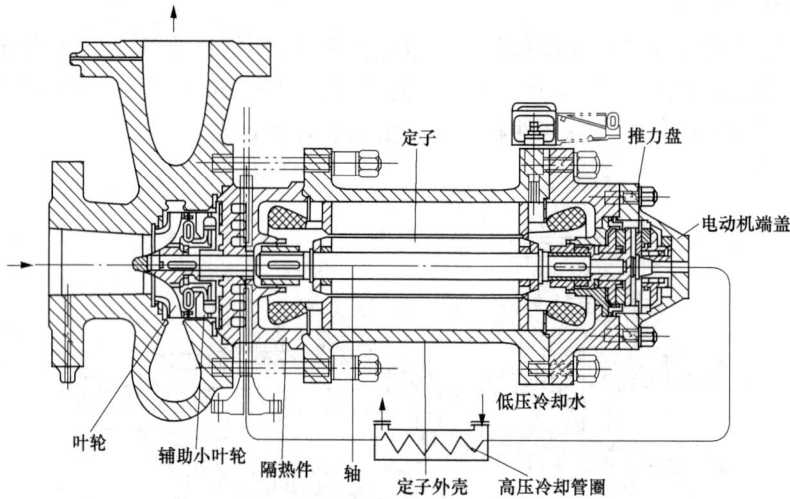

图 2-40　锅炉强制循环水泵

LUVAK 250-300/1 型锅炉循环水泵型号具体含义如下：

（1）L 表示无轴封。

（2）U 表示循环泵。

（3）V 表示立式安装。

（4）AK 表示压力温度等级。

（5）250 表示吐出口名义口径，单位为 mm。

（6）300 表示叶轮名义外径，单位为 mm。

（7）1 表示叶轮级数。

LUVAC 2×350-475/1 型强制循环水泵的泵壳体由一个吸入接管和 2 个出口接管组成，其他含义同上。

九、送风机、一次风机及引风机

送风机输送锅炉燃料燃烧所需的空气，布置在空气预热器之前。送风机出风口一般分成两路，一路经空气预热器，一路不经空气预热器。经空气预热器出来的热空气又分为两部分：一部分作为二次风经燃烧器送进炉膛；一部分送制粉系统，起干燥剂的作用。送风机出口没经空气预热器的一路冷风，则送到磨煤机入口与热风混合，调节磨煤机温度。

在大容量机组的正压直吹式制粉系统中，设有专门的一次风机，让一次风机承担送风机的部分功能。

一次风机分为热一次风机和冷一次风机。冷一次风机布置在空气预热器前，出口分两路，一路经空气预热器加热后进磨煤机，起干燥煤粉作用；一路冷风送往磨煤机入口与热风混合调温。此时送风机只为炉膛提供燃烧用的热空气，即二次风，因此也被称为二次风机。

热一次风机布置在空气预热器后，一般仅用来送粉。

引风机抽吸锅炉燃烧后的烟气，布置在除尘器之后。引风机输送的介质温度较高，且烟气虽然经过除尘，仍含有一定量的飞灰。为提高引风机使用寿命，引风机必须采用耐磨损技术和材料。

对于 200MW 及以下机组，电厂普遍采用国产 4-13.2（73）型离心式送风机、引风机；对于 300MW 以上机组，为了提高风机调节的经济性，多采用轴流式送风机、引风机，甚至一次风机也采用轴流式。

（一）G4-13.2（73）-11No16D 型离心式风机

图 2-41 所示为国产 G4-13.2（73）-11No16D 型离心式风机结构图。

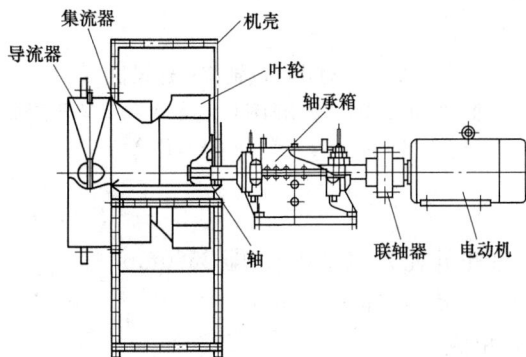

图 2-41　G4-13.2（73）-11No16D 型离心式风机结构图

离心风机的型号由基本型号和补充型号组成。如果风机的基本型号相同，而用途不同，为方便区别，在基本型号前加"G"或"Y"等符号。"G"表示送风机（鼓风机），"Y"表示引风机。

G4-13.2（73）-11No16D 型号具体含义如下：

（1）4 表示全压系数乘 10 后化整取一位数，例如，0.386×10＝3.86，取 4。

（2）73 表示比转速。

（3）11 表示单吸，第一次设计；该字段由两位数字组成：第一位数字表示风机进口吸入形式，以"0""1""2"表示，其中"0"代表双吸风机；"1"代表单吸风机；"2"代表两级串联风机；第二位数字代表设计序号。

（4）No16 表示通风机叶轮外径为 1600mm。

（5）D 表示电动机与风机主轴的传动方式，即电动机与风机不同轴，通过轴承传动带动风机运转。

离心风机有的还有补充型号，表示风机的旋转方向和出风口位置。如 G4-13.2（73）-11No16D 右 90°。

（二）FAF26.6-14-1 型送风机

上海鼓风机厂引进德国涡轮空气技术公司（TLT）专利技术生产的动叶可调轴流式送风机，其结构如图 2-42 所示。FAF26.6-14-1 型送风机为火力发电厂 600MW 机组配套使用风机。

FAF26.6-14-1 型号具体含义为：

（1）F 表示送风机。

（2）A 表示轴流式。

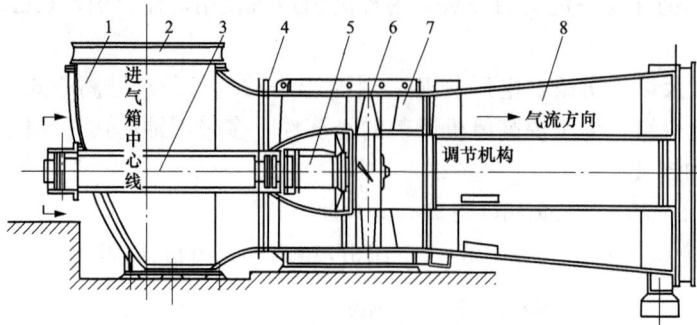

图 2-42　动叶可调轴流式送风机

1—进气箱；2—膨胀节；3—中间轴；4—软性接口；5—主轴承；
6—动叶；7—导叶；8—扩压筒

（3）F 表示动叶可调整。

（4）26.6 表示机号，叶轮外径为 26.6dm，即 2660mm。

（5）14 表示轮毂直径为 14dm，即 1400mm。

（6）1 表示叶轮级数，单级。

FAF 型送风机性能参数：流量为 242.9m³/s，全压为 4954Pa，轴功率为 1500kW，空气温度为 20℃，转速为 985r/min。该风机进气箱、机壳、扩压器及导叶等定子部件采用钢板焊接，质量轻、刚度好、强度高。转子为焊接结构，由整体轴承支撑。

（三）PAF19-14.6-2 型风机

PAF19-14.6-2 型风机为 1000MW 机组配套使用的一次风机。

其型号具体含义如下：

（1）P 表示一次风机。

（2）A 表示轴流式。

（3）F 表示动叶可调整。

（4）19 表示机号，叶轮外径为 19dm，即 1900mm。

（5）14.6 表示轮毂直径为 14.6dm，即 1460mm。

（6）2 表示叶轮级数，双级。

PAF 型风机性能参数：流量为 97.6m³/s，全压为 15 223Pa，轴功率为 1654kW，空气温度为 20℃，叶片数为 28，效率为 85%。

（四）SAF35.5-20-1 型引风机

SAF35.5-20-1 型引风机为 600MW 机组配套使用引风机。其性能参数：流量为 525.38m³/s，全压为 4841Pa，轴功率为 3300kW，转速为 735r/min，工作介质温度为 120℃。

（五）AN 系列子午加速引风机

为了提高耐磨性能，也有一些电厂选择叶片非翼型的静叶可调子午加速轴流风机作为引风机。

AN 系列静叶可调子午加速轴流风机是成都电力机械厂引进德国 KKK 公司专利生产的，其结构如图 2-43 所示。AN30E6（V19+4°）型为 300MW 机组配套使用引风机。

AN30E6（V19+4°）型风机具体含义如下：

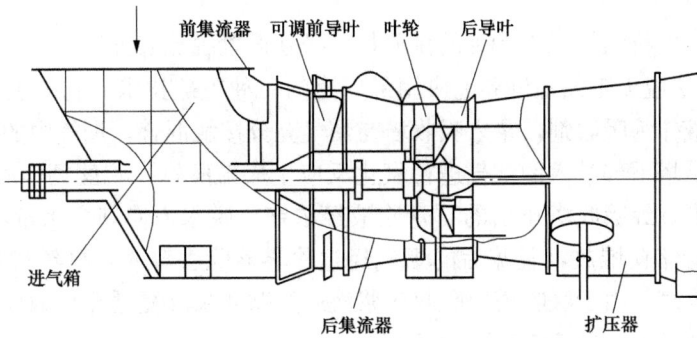

图 2-43　AN 系列子午加速引风机

（1）A 表示轴流风机。

（2）N 表示叶型为非机翼型。

（3）30 表示机号，叶轮外径为 30dm，即 3000mm。

（4）E 表示叶片种类。

（5）6 表示出口扩压器出口尺寸（叶轮直径加 6 个机号可得）。

（6）V 表示叶片形式为 V 形（等强度、固有频率、压力系数高）。

（7）19 表示叶片数。

（8）+4°表示叶片安装角度。

AN 系列子午加速引风机性能参数：流量为 358.44m³/s，全压为 4856Pa，转速为 745r/min，角度为 -75°～+30°，轴功率为 2240kW。

AN 系列子午加速轴流风机具有专门设计的消除喘振的 KSE 分流装置。当小流量下，进入失速区，主流道叶片顶部产生的反向气流经 KSE 分流装置重新进入主流道，从而避免气流反复流动。

十、其他风机

1. 排粉风机

在火力发电厂中间储仓式制粉系统中，排粉风机承担气力输送煤粉至炉膛燃烧的作用，布置在细粉分离器之后。由于排粉风机输送介质中含有一定乏粉，运行条件比较恶劣，故障率较高。排粉风机的叶轮和机壳都采用耐磨材料，而且在结构上还须考虑防止积粉，以免自燃和转动部件不平衡而产生振动等问题。

排粉风机多采用径向叶片离心式风机。

此外，和引风机一样，由于排粉风机输送的气体温度高，轴承必须保持良好的冷却。

2. 烟气再循环风机

大容量燃煤中间再热机组往往采用烟气再循环风机将锅炉尾部烟道某部位的低温烟气抽出，然后送入炉膛或高温对流换热面，以调节过热蒸汽的温度。

烟气再循环风机输送的烟气温度很高，通常为 300～400℃，而且安装在除尘器的上游，烟气中含灰量大，因此，对烟气再循环风机提出了耐高温、耐腐蚀、耐磨损的要求，而且结构上要易于维修和更换。

烟气再循环风机一般内壁装有耐磨锰钢衬板，叶片采用不易积灰的径向叶片。

3. 脱硫增压风机

为降低燃煤火电机组烟气中 SO_2 的排放量，必须设置脱硫装置。

石灰石-石膏法脱硫工艺是世界上应用最广泛的一种脱硫技术。它的工作原理是将石灰石粉加水制成浆液作为吸收剂，泵入吸收塔与烟气充分接触混合，烟气中的二氧化硫与浆液中的碳酸钙以及从塔下部鼓入的空气进行氧化反应生成硫酸钙，硫酸钙达到一定饱和度后，结晶形成二水石膏。经吸收塔排出的石膏浆液经浓缩、脱水，使其含水量小于 10%，然后用输送机送至石膏储仓堆放，脱硫后的烟气经过除雾器除去雾滴，再经过换热器加热升温后，由烟囱排入大气。由于吸收塔内吸收剂浆液通过循环泵反复循环与烟气接触，吸收剂利用率很高，钙硫比较低，脱硫效率可大于 95%。

脱硫装置的阻力较大，一般要在引风机后设置增压风机，这种增压风机通常称为脱硫增压风机（如果引风机能克服风烟及脱硫装置阻力，也可以不设脱硫增压风机，此时引风机风压必须很高）。

脱硫增压风机可装在脱硫装置之前，也可装在脱硫装置之后。

若脱硫风机装在脱硫装置前面，如图 2-44（a）所示，则输送的是干燥的未经脱硫处理的烟气，这种烟气对材料几乎没有腐蚀性，此时的脱硫风机和引风机没有什么差别，只是对烟气进行二次升压，以克服脱硫装置的阻力。

若脱硫风机装在脱硫装置后面，如图 2-44（b）所示，则输送的是冷态、湿态（即饱和状态）的净烟气，烟气中仍含有 NO_x 和少量的 SO_2，其冷凝液呈酸性，风机将受到严重腐蚀，因此对材料和结构有特殊要求。

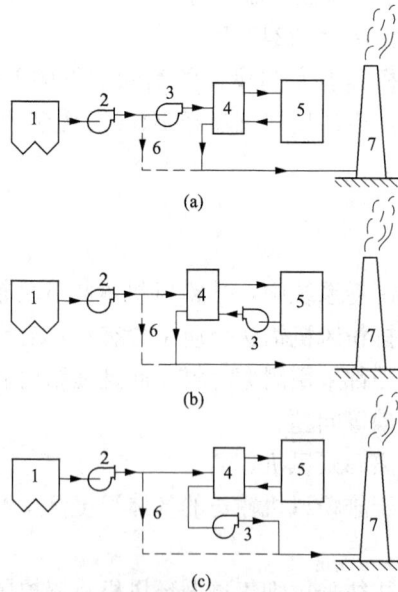

图 2-44 脱硫风机在脱硫装置中的布置
（a）脱硫风机装在脱硫装置前面；（b）脱硫风机装在脱硫装置后面；
（c）脱硫风机装在脱硫装置和再热器后面
1—静电除尘器；2—引风机；3—脱硫风机；4—再热器；
5—脱硫装置；6—旁通管；7—烟囱

装于脱硫装置和再热器后的脱硫风机，如图 2-44（c）所示，输送的是高温、干燥的净气，要求材料耐高温，轴承具有良好的冷却，而在防腐及耐磨方面没有特殊要求。

为了保障在脱硫系统临时故障时机组能正常工作，系统需设置旁通管道。

随着机组容量增大，烟气流量也大大增加，越来越多的脱硫增压风机采用轴流式。德国涡轮空气技术公司（TLT）生产的动叶可调轴流式脱硫增压风机，型号为 RAF37.5-23.7-1，其型号具体含义如下：

（1）R 表示表用途，脱硫增压风机。

（2）A 表示轴流式。

（3）F 表示动叶可调整。

（4）37.5 表示机号，叶轮外径为 37.5dm，即 3750mm。

（5）23.7 表示轮毂直径为 23.7dm，即 2370mm。

（6）1 表示叶轮级数，单级。

RAF 型风机为立式、电动机内置。其性能参数：流量为 $367\text{m}^3/\text{s}$，全压为 4800Pa，转速为 745r/min，烟气温度为 50℃。

思 考 题

2-1 离心泵的主要部件有哪些？主要作用是什么？

2-2 离心泵吸入室主要有哪几种形式？各有何特点？

2-3 离心泵导叶有哪几种形式？各有何特点？

2-4 离心泵密封装置有哪几种形式？各有何优缺点？

2-5 离心风机的主要部件有哪些？主要作用是什么？

2-6 离心风机导流器主要有哪几种形式？一般安装在何位置？

2-7 离心风机的传动方式有哪些？

2-8 轴流泵的主要部件有哪些？主要作用是什么？

2-9 在轴流式泵与风机中，什么是全调叶片？什么是半调叶片？

2-10 轴流泵导叶与离心泵导叶有何不同？

2-11 轴流风机的主要部件有哪些？主要作用是什么？

2-12 什么是子午加速轴流风机？

2-13 混流式泵与风机有何特点？

2-14 泵的密封装置与风机的密封装置有何区别？

2-15 IS 型单级单吸离心泵的型号各字段的含义是什么？

2-16 火力发电厂常用的泵与风机有哪些？

2-17 火力发电厂锅炉给水泵为何采用双层壳体式？

2-18 锅炉强制循环泵有何作用？结构上有何特点？

2-19 火力发电厂一次风机有何作用？

2-20 火力发电厂送风机、引风机一般采取什么形式？

2-21 火力发电厂脱硫增加风机有何作用？一般如何布置？

第三章　离心式泵与风机的工作原理与性能

第一节　离心式泵与风机的工作原理

离心式泵与风机的主要工作部件是叶轮，如图 3-1 所示。当原动机带动叶轮旋转时叶轮中的叶片迫使流体旋转，即叶片对流体沿它的运动方向做功，从而使流体的压力势能和动能增加。同时，流体在惯性力的作用下，从中心向叶轮边缘流去并以很高的速度流出叶轮，进入压出室（导叶或蜗壳），再经扩散管排出，这个过程称为压水（气）过程。由于叶轮中心的流体流向边缘，在叶轮中心形成低压区，当它具有足够的真空时，在吸入端压力的作用下，

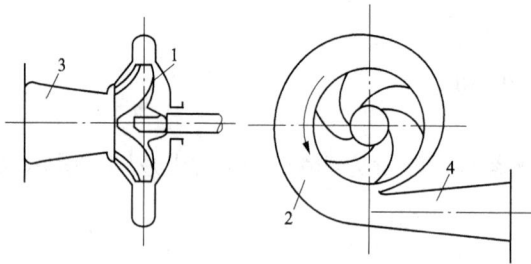

图 3-1　离心泵示意图

1—叶轮；2—蜗壳；3—吸入室；4—扩散管

流体经吸入室进入叶轮，这个过程称为吸水（气）过程。由于叶轮连续地旋转，所以流体也就连续地排出、吸入，形成离心式泵与风机的连续工作。

一、叶轮流道投影图及其流动分析假设

1. 叶轮流道投影图

叶轮前、后盖板的形状如图 3-2（a）所示，叶片曲面的平面投影图（前盖板拿掉后的投影图）如图 3-2（b）所示，但看不出叶片的曲面形状。为了能看到叶片的曲面形状，常附之以轴面（过轴心线的平面，又称子午面）投影图。

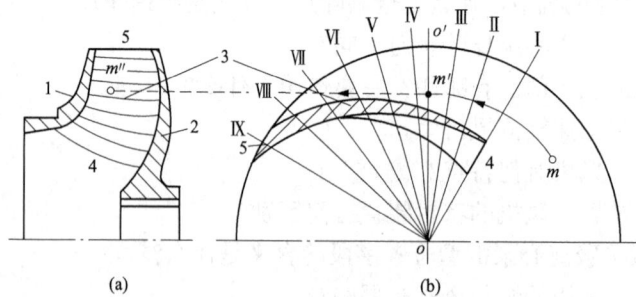

图 3-2　轴面投影线

（a）叶轮前、后盖板的形状；（b）叶片曲面的平面投影图

1—前盖板；2—后盖板；3—叶片；4—叶片进口；5—叶片出口

叶轮的轴面投影图是指将叶轮叶片上的一系列点用旋转投影法投影到同一个轴面上而得到的图。作法是：先将图 3-2 上过线Ⅰ、线Ⅱ……的轴面与叶轮叶片的一组交线（为了叙述

方便，设叶片为无限薄）用旋转投影法投影到铅垂的轴面 OO' 上，再将其投影到图 3-2（a）上，这样就可得到与这组交线形状完全一样的轴面投影线［如图 3-2（a）中前、后盖板间的连线］，从而得到叶轮的轴面投影图。

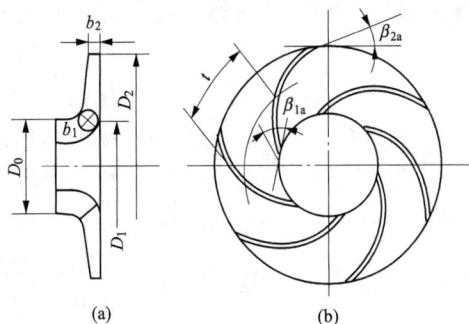

图 3-3　叶轮投影图

（a）轴面投影；（b）平面投影

D_1、D_2—叶轮的叶片进口、出口直径；

b_1、b_2—叶轮叶片进口、出口宽度；

β_{1a}、β_{2a}—叶轮叶片进口、出口安装角；

D_0—叶轮进口直径；t—节距

叶轮的轴面投影图和平面投影图可以清楚地表达出离心式叶轮的几何形状。为了叙述和分析方便，通常只是将叶轮的轴面投影图和平面投影图简单地画成如图 3-3 所示。

2. 流动分析假设

由于流体在叶轮内流动相当复杂，为了分析其流动规律，常作如下假设：

（1）叶轮中的叶片为无限多、无限薄，即叶轮为理想叶轮。理想叶轮的叶片是一些无厚度的骨线（或称型线）。受叶片型线的约束，流体微团的运动轨迹完全与叶片型线相重合。

（2）流体为理想流体，即忽略了流体的黏性。因此可暂不考虑因黏性使速度场不均匀而带来的叶轮内的流动损失。

（3）流动为稳定流，即流动不随时间变化。

（4）流体是不可压缩的。这一点和实际情况差别不大，因为液体在很大压差下体积变化甚微，而气体在压差很小时体积变化也常忽略不计。

（5）流体在叶轮内的流动是轴对称的流动。即认为在同一半径的圆周上，流体微团有相同大小的速度。就是说，每一层流面（流面是流线绕叶轮轴心线旋转一周所形成的面）上的流线形状完全相同，因而，每层流面只需研究一条流线即可。

二、叶轮内流体的运动及其速度三角形

1. 叶轮内流体的运动

叶轮旋转时，流体一方面和叶轮一起做旋转运动，即牵连运动，其速度称为牵连速度，用 $\vec{u}$ 表示；另一方面又在叶轮流道中沿叶片向外流动，即相对运动，其速度称为相对速度，用 $\vec{w}$ 表示。因此，流体在叶轮内的运动是一种复合运动，即绝对运动，其速度称为绝对速度，用 $\vec{v}$ 表示。流体在叶轮内的运动如图 3-4 所示。

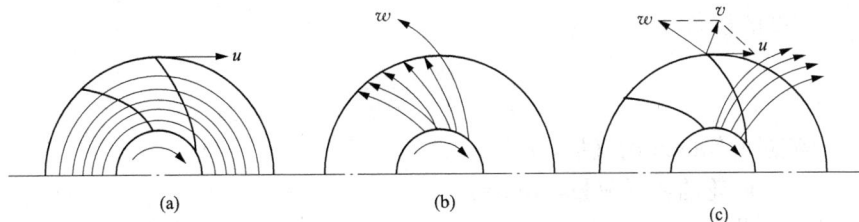

图 3-4　流体在叶轮内的运动

（a）圆周运动；（b）相对运动；（c）绝对运动

由于速度是矢量，所以绝对速度 $\vec{v}$ 等于牵连速度 $\vec{u}$ 和相对速度 $\vec{w}$ 的矢量和。由这三种速度矢量组成的矢量图称为速度三角形或速度图，如图 3-5 所示。

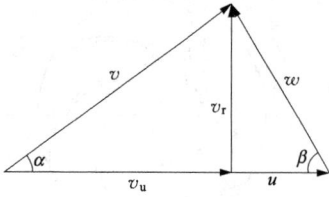

图 3-5　速度三角形中速度的分解

速度三角形是研究流体在叶轮内能量转化及其参数变化的基础。对叶轮流道内任一点都可做出如图 3-5 所示的速度三角形。一般只需了解流体在叶轮叶片进口和出口处的流动情况，原因是从这两处的速度三角形可以比较流体经叶轮前后的速度变化，从而了解流体流经叶轮后所获得的能量。为区别这两处的参数，分别用下标"1""2"表示叶轮叶片进口、出口处的参数；并用下标"∞"表示叶片无限多、无限薄时，即理想叶轮情况下的参数。如 v_2 表示出口绝对速度，$w_{1\infty}$ 表示在理想叶轮情况下，进口的相对速度。

在速度三角形中，定义：绝对速度角 $\alpha = \angle(\vec{v}, \vec{u})$；流动角 $\beta = \angle(\vec{w}, -\vec{u})$；叶片安装角 β_a 为叶片切线方向与圆周速度反方向的夹角。显然，当流体沿着叶片的型线流动时，流动角等于安装角，即 $\beta = \beta_a$。另外，为了计算方便，常将绝对速度分解成两个相互垂直的速度分量：一个是 $\vec{v}$ 在直径方向上的投影，用 v_r 表示，$v_r = v\sin\alpha$，称为径向分速度；一个是在圆周切线方向上的投影，用 v_u 表示，$v_u = v\cos\alpha$，称为周向分速度，如图 3-5 所示。同样，可知 $v_{2u\infty}$ 表示理想叶轮情况下，出口绝对速度的周向分速度。

2. 速度三角形的计算

在 w、u、v、v_r、v_u、α、β 中，只要已知三个条件就可以作出速度三角形。作速度三角形中，经常会涉及以下参数的计算。

（1）圆周速度 u 为

$$u = \frac{\pi D n}{60} \tag{3-1}$$

式中　D——叶轮计算点直径，m；

　　　n——叶轮转速，r/min。

作进出口速度三角形时，分别以叶片进出口直径 D_1、D_2 代入式（3-1），计算得到进、出口圆周速度 u_1、u_2，即

$$u_1 = \frac{\pi D_1 n}{60}$$

$$u_2 = \frac{\pi D_2 n}{60}$$

（2）绝对速度的径向分速 v_r 为

$$v_r = \frac{q_{VT}}{A} = \frac{q_V}{A\eta_V} \tag{3-2}$$

式中　q_{VT}——流过叶轮的理论流量，m³/s；

　　　q_V——流过叶轮的实际流量，m³/s；

　　　A——过流截面面积，m²；

　　　η_V——容积效率。

叶轮过流截面面积受叶片厚度影响。若叶片厚度为 s，叶片在圆周方向的厚度为 σ，则

$$\sigma = \frac{s}{\sin\beta_a}$$

式中　β_a——叶片的安装角，（°）。

显然，过流截面面积为

$$A = \pi D b - z\sigma b = \pi D b \left(1 - \frac{z\sigma}{\pi D}\right)$$

式中　D——叶轮计算点直径，m；

　　　b——叶轮计算点叶片宽度，m；

　　　z——叶片数；

　　　σ——计算点处叶片在圆周方向的厚度，m。

令 $\psi = 1 - \dfrac{zs}{\pi D \sin\beta_a}$，则

$$A = \pi D b \psi$$

式中　ψ——排挤系数，是考虑叶片厚度对流道的排挤程度的系数，其值等于实际的有效过
　　　　流截面面积与无叶片时过流截面面积之比。对于水泵，进、出口的排挤系数分
　　　　别为：$\psi_1 = 0.75 \sim 0.88$；$\psi_2 = 0.85 \sim 0.95$。

因此，由式（3-3），可得

$$v_r = \frac{q_V}{\pi D b \psi \eta_V} \tag{3-3}$$

（3）β_2 及 α_1 角。当叶片无限多时，出口流动角等于出口安装角，即 $\beta_2 = \beta_{2a}$；而 β_{2a} 在
设计时可根据经验选取。同样，进口绝对速度角 α_1 也一般为已知或可根据经验、吸入条件
和设计要求取定。

在求出 u_2、β_2、v_{2r} 后，就可以按比例作出出口速度三角形，同样在确定了 u_1、α_1、v_{1r}
后，就可按比例作出进口速度三角形。

第二节　离心式泵与风机的能量方程式及其分析

一、能量方程式的推导

流体进入叶轮后，叶片对流体做功使其能量增加。利用流体力学中的动量矩定理，可建
立叶片对流体做功与流体运动状态变化之间的联系，推得能量方程式。

为讨论问题简化，假设叶轮内为理想、不可压缩流体在理想叶轮内稳定流动。取叶轮前、
后盖板及叶片进口 1-1 截面与叶片出口 2-2 截面之间的空间为控制体，如图 3-6 所示。

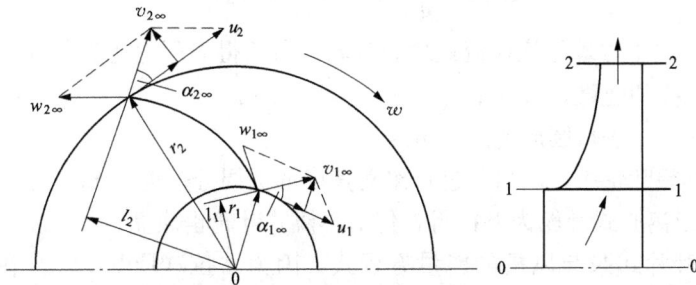

图 3-6　能量方程推导用图

动量矩定理指出：在稳定流动中，对某一转轴，单位时间流出控制体内与流进控制体内的流体动量矩的变化，等于作用在流体上的所有外力对同一转轴的力矩的总和。

以旋转的叶轮为相对坐标系，设单位时间内流出与流进控制体的流量为 q_{VT}，流体的密度为 ρ，叶片进口、出口绝对速度矢量与转轴的垂直距离分别为 $l_1 = r_1 \cos\alpha_{1\infty}$ 和 $l_2 = \cos\alpha_{2\infty}$。于是单位时间内流出、流进控制体的流体对转轴的动量矩 K_2、K_1 分别为

$$K_2 = \rho q_{VT} v_{2\infty} l_2 = \rho q_{VT} v_{2\infty} r_2 \cos\alpha_{2\infty}$$
$$K_1 = \rho q_{VT} v_{1\infty} l_1 = \rho q_{VT} v_{1\infty} r_1 \cos\alpha_{1\infty}$$

设所有作用在流体上的外力对转轴的力矩和为 M，则根据动量矩定理有

$$M = K_2 - K_1 = \rho q_{VT} \ (v_{2\infty} r_2 \cos\alpha_{2\infty} - v_{1\infty} r_1 \cos\alpha_{1\infty}) \tag{3-4}$$

外力对转轴的力矩和 M 包括：

（1）由质量力所产生的力矩。当研究流体的绝对运动时，质量力只有重力，重力对转轴的力矩之和为零。

（2）由表面力产生的力矩。它包括叶轮前、后盖板，1-1 和 2-2 控制面外的流体及叶片对流体的作用力矩。由于不考虑黏性，所以表面力只有压力。通过 1-1 和 2-2 控制面作用在流体上的压力的方向沿叶轮的径向，它们对转轴的力矩为零；由于前、后盖板作用在流体上的压力是对称的，并且和转轴平行，故对转轴的力矩也为零。作用在控制体内流体上的表面力对转轴的力矩只有转轴通过叶片传给流体的力矩。

因此，转轴通过叶片传给流体的力矩等于外力对转轴的力矩 M。

当叶轮以等角速度 ω 旋转时，叶片传给流体的功率为

$$P = M\omega$$

理想流体中没有损失，叶片传给流体的功率等于流体得到的功率。

流体得到的功率为

$$P = M\omega = \rho q_{VT} \omega \ (v_{2\infty} r_2 \cos\alpha_{2\infty} - v_{1\infty} r_1 \cos\alpha_{1\infty})$$

若单位重力理想流体流经理想叶轮时所获得的能量，即理论能头为 $H_{T\infty}$；则单位时间内理想流体通过理想叶轮时所获得的总能量，即获得的功率为 $\rho g q_{VT} H_{T\infty}$。则

$$\rho g q_{VT} H_{T\infty} = \rho q_{VT} \omega \ (v_{2\infty} r_2 \cos\alpha_{2\infty} - v_{1\infty} r_1 \cos\alpha_{1\infty})$$

由于 $\omega r_2 = u_2$、$\omega r_1 = u_1$、$v_{2\infty} \cos\alpha_{2\infty} = v_{2u\infty}$、$v_{1\infty} \cos\alpha_{1\infty} = v_{1u\infty}$，所以

$$\rho g q_{VT} H_{T\infty} = \rho q_{VT} u_2 v_{2u\infty} - u_1 v_{1u\infty}$$

化简可得

$$H_{T\infty} = \frac{1}{g} \ (u_2 v_{2u\infty} - u_1 v_{1u\infty}) \tag{3-5}$$

式中　$H_{T\infty}$——单位重力理想流体流经理想叶轮时所获得的理论能头，m；

　　　g——重力加速度，m/s²；

　　u_2、u_1——出口、进口圆周速度，m/s；

　$v_{2u\infty}$、$v_{1u\infty}$——理想叶轮中，出口、进口绝对速度的圆周分速度，m/s。

式（3-5）虽以离心式叶轮为例推得，但对轴流式叶轮也成立。

式（3-5）称叶片式泵与风机的能量方程式，因为欧拉（Euler. L.）在 1756 年首先导出，所以又称之为欧拉方程式。

式（3-5）的表达形式对于泵或风机均适用，但习惯上，风机用单位体积的理想气体流

经理想叶轮时所获得的理论能头 $p_{T\infty}$ 来表示气体所获得的能量，即

$$p_{T\infty}=\rho\ (u_2 v_{2u\infty}-u_1 v_{1u\infty}) \tag{3-6}$$

二、能量方程式的分析

能量方程式把叶轮对流体所做的功与流体的运动参数联系起来。它是叶轮设计计算的依据。在推导过程中，由于避开了流体在叶轮内部复杂的流动问题，只涉及叶轮进口、出口处流体的流动情况。因此，这种方法在叶片式机械中得到了广泛的应用。

1. 扬程、全压与输送流体密度的关系

由式（3-5）知，流体所获得的理论扬程 $H_{T\infty}$ 与被输送流体的密度无关。这就是说，如果叶轮的尺寸相同、转速相同、流量相等，无论输送的是水，还是空气，乃至其他密度的流体，都可得到相同液柱或气柱高度的理论扬程。显然，式（3-6）中理论全压是不同的，原因是全压与密度有关。

2. 影响无限多叶片叶轮理论能头的几个因素

（1）吸入条件。在式（3-5）中 $u_1 v_{1u\infty}$ 反映了泵与风机的吸入条件，减小 $u_1 v_{1u\infty}$ 也可提高理论能头。因此，在进行泵与风机的设计时，一般尽量使 $\alpha_1\approx 90°$（即流体在进口近似为径向流入，$v_{1u\infty}\approx 0$），以获得较高的能头。

（2）叶轮外径 D_2、圆周速度 u_2。由式（3-5）、式（3-6）可以看出，叶轮的理论能头与叶轮外径 D_2、圆周速度 u_2 成正比。因为 $u_2=\pi D_2 n/60$，所以，当其他条件相同时，加大叶轮外径 D_2 和提高转速 n 均可以提高理论能头。因为增大 D_2 会使叶轮的摩擦损失增加，从而使泵与风机的效率下降，同时还会使泵与风机的结构尺寸、重量和制造成本增加，此外，还要受到材料强度、工艺要求等的限制，所以不能过分增大 D_2。提高转速 n，可以减小叶轮直径，因而减小了结构尺寸和重量，可降低制造成本，同时，提高转速对效率等性能也会有所改善。因此，采用提高转速来提高泵与风机的理论能头是目前普遍采用的方法。目前，火力发电厂大型给水泵的转速已高达 7500r/min。但是转速的提高也受到材料强度的限制及泵的汽蚀性能和风机噪声的限制，因此转速也不能无限制地提高。

（3）绝对速度的沿圆周方向的分量 v_{2u}。提高 v_{2u} 也可提高理论能头，而 v_{2u} 与叶轮的形式即出口安装角 β_{2a} 有关，这一点将在本节后面的内容中专门讨论。

3. 能量方程式的第二形式

为了更清晰地了解式（3-5）的物理概念，由叶轮叶片进口、出口速度三角形可知

$$w_{2\infty}^2=v_{2\infty}^2+u_2^2-2u_2 v_{2\infty}\cos\alpha_{2\infty}$$

$$w_{1\infty}^2=v_{1\infty}^2+u_1^2-2u_1 v_{1\infty}\cos\alpha_{1\infty}$$

$$v_{2\infty}\cos\alpha_{2\infty}=v_{2u\infty}$$

$$v_{1\infty}\cos\alpha_{1\infty}=v_{1u\infty}$$

$$u_1 v_{1u\infty}=\frac{v_{1\infty}^2+u_1^2-w_{1\infty}^2}{2} \tag{3-7}$$

$$u_2 v_{2u\infty}=\frac{v_{2\infty}^2+u_2^2-w_{2\infty}^2}{2} \tag{3-8}$$

将式（3-7）、式（3-8）代入式（3-5）得

$$H_{T\infty}=\frac{v_{2\infty}^2-v_{1\infty}^2}{2g}+\frac{u_2^2-u_1^2}{2g}+\frac{w_{1\infty}^2-w_{2\infty}^2}{2g}=H_{d\infty}+H_{st\infty} \tag{3-9}$$

流体所获得的理论能头可分为两部分：

第一部分 $H_{d\infty}$：表示流体流经叶轮时动能头的增加值（或简称动压头），即

$$H_{d\infty}=\frac{v_{2\infty}^2-v_{1\infty}^2}{2g} \tag{3-10}$$

第二部分 $H_{st\infty}$：表示流体流经叶轮时静能头的增加值，即

$$H_{st\infty}=\frac{u_2^2-u_1^2}{2g}+\frac{w_{1\infty}^2-w_{2\infty}^2}{2g} \tag{3-11}$$

这项动能头要在叶轮后的导叶或蜗壳中部分地转化为静能头（或称静压头）。但是，从流体力学的观点看，静能头转化成动能头的损失小，而从动能头转化为静能头的损失则较大。因此，在设计泵与风机时，为了提高泵与风机的效率，一方面应力求降低动能头的比例，另一方面又尽量使导流部分设计得合理，使流线平顺，以减少损失。

最后应当指出，由于能量方程是建立在流动分析的几个基本假设基础之上的，按照这些假设，叶轮所供给流体的能量全部被流体所获得，这在实际中是不可能的。因为流体在叶轮内的流动十分复杂，流动中因产生各种损失而减少了流体所获得的能量，必须进行修正。

【例 3-1】 某离心泵转速为 1450r/min，其叶轮尺寸：$b_1=35\text{cm}$，$b_2=19\text{cm}$，$D_1=17.8\text{cm}$，$D_2=38.1\text{cm}$，$\beta_{1a}=18°$，$\beta_{2a}=20°$。假设有无限多叶片且叶片为无限薄，不考虑叶片厚度对流道断面的影响，液体径向流入叶轮。计算：

（1）叶轮的 $H_{T\infty}$；

（2）静能头和动能头大小以及各占 $H_{T\infty}$ 的百分数。

【解】

（1）由题知：流体径向流入叶轮，所以 $\alpha_{1\infty}=90°$。

由于叶轮叶片无限多、无限薄，所以

$$\alpha_1=\alpha_{1\infty}=90°$$

$$\beta_{1\infty}=\beta_{1a}=18°$$

$$u_1=\frac{\pi D_1 n}{60}=\frac{3.14\times0.178\times1450}{60}=13.51(\text{m/s})$$

$$v_{1\infty}=v_{1r}=u_1\tan\beta_{1\infty}=13.51\times\tan18°=4.39(\text{m/s})$$

画进口速度三角形，如图 3-7 所示。

$$q_V=\pi D_1 b_1 v_{1r}=3.14\times0.178\times4.39\times0.035=0.086(\text{m}^3/\text{s})$$

$$v_{2r}=\frac{q_V}{\pi D_2 b_2}=\frac{0.086}{3.14\times0.381\times0.019}=3.78(\text{m/s})$$

$$u_2=\frac{\pi D_2 n}{60}=\frac{3.14\times0.381\times1450}{60}=28.91(\text{m/s})$$

由于理想叶轮 $\beta_{2\infty}=\beta_{2a}=20°$，所以，由 u_2、v_{2r}、$\beta_{2\infty}$ 可画出口速度三角形，如图 3-8 所示。

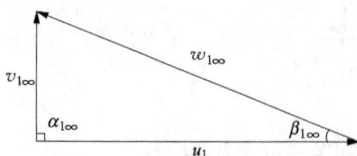

图 3-7 进口速度三角形　　　　图 3-8 出口速度三角形

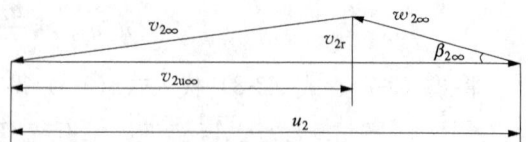

$$v_{2u\infty} = u_2 - v_{2r}\cot\beta_{2a} = 28.91 - 3.78 \times \cot20° = 18.52(\text{m/s})$$

$$H_{T\infty} = \frac{u_2 v_{2u\infty}}{g} = \frac{28.91 \times 18.52}{9.8} = 54.63(\text{m})$$

答：理论能头为 54.63m。

（2）由题意知：$\beta_{2\infty} = \beta_{2a} = 20°$。由图 3-8 得

$$w_{2\infty} = \sqrt{v_{2r\infty}^2 + (v_{2r\infty}\cot\beta_{2\infty})^2} = \sqrt{3.78^2 + (3.78 \times \cot20°)^2} = 11.04(\text{m/s})$$

利用三角形的余弦定律得

$$v_{2\infty} = \sqrt{u_2^2 + w_{2\infty}^2 - 2u_2 w_{2\infty}\cos\beta_{2\infty}}$$

$$= \sqrt{28.91^2 + 11.04^2 - 2 \times 28.91 \times 11.04 \times \cos20°} = 18.94(\text{m/s})$$

$$w_{1\infty} = \sqrt{u_1^2 + v_{1\infty}^2 - 2u_1 v_{1\infty}\cos\alpha_{1\infty}} = \sqrt{13.51^2 + 4.39^2 - 0} = 14.21(\text{m/s})$$

$$H_{st\infty} = \frac{u_2^2 - u_1^2}{2g} + \frac{w_{1\infty}^2 - w_{2\infty}^2}{2g} = \frac{28.91^2 - 13.51^2}{2 \times 9.8} + \frac{14.21^2 - 11.04^2}{2 \times 9.8} = 33.39 + 4.07 = 37.5(\text{m})$$

$$H_{d\infty} = \frac{v_{2\infty}^2 - v_{1\infty}^2}{2g} = \frac{18.94^2 - 4.39^2}{2 \times 9.8} = 17.3(\text{m})$$

$$H_{T\infty} = H_{d\infty} + H_{st\infty} = 54.8(\text{m})$$

$$\frac{H_{st\infty}}{H_{T\infty}} = \frac{37.5}{54.8} = 68.4\%$$

$$\frac{H_{d\infty}}{H_{T\infty}} = \frac{17.3}{54.8} = 31.6\%$$

答：静能头为 37.5m，动能头为 17.3m，各占总能头的 68.4% 和 31.6%。

三、叶片出口安装角 β_{2a} 对理论能头的影响

按照叶片出口安装角的大小，常把叶轮分成三种形式，如图 3-9 所示。

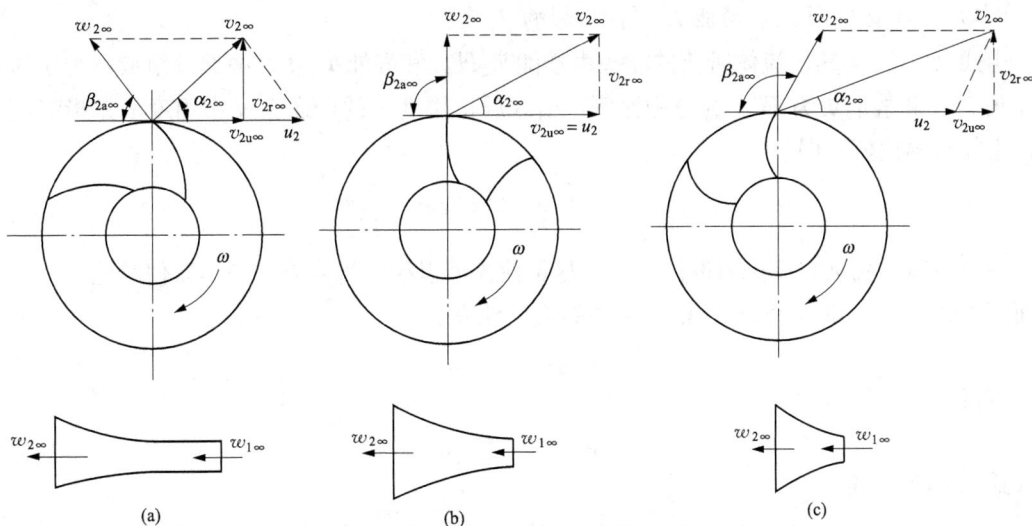

图 3-9　叶片形式

（a）后向式（$\beta_{2a\infty} < 90°$）；（b）径向式（$\beta_{2a\infty} = 90°$）；（c）前向式（$\beta_{2a\infty} > 90°$）

（1）后向式（后弯式）叶片叶轮，$\beta_{2a}<90°$，其叶片弯曲方向与叶轮旋转方向相反；

（2）径向式叶片叶轮，$\beta_{2a}=90°$，其叶片出口为径向；

（3）前向式（前弯式）叶片叶轮，$\beta_{2a}>90°$。其叶片弯曲方向与叶轮旋转方向相同。

为了提高 $H_{T\infty}$，设计上使 $\alpha_1\approx90°$，即流体径向流入叶轮。则在转速 n、流量 q_V、叶轮叶片一定的情况下，有

$$H_{T\infty}=\frac{u_2 v_{2u\infty}}{g}=\frac{u_2}{g}(u_2-v_{2r\infty}\cot\beta_{2a\infty})=a-b\cot\beta_{2a\infty}$$

此时 a、b 为常量，即 $H_{T\infty}$ 只与 $\beta_{2a\infty}$ 有关。

（一）对理论能头 $H_{T\infty}$ 的影响

1. $\beta_{2a\infty}<90°$（后向式叶片）

当 $\beta_{2a\infty}<90°$时，随着 $\beta_{2a\infty}$ 减小，$H_{T\infty}$ 也减小。当 $\beta_{2a\infty}$ 减小到等于最小角 $\beta_{2a\,min}$ 时，$\cot\beta_{2a\,min}=\frac{u_2}{v_{2r\infty}}$，此时 $H_{T\infty}=0$，这是叶片出口角的最小极限值。

2. $\beta_{2a\infty}=90°$（径向式叶片）

当 $\beta_{2a\infty}=90°$时，$\cot\beta_{2a}=0$，$v_{2u\infty}=u_2$，$H_{T\infty}=\frac{u_2^2}{g}$

3. $\beta_{2a\infty}>90°$（前向式叶片）

当 $\beta_{2a\infty}>90°$，随着 $\beta_{2a\infty}$ 增大，$H_{T\infty}$ 也增大，当 $\beta_{2a\infty}$ 增大到等于最大角 $\beta_{2a\,max}$ 时，$\cot\beta_{2a\,max}=-\frac{u_2}{v_{2r\infty}}$，此时 $H_{T\infty}=\frac{2u_2^2}{g}$，这是叶片出口角的最大极限值。

在 $0°<\beta_{2a\infty}<180°$ 范围内，因为随着 $\beta_{2a\infty}$ 的增加，扬程增加。所以，后向式扬程最小，前向式扬程最大，径向式居中。

（二）对静能头 $H_{st\infty}$ 和动能头 $H_{d\infty}$ 的影响

由式（3-9）可知，流体所获的能头由动能头 $H_{d\infty}$ 和静能头 $H_{st\infty}$ 两部分组成，为了讨论动能头 $H_{d\infty}$ 和静能头为 $H_{st\infty}$ 的分配比例，引入反作用度 τ 的概念。反作用度 τ 是指静能头和理论能头的比值，即

$$\tau=\frac{H_{st\infty}}{H_{T\infty}}=\frac{H_{T\infty}-H_{d\infty}}{H_{T\infty}}=1-\frac{H_{d\infty}}{H_{T\infty}} \tag{3-12}$$

一般在离心式泵与风机的设计中，除尽量使流体以径向流入外，还尽量使叶轮进口、出口面积大致相同，即 $A_1\approx A_2$，根据流动的连续性方程

$$A_1 v_{1r\infty}=A_2 v_{2r\infty}$$

可得

$$v_{1r\infty}=v_{2r\infty}=v_{1\infty}$$

代入式（3-10），得

$$H_{d\infty}=\frac{v_{2\infty}^2-v_{1\infty}^2}{2g}=\frac{v_{2u\infty}^2+v_{2r\infty}^2-v_{1\infty}^2}{2g}=\frac{v_{2u\infty}^2}{2g} \tag{3-13}$$

前面已经指出，为了提高叶轮的理论能头，常把叶轮设计成 $\alpha_1\approx90°$，即 $v_{1u\infty}\approx0$，这时能量方程式可写为

$$H_{T\infty}=\frac{1}{g}u_2 v_{2u\infty} \tag{3-14}$$

将式（3-13）和式（3-14）代入式（3-12），则

$$\tau=1-\frac{H_{d\infty}}{H_{T\infty}}=1-\left(\frac{v_{2u\infty}^2}{2g}\bigg/\frac{u_2 v_{2u\infty}}{g}\right)=1-\frac{v_{2u\infty}}{2u_2} \tag{3-15}$$

由出口速度三角形可得

$$v_{2u\infty}=u_2-v_{2r\infty}\cot\beta_{2a\infty} \tag{3-16}$$

将式（3-16）代入式（3-15）得

$$\tau=1-\frac{u_2-v_{2r\infty}\cot\beta_{2a\infty}}{2u_2}=\frac{1}{2}+\frac{v_{2r\infty}\cot\beta_{2a\infty}}{2u_2} \tag{3-17}$$

可见，当叶轮的外径、转速、流量一定时，反作用度 τ 只和出口安装角 $\beta_{2a\infty}$ 有关。

当 $\beta_{2a\infty}=90°$ 时，$\cot\beta_{2a\infty}=0$：$\tau=\frac{1}{2}$。

当 $\beta_{2a\infty}=\beta_{2amin}$ 时，$\cot\beta_{2amin}=\frac{u_2}{v_{2r\infty}}$：$\tau=1$。

当 $\beta_{2a\infty}=\beta_{2amax}$ 时，$\cot\beta_{2amax}=-\frac{u_2}{v_{2r\infty}}$：$\tau=0$。

由此可见，随着 $\beta_{2a\infty}$ 的增加，反作用度 τ 减小，当 $\beta_{2a\infty}$ 从其最小 β_{2amin} 增大到 β_{2amax} 时，反作用度 τ 从1减小到0。反作用度 τ、理论能头 $H_{T\infty}$、静能头 $H_{st\infty}$ 和动能头 $H_{d\infty}$ 随 $\beta_{2a\infty}$ 的变化关系如图 3-10 所示。

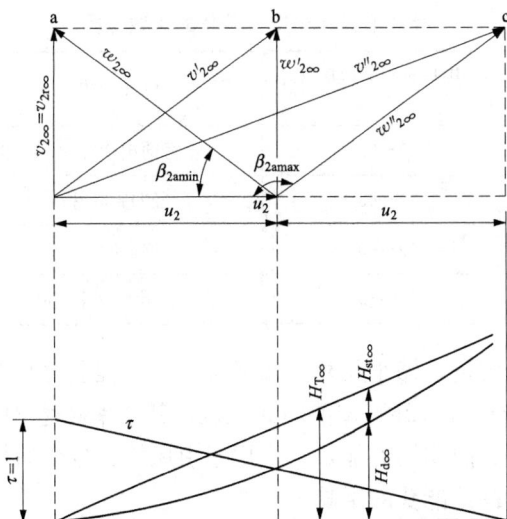

图 3-10 各种安装角时的速度三角形及 $H_{d\infty}$、$H_{st\infty}$ 的曲线

由分析和图 3-10 不难看出，当 $\beta_{2amin}<\beta_{2a\infty}<90°$ 时，静能头 $H_{st\infty}$ 所占的比例大于动能头 $H_{d\infty}$ 所占的比例，当 $\beta_{2amax}>\beta_{2a\infty}>90°$ 时，静能头 $H_{st\infty}$ 的比例小于动能头 $H_{d\infty}$ 所占的比例。应当说明的是：$\tau=1$ 和 $\tau=0$ 的两种极限情况，只说明 τ 的变化范围，而并无实际意义。因为在这两种情况下，或者流体不能获得能量，或者流体得不到输送。

综上所述，可以对三种不同形式的叶轮比较如下：

（1）从流体获得能量的角度看，前向式大，后向式小，径向式居中。

（2）从效率观点看，后向式高，前向式低，径向式居中。

1）从叶片间流速来看，前向式叶轮的流道较短，扩散度较大，流动容易发生分离，因而局部损失大；后向式叶轮流道较长，而且变化均匀，故局部损失小；而径向式叶轮则介于两者之间。

2）从叶片的曲率大小来看，前向式叶轮的曲率大，使流体的运动方向变化较大，因此，流动损失较大；后向式叶片曲率较小，损失小，效率高。

3）从能量转化观点看，前向式动压头所占比例比后向式大，动压头转化为静压头时，损失大。因此，前向式能量损失比后向式大。

（3）从结构尺寸的角度看，在流量、转速一定时，要达到相同的理论能头，则前向式叶轮小，后向式叶轮大，而径向式叶轮居中。

（4）从磨损和积垢的角度看，径向式好，前向式差，后向式居中。

（5）从功率特性的角度看（见本章第四节），后向式好，前向式差，径向式居中。

（三）叶片出口安装角的选用

通过以上分析，叶片出口安装角 β_{2a} 取得越大，理论扬程越高，但由于叶轮出口处的流体绝对速度增加，反作用度减小，导致机器的效率下降或性能不稳定，叶片出口安装角的选用原则如下：

（1）为了提高泵与风机的效率和降低噪声，工程上对离心式泵均采用后向式叶轮，对离心式风机也多采用后向式叶轮，一些叶片的形式及出口安装角大致范围参见表 3-1。

表 3-1 叶片形式和出口安装角的大致范围

叶片形式	出口安装角范围（°）	叶片形式	出口安装角范围（°）
强后向叶片（水泵型）	20～30	径向出口叶片	90
后向圆弧叶片	30～60	径向直叶片	90
后向直叶片	40～60	前向叶片	118～150
后向翼型叶片	40～60	强前向叶片（多翼叶）	150～175

（2）为了提高压头、流量，缩小尺寸，减轻质量，工程上对小型通风机也可采用前向式叶轮。如国产改进型 M9－4.7（26）型前向式风机，其效率高达 81.2% 左右。

（3）径向式叶轮防磨、防积垢性能好，可用于引风机、排尘风机和耐磨高温风机等。

四、叶片数有限时对理论能头的影响

在能量方程式的推导过程中，其假设条件之一就是认为叶轮中的叶片数为无限多。这一假设实际上是对流体流经叶轮时相对运动的简化。

（1）流体全部微团受叶轮叶片的约束，严格地沿着叶片表面运动，流线的形状与叶片形状完全一致。

（2）相对速度在同一个圆周上沿周向均匀分布，如图 3-11（b）所示。

对于实际的叶片式泵与风机来说，叶片数是有限的，因此只有与叶片直接接触的流体微团严格地沿着叶片表面运动，其余微团并非如此。

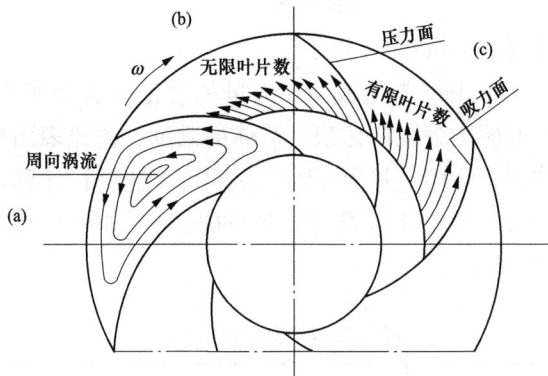

图 3-11　流体在叶轮流道内流动

对于实际的叶片式泵与风机，当叶轮旋转时，流道内理想流体也同样存在着一个和叶轮旋转角速度相等，但旋转方向相反的轴向涡流，如图 3-11（a）所示。

当叶片个数有限时，流道内除了有一个均匀的相对运动外，还有一个相对的轴向旋转运动，两种相对运动的合成结果构成了叶片数有限叶轮中流体的相对运动。

在叶片的压力面附近，两种相对运动速度方向相反，合成速度减小；在叶片的吸力面，两种相对运动速度方向一致，使得相对速度增加。故相对速度在同一圆周处分布是不均匀的，如图 3-11（c）所示。由于相对速度分布不均，使叶片两边产生压力差，形成了作用于叶轮上的阻力矩，原动机克服此阻力须耗功。

轴向涡流的另一个影响是使流线发生偏移，从而使进、出口速度三角形发生变化。在进口处，轴向涡流速度和 $v_{1u\infty}$ 同向，合成后增大为 v_{1u}，如图 3-12（a）所示。

在叶片出口处，由于叶片工作面速度低、压力高，而叶片背面速度高、压力低，迫使流线向叶轮旋转的反方向偏移，从而使流动角 β_2 小于叶片的出口安装角 β_{2a}，结果使 $v_{2u\infty}$ 减小到 v_{2u}，如图 3-12（b）所示。

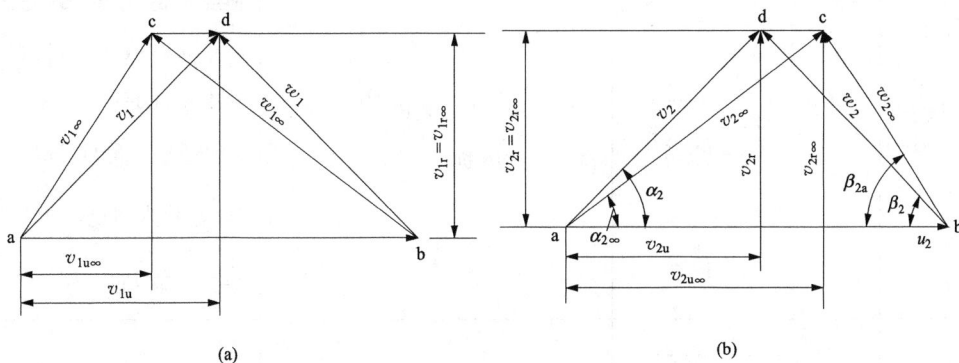

图 3-12　轴向涡流对进、出口速度三角形的影响
（a）轴向涡流对进口速度三角形的影响；（b）轴向涡流对出口速度三角形的影响

由于 $v_{1u}>v_{1u\infty}$，$v_{2u}<v_{2u\infty}$，因此　$H_T<H_{T\infty}$，即

$$H_T = KH_{T\infty} \tag{3-18}$$

式中　K——环流系数（或滑移系数），恒小于 1。

环流系数不是效率，不是由损失造成的，大量的理论与实验研究结果表明，环流系数 K 与叶片形式（即 β_{2a}）、叶轮内外径的比值、流体的黏度、流道表面粗糙度以及压出室的形式等因素有关。由于影响因素众多，目前还难以用理论方法进行计算，一般采用半经验公式来计算，列举部分于表 3-2。当粗略计算时，K 的取值可如下确定：离心泵：$K = 0.6 - 0.9$，离心风机：$K = 0.78 - 0.9$。

表 3-2　　　　　　　　　　　　　环流系数部分计算公式

序号	名称	公式	使用范围	备注
1	斯托道拉 (Stodolo)	$K = 1 - \dfrac{u_2 \pi \sin\beta_{2a}}{z\left(u_2 - \dfrac{q_{VT}}{\pi D_2 b_2 \tan\beta_{2a}}\right)}$	叶片数 z 较多，$z > 6$，叶片相对长度较大，$\beta_{2a} \leqslant 90°$，低、中、高比转速离心式泵与风机或压缩机	假设叶轮是稠密的环列叶栅，仅仅考虑叶片出口的流动情况，而忽略了叶道曲率半径和径向深度的影响
2	爱克 (Eck)	$K = \dfrac{1}{1 + \dfrac{\pi \sin\beta_{2a}}{z\left[1 - (D_1/D_2)^2\right]}}$	前、后盘平行的风机叶轮，$30° < \beta_{2a} < 50°$	（1）D_2、D_1 为叶片出口、进口处的直径 （2）考虑了叶道的曲率半径
2	爱克 (Eck)	$K = \dfrac{1}{1 + \dfrac{\pi \sin\beta_{2a}}{2z\left[1 - (D_1/D_2)^2\right]}}$	叶轮径向分速度 v_r 为定值的风机，即叶片宽度与叶道曲率半径乘积为定值，$b \cdot R = \text{const}$	
2	爱克 (Eck)	$K = \dfrac{1}{1 + \dfrac{1.5 + 1.1\beta_{2a}/90°}{z\left[1 - (D_1/D_2)^2\right]}}$	前、后盘平行的风机叶轮，$\beta_{2a} > 50°$	
3	魏斯聂耳 (wiesner)	$K = \dfrac{\dfrac{\sqrt{\sin\beta_{2a}}}{z^{0.7}} + \dfrac{v_{2r\infty}}{u_2}\cot\beta_{2a}^{-1}}{\dfrac{v_{2r\infty}}{u_2}\cot\beta_{2a}^{-1}}$	直径比 $\dfrac{D_1}{D_2} \leqslant \dfrac{1}{\ln^{-1}(8.16\sin\beta_{2a}/z)}$ 的离心泵或离心压缩机	
4	弗拉埃德 (fleiderer)	$K = \dfrac{1}{1 + \dfrac{2\psi}{z}\dfrac{1}{1 - \left(\dfrac{D_1}{D_2}\right)^2}}$	$\beta_{2a} < 90°$，且直径比 $\dfrac{D_1}{D_2} < 0.5$ 的离心式泵与风机	ψ 经验系数与叶片流道表面粗糙度及 β_{2a} 有关。蜗壳式泵：$\psi = (0.65 \sim 0.86) \times \left(1 + \dfrac{\beta_{2a}}{60}\right)$；导叶式离心泵：$\psi = 0.6\left(1 + \dfrac{\beta_{2a}}{60}\right)$；当 $\beta_{2y} > 90°$ 且 $\dfrac{D_1}{D_2}$ 较大时，$\psi = (1 \sim 1.2)\left(1 + \sin\dfrac{\beta_{2a}}{60}\right)\dfrac{D_1}{D_2}$
5	斯基克钦 (stechkin)	$K = \dfrac{1}{1 + \dfrac{2\pi}{3z}\dfrac{1}{1 - \left(\dfrac{D_1}{D_2}\right)^2}}$	离心泵	

五、实际流体对理论能头的影响

由于通过泵与风机流体会产生流动损失，实际扬程或全压必然小于理论扬程 H_T 或全压

p_T。实际扬程或全压等于理论扬程 H_T 或全压 p_T 与流动效率的乘积，即

$$H=\eta_h H_T=K\eta_h H_{T\infty} \tag{3-19}$$

$$p=\eta_h p_T=K\eta_h p_{T\infty} \tag{3-20}$$

式中　η_h——流动效率。

六、预旋

在实际流动中，流体进入泵与风机叶轮叶片前有一个旋转运动，称为预旋或先期旋转运动，预旋可分为强制预旋和自由预旋。

(一) 强制预旋

强制预旋是由结构上的外界因素造成的，如导叶、双吸叶轮、螺旋形吸入室、多级叶轮背导叶出口角不等于90°等结构形式，都使得流体以小于或大于90°的角度进入叶轮，与流量的变化无关。

当 $\alpha_1<90°$ 时，预旋方向和叶轮旋转方向一致，称为正预旋。当 $\alpha_1>90°$ 时，预旋方向和叶轮旋转方向相反，称为反预旋，如图 3-13 所示。

(二) 自由预旋

自由预旋是由于流量的改变造成的，当流量偏离设计值时产生，与设备的结构因素无关。具体理论解释，尚无定论。美国 A.J. 斯捷潘诺夫用最小阻力原理进行了解释，即认为

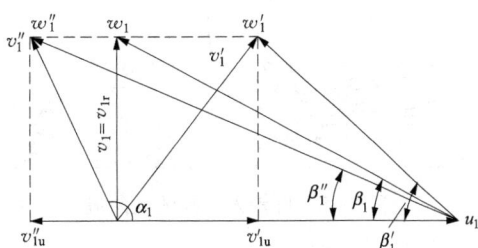

图 3-13　具有强制预旋的进口速度三角形

流体总是企图选择阻力最小的路线进入叶轮。图 3-14 所示为自由预旋时的速度三角形。在设计流量工作时，径向速度为 v_{1r}，流动角为 β_1。当流量小于设计流量时，径向速度为 v'_{1r}，绝对速度角为 α'_1，流动角为 β'_1，且 $v'_{1r}<v_{1r}$，$\alpha'_1<90°$，$\beta'_1<\beta_1$。若要阻力最小，流体以接近于 β_1 角流入叶轮时，此时产生和叶轮旋转方向相同的正预旋，如图 3-14 (a) 所示。当流量大于设计流量时，径向速度为 v''_{1r}，绝对速度角为 α''_1，流动角为 β''_1，且 $v''_{1r}>v_{1r}$，$\alpha''_1>90°$，$\beta''_1>\beta_1$，则产生和叶轮旋转方向相反的负预旋，如图 3-14 (b) 所示。

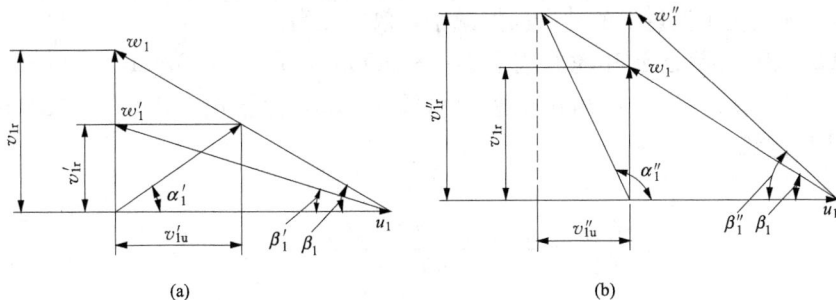

图 3-14　流量变化引起预旋时的速度三角形
(a) 正预旋；(b) 负预旋

(三) 预旋强度

预旋强度通常用预旋系数 ϕ 来表示，它等于进口处流体绝对速度的周向分量 v_{1u} 与叶轮进口的圆周速度 u_1 之比，即

$$\phi = \frac{v_{1u}}{u_1} \tag{3-21}$$

在设计阶段一般取：

（1）风机：$\phi = 0.30 \sim 0.50$。

（2）离心泵次级叶轮：$\phi = 0.25 \sim 0.40$。

（四）预旋对泵与风机性能的影响

前已叙及，为了提高泵与风机的能头，都假定 $v_{1u} \approx 0$。因此，预旋的存在必然会对泵与风机的性能产生影响。显然，预旋强度越大，对泵与风机的性能影响也就越大。

预旋是一种复杂的现象，它受到各种因素的影响。根据有关实验资料，它对泵与风机性能的影响大致可分为以下几个方面（以正预旋为例）。

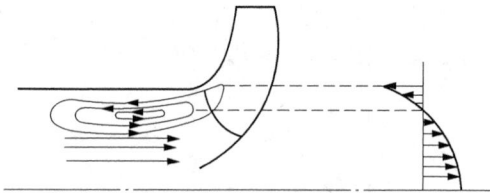

图 3-15 叶轮入口前的反向流

（1）自由预旋的存在，会导致吸入室壁附近的流体产生反向流（如图 3-15 所示）。它可能造成 $H\text{-}q_V$ 曲线的不连续，并在某一小流量区内往往造成不稳定的运行。因此，为了改善小流量下泵与风机的性能（$H\text{-}q_V$），往往在设计时采用某些手段改善叶轮的吸入条件以控制预旋。例如，对于泵可根据不同形式的吸入室，装设相应形状的挡板或肋；对于风机，在入口装设可调叶片等。

（2）预旋使泵与风机的能头降低（$v_{1u} \neq 0$）。由于强制预旋是由吸入室或背导叶所造成的，并不消耗叶轮的能量，所以也就不消耗叶轮的功率；而自由预旋总是伴随着流量的改变而存在的，当流量小到某一临界值时，要产生反向流，此时，自由预旋要消耗叶轮的一部分能量，因而也就消耗叶轮的一部分功率。

（3）正预旋可以改善泵的汽蚀性能。因为正预旋使得入口相对速度 w_1 减小，如图 3-13 所示，从而使泵的必需汽蚀余量降低，改善了汽蚀性能。鉴于此，对于高速、高抗汽蚀性能的泵在设计时都考虑一定的预旋系数。

（4）自由预旋使小流量下的冲击损失减小，效率提高。

【例 3-2】 有一离心泵叶轮尺寸：$D_1 = 140\text{mm}$，$D_2 = 360\text{mm}$，$b_1 = 33\text{mm}$，$b_2 = 20\text{mm}$，$\beta_{1a} = 20°$，$\beta_{2a} = 25°$。已知其转速 $n = 1450\text{r/min}$，流量 $q_V = 90\text{L/s}$，试求其理论扬程 H_T（设流体径向流入）。

【解】

$$u_2 = \frac{\pi D_2 n}{60} = \frac{3.14 \times 0.36 \times 1450}{60} = 27.32(\text{m/s})$$

$$v_{2r} = \frac{q_V}{\pi D_2 b_2} = \frac{0.09}{3.14 \times 0.36 \times 0.02} = 3.98(\text{m/s})$$

$$v_{2u} = u_2 - v_{2r}\cot\beta_{2a} = 27.32 - 3.98\cot 25° = 18.78(\text{m/s})$$

根据弗拉埃德（Pfleiderer）经验公式求环流系数为

$$K = \frac{1}{1 + 2\dfrac{\psi}{z}\dfrac{r_2^2}{r_2^2 - r_1^2}}$$

其中

$$\psi = a\left(1 + \frac{\beta_{2a}}{60}\right)$$

设蜗壳式泵 $a = 0.65 \sim 0.86$，取 0.75，则

$$\psi = a\left(1 + \frac{\beta_{2a}}{60}\right) = 0.75\left(1 + \frac{25}{60}\right) = 1.06$$

$$K = \frac{1}{1 + 2 \times \frac{1.06}{7} \times \frac{0.18^2}{0.18^2 - 0.07^2}} = 0.74$$

因为流体径向流入
所以

$$H_T = K\frac{u_2 v_{2u}}{g} = 0.74 \times \frac{27.32 \times 18.78}{9.8} = 38.74\,(\text{m})$$

第三节 离心式泵与风机的损失和效率

由于结构、工艺及流体黏性的影响，流体流经泵与风机时不可避免地要产生各种能量损失。研究泵与风机的性能首先不可避免地要研究损失。效率是衡量损失的大小及体现泵与风机能量利用程度的一个重要经济指标。为了寻求提高效率的途径，需对泵与风机内部产生的各种能量损失进行分析，找出产生损失的原因，并讨论各种功率、损失、效率及其相互关系。

泵与风机的损失按其性质可以分为机械损失、容积损失和流动损失三种。与叶轮转动有关、与输送流体量无直接关联的损失为机械损失 ΔP_m，与流体泄漏有关的损失为容积损失 ΔP_V，与输送流体量直接相关的损失为流动损失 ΔP_h。轴功率、损失与有效功率之间的关系如图 3-16 所示。

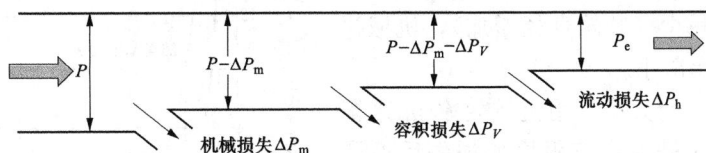

图 3-16 泵内能量平衡图

一、机械损失与机械效率

泵与风机的机械损失包括轴与轴承的摩擦损失、轴与轴端密封的摩擦损失及叶轮在壳腔内转动时，因克服壳腔内的流体与盖板之间存在的摩擦阻力及叶轮两侧流体的涡流而产生的摩擦损失即圆盘摩擦损失。轴与轴封、轴与轴承及叶轮圆盘摩擦所损失的功率，一般分别用 ΔP_{m1} 和 ΔP_{m2} 表示，则

$$\Delta P_m = \Delta P_{m1} + \Delta P_{m2} \tag{3-22}$$

轴与轴封、轴与轴承损失的功率 ΔP_{m1}，与轴承的结构形式、轴封的结构形式、填料种

类、轴颈的加工工艺以及流体的密度有关，约占轴功率 P 的 $1\%\sim3\%$（机械密封摩擦功率仅为软填料密封的 $10\%\sim50\%$）。

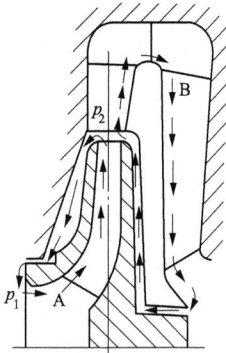

圆盘摩擦损失是因为叶轮的两侧与泵壳（蜗壳）间充有泄漏的液体，这些流体受到叶轮两侧的作用力后，产生从轴心向壳体壁的回流运动，作回流运动的流体旋转角速度约为叶轮旋转角速度的一半。作回流运动的流体要消耗叶轮给它的能量，原因是流体在回流时要产生摩擦、改变流动方向，要损耗能量。一般为轴功率的 $2\%\sim10\%$。这是机械损失的主要部分，如图 3-17 所示。

圆盘摩擦损失大小由经验公式（3-23）计算，即

$$\Delta p_{m2}=K\rho u_2^3 D_2^2 \tag{3-23}$$

式中 K——圆盘摩擦系数 $K=f$（Re、B/D_2、粗糙度）（B 为侧壁间隙）；

D_2——叶轮的出口直径，m；

图 3-17   圆盘摩擦损失

u_2——叶轮的出口圆周速度，m/s；

ρ——流体密度，kg/m³。

这两种损失都有一个共同的特点，就是它们的大小与泵（或风机）的流量和扬程（或全压）无关。因为圆盘摩擦损失是机械损失的主要部分，减少机械损失主要是尽可能降低叶轮的圆盘摩擦损失。常用的措施有：

（1）保证轴承润滑良好；填料密封的压盖松紧合适；采用摩擦损失小的轴封，如机械密封、浮动环密封。

（2）离心式对给定的能头，可增加转速，相应减小叶轮直径或级数。

（3）试验表明，将铸铁壳腔内表面涂漆后，效率可以提高 $2\%\sim3\%$，叶轮盖板和壳腔粗糙面用砂轮磨光后，效率可提高 $2\%\sim4\%$。一般来说，风机的盖板和壳腔较泵光滑，风机的效率要比水泵高。

（4）适当选取叶轮和壳体的间隙，可以降低圆盘摩擦损失，一般取 $B/D_2=2\%\sim5\%$。

随着比转速减少（叶轮直径增加），机械损失增加，机械效率减小。

机械损失功率的大小，用机械效率 η_m 来衡量。机械效率等于轴功率克服机械损失后所剩余的功率与轴功率 P 之比，即

$$\eta_m=\frac{P-\Delta P_m}{P} \tag{3-24}$$

机械效率和比转速有关，图 3-18 可用来粗略估算泵的机械效率。

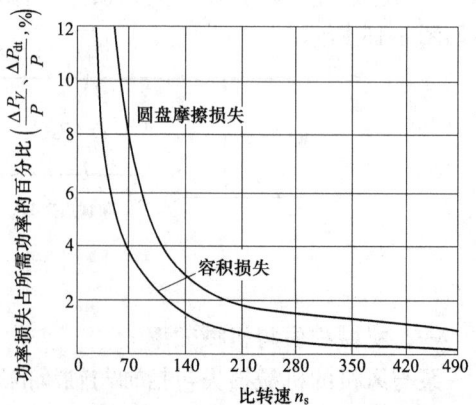

图 3-18   圆盘摩擦损失、容积损失与比转速的关系

二、容积损失和容积效率

在泵与风机中，由于结构上的要求，动、静部件之间存在着一定的间隙，当叶轮旋转时，在间隙两侧压力差的作用下，使部分已经从叶轮获得能量的流体不能被有效地利用，而是从高压侧通过间隙向低压侧流动，造成能量损

失。这种能量损失称为容积损失，也称泄漏损失，用功率 ΔP_V 表示。

（一）泵的容积损失

泵的泄漏主要发生在以下几个部位：叶轮入口与外壳密封环之间的间隙处，如图 3-19 中的 q_1 所示；多级泵的级间间隙处，如图 3-19 中的 q_2 所示；平衡轴向力装置与外壳之间的间隙处及轴端密封间隙处等，用 q_3 表示。

泵总的泄漏量主要是叶轮入口与外壳之间、平衡轴向力装置与外壳之间的泄漏量，即

$$q \approx q_1 + q_3 \tag{3-25}$$

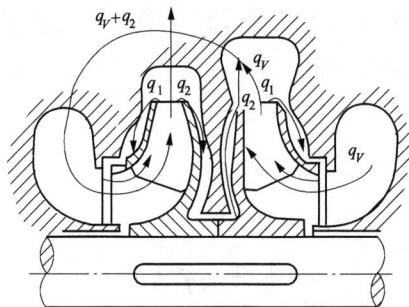

图 3-19　泵容积损失分析用图

1. 叶轮入口与外壳密封环之间间隙中的泄漏

为了减小叶轮入口处的泄漏量 q_1，一般在入口处都装有密封环（承磨环或口环），如图 3-20 所示。检修中应将密封间隙严格控制在规定的范围内，密封间隙过大泄漏损失增大；密封间隙过小机械损失增大。计算泄漏量 q_1 时，可按式（3-26）估算，即

$$q_1 = k_1 A_1 \sqrt{2g \Delta H_1} \tag{3-26}$$

$$A_1 = \pi D_w b$$

式中　k_1——流量系数；

　　ΔH_1——密封环间隙两侧的能头差，m；

　　A_1——间隙的环形面积，m^2；

　　D_w——密封环间隙的平均直径，m；

　　b——宽度，m。

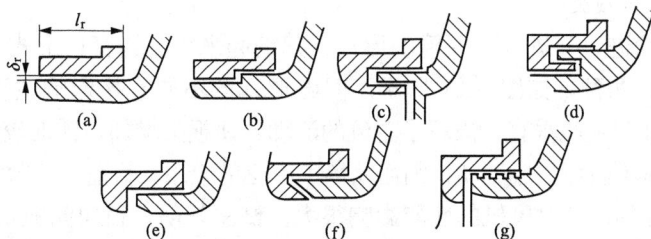

图 3-20　密封结构形式

（a）平面式密封环；（b）中间带一室的密封环；（c）、（d）、（g）曲径式密封环；
（e）直角式密封环；（f）锐角式密封环

这部分容积损失为

$$\Delta P_{V1} = \rho g q_1 \Delta H_1 \tag{3-27}$$

2. 平衡轴向力装置与外壳之间的间隙中的泄漏

一般离心泵都有平衡轴向力装置，如平衡孔、平衡盘等，故平衡轴向力装置处的泄漏不可避免，这部分泄漏量以 q_3' 计，并用式（3-28）估算，即

$$q_3' = k_3 A_3 \sqrt{2g\Delta H_3} \tag{3-28}$$
$$A_3 = \pi D_n b$$

式中　k_3——流量系数，与平衡装置的类型及结构有关，由实验确定；

ΔH_3——平衡间隙的两侧的能头差，m；

A_3——平衡间隙的环形面积，m^2。

D_n——平衡环间隙的平均直径，m；

b——径向间隙宽度，m。

由此造成的容积损失为

$$\Delta P_{V3}' = \rho g q_3' \Delta H_2 \tag{3-29}$$

3. 轴端密封间隙中的泄漏

无论何种轴封，都存在着泄漏，通过轴端密封间隙中的泄漏比前两项小得多，甚至可以忽略不计，这部分泄漏伴随的容积损失为 $\Delta P_{V3}''$。

4. 多级泵级间间隙中的泄漏

多级泵中，导叶的隔板与轴套之间有间隙，流体通过导叶后动能转换为压能，压力就会比前一级轮毂附近处高，加之轮毂处流体在叶轮带动下旋转也会形成局部低压，于是下一级叶轮进口处流体就会通过级间间隙流回前一级叶轮的侧隙。这部分流体不经过叶轮，来回在泵腔与导叶间流动，它不影响泵的流量。因此这种级间泄漏所造成的机械能损失应属于机械圆盘摩擦损失。

故泵与风机总的容积损失为

$$\Delta P_V = \Delta P_{V1} + \Delta P_{V3}' + \Delta P_{V3}'' \tag{3-30}$$

一般来说，在吸入口径相等的情况下，比转速大的泵，其容积效率比较高，随着比转数减少（叶轮直径增加），叶轮间隙两侧压差增加，容积损失增加，容积效率减小。在比转速相等的情况下，流量大的泵与风机容积效率比较高。

（二）风机的容积损失

离心式风机叶轮进口与进气口间隙的形式，归纳起来可分为套口形式（径向间隙）和对口形式（轴向间隙）两种，如图 3-21 所示。间隙形式的不同直接影响主流的流动。对口形式结构中的泄漏气体与主流垂直，破坏了主流的流动，使损失增加，因而较少采用。而套口形式的结构其泄漏气体不破坏主流流动，因而获得了广泛的应用。目前，高效风机的间隙形式就属此种。此外，间隙的尺寸对风机的性能影响很大。试验表明：径向间隙 δ_r 与叶轮直径 D_2 的比值 δ_r/D_2 从 0.5% 减小到 0.05%，可使效率提高 3%～4%，通常间隙取 $(0.01～0.005)D_2$，D_2 大时取小值，D_2 小时取大值。

（三）容积效率

容积损失的大小，用容积效率 η_V 来衡量，即

$$\eta_V = \frac{P'}{P_h} = \frac{\rho g q_V H_T}{\rho g q_{VT} H_T} = \frac{q_V}{q_{VT}} = \frac{q_V}{q_V + q} \quad (3\text{-}31)$$

提高容积效率的方法是减少泄漏流量,这可从减小泄漏间隙及增大泄漏的流动阻力两个方面采取措施。

要减小泄漏面积 A,可以减小密封直径 D_w,但受结构限制,不能任意减小;减小密封间隙也可减小泄漏间隙。同样,径向间隙也不能任意减小,否则泵在运转时动、静部件容易产生碰摩,检修中应将密封间隙严格控制在规定的范围内。

增大泄漏的流动阻力,可以增加密封的轴向长度,这样就增大了间隙内流动的摩擦阻力;也可在间隙入口和出口采取节流措施,这样就增大了间隙内流动的局部阻力;采用某些形式的密封环也可增加流动阻力。

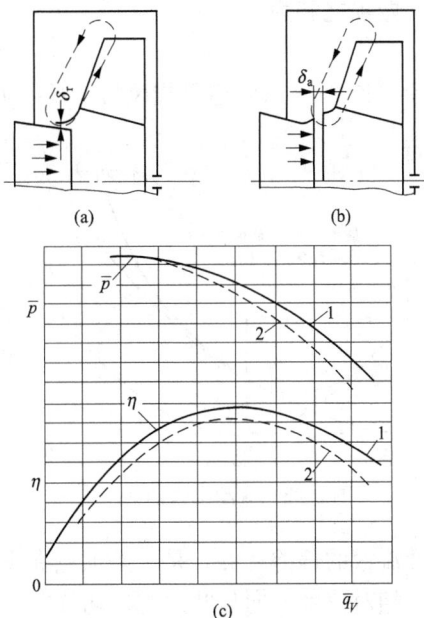

图 3-21 两种间隙形式的比较
(a) 套口形式;(b) 对口形式;(c) 性能曲线
1—套口形式的性能曲线;2—对口形式的性能曲线

三、流动损失与流动效率

流动损失是指当泵与风机工作时,由于流动着的流体和流道(入口、叶轮、导叶、出口等)壁面发生摩擦、流道的几何形状改变使流体运动速度的大小和方向发生变化而产生的旋涡,以及当偏离设计工况时产生的冲击等所造成的损失。

流动损失和过流部件的几何形状、壁面粗糙度、流体的黏性以及流体的流动速度、运行工况等因素密切相关,大体可以分为两类:一类是摩擦损失和局部损失,另一类是冲击损失。

1. 摩擦损失和局部损失

根据流体力学知识可知,摩擦损失为

$$h_f = \lambda \frac{l}{4R} \frac{v^2}{2g}$$

式中 λ——摩擦阻力系数
l——流道长度,m;
R——流道水力半径,m;
v——流速,m/s;
g——重力加速度,m/s²。

对于给定泵或风机上式可简化为

$$h_f = K_1 q_V^2$$

式中 K_1——对给定泵或风机,K_1 为常数;
q_V——体积流量,m³/s。

局部损失为

$$h_j = K_2 q_V^2$$

式中 K_2——对给定泵或风机,K_2 为常数。

两项之和为

$$h_f + h_j = K_3 q_V^2 \qquad (3\text{-}32)$$

式中 K_3——对给定泵或风机，K_3 为常数。

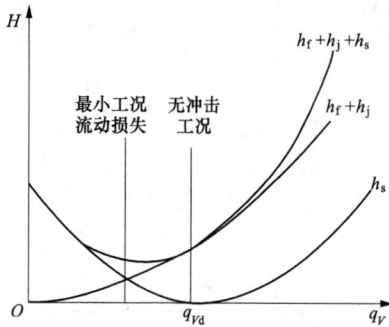

图 3-22 流动损失曲线

摩擦损失和局部损失之和与流体输送量有关，是一条通过坐标原点的二次抛物线，如图 3-22 所示。

2. 冲击损失

当流量偏离设计流量 q_{Vd} 时，流体速度的大小和方向要发生变化，在叶片入口和从叶轮出来进入压出室时，流动角不等于叶片的安装角，从而产生冲击损失。

冲击损失为

$$h_s = K_4 (q_V - q_{Vd})^2 \qquad (3\text{-}33)$$

式中 K_4——冲击损失系数。

冲击损失不仅与流体输送量有关，还与该流量与设计流量的偏差有关，是一条顶点在设计流量 q_{Vd} 处的二次抛物线，如图 3-22 所示。

相对速度方向与叶片进口切线方向间的夹角称为冲角 i，如图 3-23 所示。

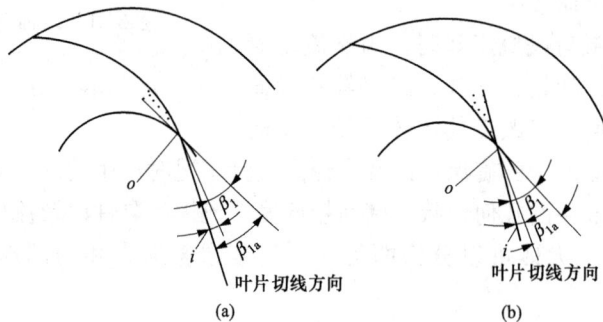

图 3-23 叶轮入口冲角
(a) 正冲角；(b) 负冲角

当 $q_{V1} < q_{Vd}$ 时，$\beta_1 < \beta_{1a}$，$i = \beta_{1a} - \beta_1 > 0$ 为正冲角，由于涡流发生在吸力面，损失较小。

当 $q_{V1} = q_{Vd}$ 时，$\beta_1 = \beta_{1a}$，$i = \beta_{1a} - \beta_1 = 0$ 为零冲角，损失为零。

当 $q_{V1} > q_{Vd}$ 时，$\beta_1 > \beta_{1a}$，$i = \beta_{1a} - \beta_1 < 0$ 为负冲角，由于涡流发生在压力面，损失较大。

若全部流动损失用 h_h 表示，则 $h_h = h_f + h_j + h_s$，存在流动损失最小工况，在设计流量的左边，如图 3-22 所示。

流动损失的大小用流动效率来衡量，即

$$\eta_h = \frac{P - \Delta P_m - \Delta P_V - \Delta P_h}{P - \Delta P_m - \Delta P_V} = \frac{P_e}{P - \Delta P_m - \Delta P_V} = \frac{\rho g q_V H}{\rho g q_V H_T} = \frac{H}{H_T} \qquad (3\text{-}34)$$

式中 ΔP_h——流动损失，kW。

影响泵与风机效率最主要的因素为流动损失，减小流动损失措施如下：

(1) 合理设计叶片形式和过流部件的形状，各部位速度分布合理。

(2) 严格制造工艺和检验精度，提高制造、安装、检修的质量。

（3）降低叶轮和流道表面的粗糙度，减小摩擦阻力损失。

（4）选择合理的叶片入口安装角。

（5）严格控制在合理的流量范围内工作，减小冲击损失。

四、泵与风机的总效率

泵与风机的总效率等于有效功率与轴功率之比，即

$$\eta = \frac{P_e}{P - \Delta P_m - \Delta P_V} \times \frac{P - \Delta P_m - \Delta P_V}{P - \Delta P_m} \times \frac{P - \Delta P_m}{P} = \eta_m \eta_V \eta_h \qquad (3-35)$$

结论：泵与风机的总效率等于机械效率 η_m、容积效率 η_V、流动效率 η_h 三者的乘积。

对于风机，总效率又称为全压效率，用以衡量风机的经济性。此外，还有静压效率、全压内效率和静压内效率。

静压效率计算式为

$$\eta_{st} = \frac{q_V p_{st}}{P} \qquad (3-36)$$

式中　q_V——体积流量，m^3/s；

　　　p_{st}——风机静压，Pa；

　　　P——风机轴功率，W。

全压内效率计算式为

$$\eta_i = \frac{P_e}{P_i} \qquad (3-37)$$

式中　P_e——风机有效功率，W；

　　　P_i——风机内功率，W。

静压内效率计算式为

$$\eta_{sti} = \frac{q_V p_{st}}{P_i} \qquad (3-38)$$

式中　q_V——体积流量，m^3/s；

　　　p_{st}——风机静压，Pa；

　　　P_i——风机内功率，kW。

内功率是指流动损失功率、圆盘损失功率和泄漏损失功率三者与气体从叶轮获得的功率之和。而没有计入机械损失中轴与轴承及轴端密封的摩擦损失功率，内功率反映了叶轮的耗功，而轴功率则反映整台风机的耗功。

由此可见，泵与风机的总效率 η 等于机械效率 η_m、容积效率 η_V 和流动效率 η_h 三者的乘积。因此，要提高泵与风机的效率，就必须在设计、制造、运行及检修等方面减少机械损失、容积损失和流动损失。

【例 3-3】　某离心泵在转速 $n=1450 r/min$ 时，$q_V=1.2 m^3/s$，$H=69 m$，轴功率 $P=1010 kW$，容积效率 $\eta_V=0.93$，机械效率 $\eta_m=0.94$，求流动效率 η_h。水的密度为 $1000 kg/m^3$。

【解】

泵的总效率　　　　　　　　　　　　$\eta = \eta_m \times \eta_V \times \eta_h = \frac{P_e}{P}$

$$P_e = \frac{\rho g q_V H}{1000} = \frac{1000 \times 9.8 \times 1.2 \times 69}{1000} = 811.4 \ (\text{kW})$$

$$\eta = \frac{P_e}{P} = \frac{811.4}{1010} = 0.803$$

$$\eta_h = \frac{\eta}{\eta_m \eta_V} = \frac{0.803}{0.94 \times 0.93} = 0.918 = 91.8\%$$

答：流动效率 η_h 为 91.8%。

第四节　离心式泵与风机的性能曲线

泵与风机的主要性能参数有流量 q_V、扬程 H 或全压 p、功率 P 和效率 η，对泵而言，还有汽蚀余量 NPSH。凡是将泵或风机主要参数间的相互关系用曲线来表达，即称为泵或风机的性能曲线。泵与风机的性能曲线一般是指一定转速下其他性能参数随流量 q_V 变化的关系曲线。通常的性能曲线为 $H(p)$-q_V、P-q_V、η-q_V、NPSH-q_V 等曲线。这些曲线直观地反映了泵与风机的总体性能。性能曲线对泵与风机的选型、经济合理的运行都起着非常重要的作用。

泵与风机内部流动非常复杂，目前理论尚无法定量计算，一般都是通过试验方法绘制性能曲线。从理论上定性分析泵与风机性能参数的变化规律及其影响因素的曲线称理论性能曲线，通过理论分析有助于深入了解试验性能曲线。

一、理论性能曲线

（一）能头与流量性能曲线（H-q_V 曲线）

1. 理论扬程与理论流量性能曲线（$H_{T\infty}$-q_{VT} 曲线）

由理想流体通过无限多叶片时的速度三角形可得

$$v_{2u\infty} = u_2 - v_{2r\infty} \cot \beta_{2a\infty}$$

$$v_{2r\infty} = \frac{q_{VT}}{\pi D_2 b_2 \psi}$$

由径向流入时的理论能头为

$$H_{T\infty} = \frac{1}{g} u_2 v_{2u\infty} = \frac{u_2}{g} \left(u_2 - \frac{q_{VT}}{\pi D_2 b_2 \psi} \cot \beta_{2a\infty} \right) = \frac{u_2^2}{g} - \frac{u_2 \cot \beta_{2a\infty}}{g \pi D_2 b_2 \psi} q_{VT} = A - B q_{VT}$$

$$H_{T\infty} = A - B q_{VT} \tag{3-39}$$

式中　A、B——与叶轮结构、安装角有关的常数。

下面就后向式、径向式及前向式三种叶片出口角进行分析。

（1）后向式叶轮（$\beta_{2a} < 90°$）。当 $\beta_{2a} < 90°$ 时，$\cot \beta_{2a} > 0$，B 为正值，H 随流量增加而呈线性减少，如图 3-24 中直线 a 所示，安装角增加，B 减小，H 减少趋势减缓。

（2）径向式叶轮（$\beta_{2a} = 90°$）。当 $\beta_{2a} = 90°$ 时，$\cot \beta_{2a} = 0$，B 为 0，H 不随流量改变，如图 3-24 中直线 b 所示。

（3）前向式叶轮（$\beta_{2a} > 90°$）。当 $\beta_{2a} > 90°$ 时，$\cot \beta_{2a} < 0$，B 为负值，H 随流量增加而呈线性增大，如图 3-24 中直线 c 所示，随安装角增加，直线斜率增大，H 增加趋势加快。

总之，随安装角增加，扬程 $H_{T\infty}$ 由陡直下降变为平滑下降，甚至平稳增加，直至急剧增加。

2. 实际扬程与实际流量性能曲线（H-q_V 曲线，后向式为例）

理论能头是在假设叶片是无限多个、流体是理想流体的情况下得到的，而实际叶片数是有限多个，流体为黏性流体，流体经过叶轮时存在涡流并有各种损失。为了得到实际流体通过实际叶轮的能头与实际流量之间的关系，必须考虑以下因素。

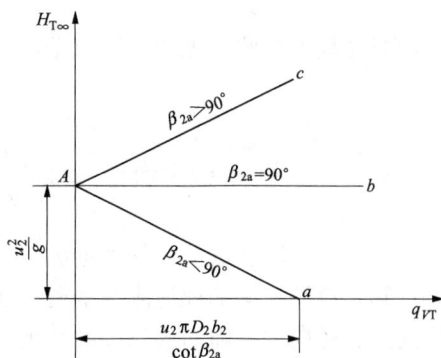

图 3-24 $H_{T\infty}-q_{VT}$ 性能曲线

（1）考虑叶片数有限数时的修正。对于有限多叶片，由于轴向涡流的影响使其产生的扬程降低，该叶轮的扬程可用环流系数来修正，即

$$H_T = K H_{T\infty}$$

环流系数恒小于1，基本与流量无关，因此，有限叶片叶轮的 H_T-q_{VT} 曲线，也是一条向下倾斜的直线，且位于 $H_{T\infty}$-q_{VT} 曲线下方。如图 3-25 中的直线 b 所示。

（2）考虑黏性流体时的修正。流动损失包括沿程阻力损失、局部阻力损失、冲击损失等。沿程阻力损失和局部阻力损失与流量的平方成正比，在各流量下，从 H_T-q_{VT} 曲线中减去这部分损失，即图 3-25 中的曲线 c 所示。流动损失中的冲击损失在设计工况时为零，在偏离设计工况时则按二次抛物线增加，在各流量下，再从曲线 c 上减去相应的损失，即图 3-25 中的曲线 d 为 H-q_{VT} 曲线。

（3）考虑容积损失时的修正。由于容积损失随能头的增大而增加，因此，在图 3-25 中的曲线 d 上的各点减去相应的损失即得实际能头与流量性能曲线 H-q_V，即图 3-25 中的曲线 e。

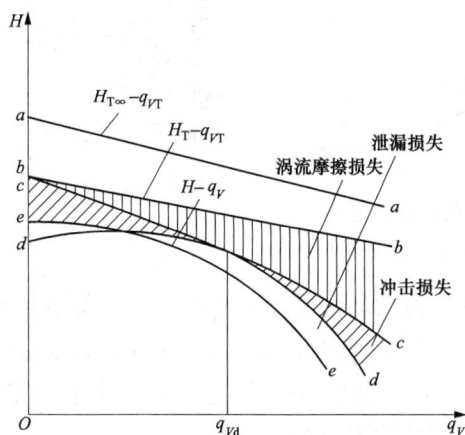

图 3-25 H-q_V 性能曲线

（二）功率与流量性能曲线（P-q_{VT} 曲线）

1. 流动功率与理论流量的性能曲线（P_h-q_{VT} 曲线）

流量与轴功率性能曲线是指在一定转速下泵与风机的流量与轴功率之间的关系曲线。由于轴功率 P 为流动功率 P_h 与机械损失功率之和，即

$$P = P_h + \Delta P_m$$

因机械损失与流量无关，则流动功率为

$$P_h = \rho g q_{VT} H_T \qquad (3\text{-}40)$$

$$H_T = K H_{T\infty} = K \frac{u_2^2}{g} - K \frac{u_2 \cot\beta_{2a\infty}}{g \pi D_2 b_2} q_{VT} = A' - B' q_{VT}$$

$$P_h = \rho g q_{VT} H_T = \rho g q_{VT} (A' - B' q_{VT}) = \rho g (A' q_{VT} - B' q_{VT}^2)$$

可知，流动功率随理论流量呈抛物线变化，且抛物线的形状与叶轮的形式有关，现分别就后向式、径向式及前向式三种叶片出口角进行分析。

(1) 后向式叶轮（$\beta_{2a} < 90°$）。当 $\beta_{2a} < 90°$ 时，$\cot\beta_{2a} > 0$，$B' > 0$，P_h 曲线为一条过原点的抛物线，与 q_{VT} 轴有两个交点，一个是 $q_{VT} = 0$，另一个是 $q_{VT} = \dfrac{A'}{B'}$，如图 3-26 中曲线 a 所示。

(2) 径向式叶轮（$\beta_{2a} = 90°$）。当 $\beta_{2a} = 90°$ 时，$\cot\beta_{2a} = 0$，$B' = 0$，P_h 曲线为一条过原点的直线，随流量增加，流动功率直线增加，如图 3-26 中曲线 b 所示。

(3) 前向式叶轮（$\beta_{2a} > 90°$）。当 $\beta_{2a} > 90°$ 时，$\cot\beta_{2a} < 0$，$B' < 0$，P_h 曲线为一条过原点的上升曲线，随 q_{VT} 增加而急剧增大，如图 3-26 中曲线 c 所示。

2. 轴功率与流量性能曲线（$P\text{-}q_V$ 曲线）

轴功率与流量曲线如图 3-27 所示（以后向式叶轮为例）。

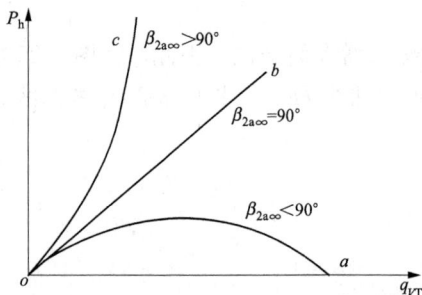

图 3-26　各种不同 $\beta_{2a\infty}$ 角的理论流量与流动功率性能（$P_h\text{-}q_{VT}$）曲线

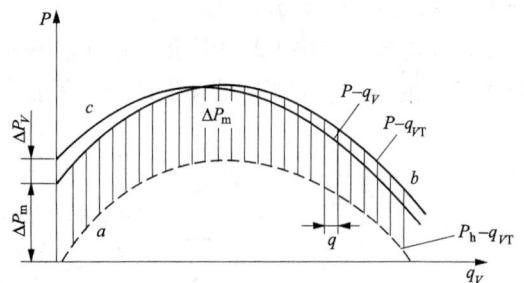

图 3-27　$P\text{-}q_V$ 性能曲线

在 $P_h\text{-}q_{VT}$ 性能曲线上加一等值的机械损失功率 ΔP_m（实际上随流量的增加 ΔP_m 有微小的减少）即得 $P\text{-}q_{VT}$ 曲线；从 $P\text{-}q_{VT}$ 曲线上对应 q_{VT} 减泄漏损失 q 即得 $P\text{-}q_V$ 曲线，如图 3-27 所示。当 $q_V = 0$ 时称为空载工况，从图 3-27 可见，轴功率不为零，轴功率等于泵与风机在空转时的机械损失功率 ΔP_m 和容积损失功率 ΔP_V 之和。

(三) 效率与流量性能曲线（$\eta\text{-}q_V$ 曲线）

泵与风机效率等于有效功率与轴功率之比，即

$$\eta = \frac{P_e}{P} = \frac{\rho g q_V H}{1000 P}$$

在 $H\text{-}q_V$、$P\text{-}q_V$ 两条性能曲线确定后，按照上式，即可计算出不同流量下的 η 值，从而可作出 $\eta\text{-}q_V$ 曲线，如图 3-28 所示。

以上从理论上定性地分析了离心式泵与风机的性能曲线。而实际性能曲线只能用试验方法及借助比例定律来绘制，并随性能表一起附于制造厂家的产品说明书或产品样本中。

二、离心式泵与风机性能曲线的比较

1. $H\text{-}q_V$（$p\text{-}q_V$）性能曲线的比较

图 3-29 所示为离心式通风机三种不同形式叶轮的性能曲线。

对前向式和径向式叶轮，由图 3-29 可以看出，其 $P\text{-}q_V$ 性能曲线为一具有驼峰的或$\backsim$型的曲线，且随 β_{2a}

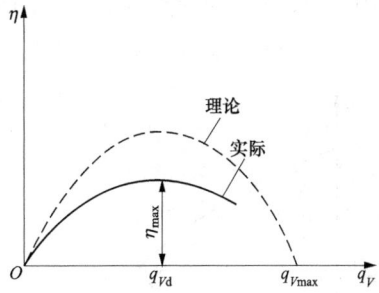

图 3-28 效率与流量的性能曲线

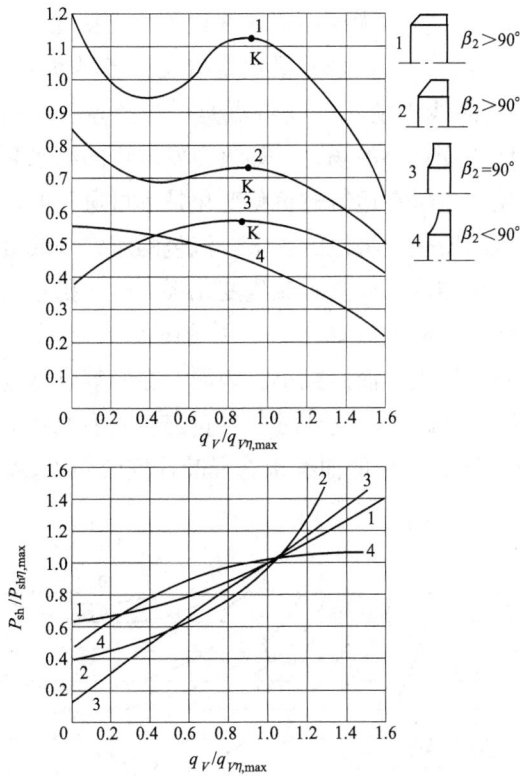

图 3-29 离心式通风机不同形式叶轮的性能曲线

增大曲线弯曲程度也增加。K 点左侧为不稳定工作区。当风机在该区工作时，可能发生喘振或飞动等现象（详见第六章），从而影响风机的正常工作。因此，工程实际中，尽量避免采用具有该种形式曲线的风机。

对后向式叶轮，$H\text{-}q_V$（$P\text{-}q_V$）曲线总的趋势一般随着流量的增加能头逐渐降低，不会出现$\backsim$型。但是，由于结构参数不同，使得后向式叶轮的性能曲线也有所差异。常见的有陡降型、平坦型和驼峰型三种基本类型。其性能曲线的形状是用斜度来划分的，即

$$K_P = \frac{H_{s0} - H_0}{H_0} \times 100\% \tag{3-41}$$

式中 H_{s0}——关死点的能头，即流量为零时的能头，m；

　　　　H_0——最高效率点所对应的能头，m。

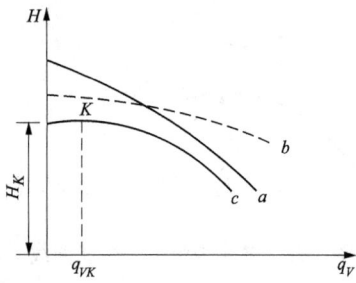

图 3-30   离心式泵后向式叶轮 H-q_V
性能曲线的三种基本形式

（1）陡降型曲线。当斜度 K_P＝25％～30％ 时，称为陡降型曲线，如图 3-30 中的曲线 a 所示。其特点是：当流量变化很小时能头变化很大，因而适宜于流量变化不大而能头变化较大的场合。例如，火力发电厂自江河、水库取水的循环水泵，就希望有这样的工作性能。这是因为：随着季节的变化，江河、水库的水位涨落差非常大，同时水的清洁度也发生变化，均会影响循环水泵的工作性能（扬程），这就要求循环水泵应具有当扬程变化较大时而流量变化较小的特性。

（2）平坦型曲线。当斜度 K_P＝8％～12％ 时，称为平坦型曲线，如图 3-30 中的曲线 b 所示。其特点是：当流量变化较大时，能头变化很小。适用于流量变化大而要求能头变化小的场合。如火力发电厂的给水泵、凝结水泵就希望有这样的性能。这是因为：汽轮发电机在运行时负荷变化是不可避免的，特别是对调峰机组，负荷变化更大。但是，由于机组安全经济性的要求，汽包的压力（或凝汽器内的压力）变化不能太大，这就要求给水泵、凝结水泵应具有流量变化很大时，扬程变化不大的性能。

（3）有驼峰的性能曲线。驼峰曲线如图 3-30 中的曲线 c 所示，它不能用斜度表示。其特点是：能头随流量的变化先增大，而后减小。因而，在峰值点 K 左侧出现不稳定工作区，只能在 $q_V > q_{VK}$ 的区域工作。因此，在设计时应尽量避免这种情况，或尽量减小不稳定区。经验证明，对离心式泵采用图 3-31 中的曲线来选择叶片安装角 β_{2a} 和叶片数，可以避免性能曲线中的驼峰。

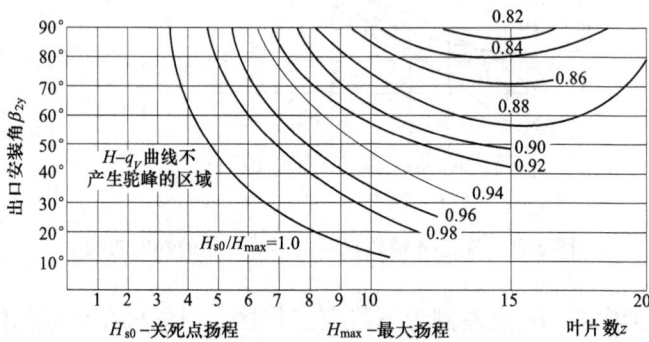

图 3-31   离心式泵性能曲线稳定工作条件

2. P-q_V 性能曲线的比较

由图 3-29 可以看出，前向式、径向式叶轮的轴功率随流量的增加迅速上升，流量越大，功率就越大。因此，当泵与风机工作在大于额定流量时，原动机易过载。而后向式叶轮的轴功率随流量的增加变化缓慢，且在大流量区变化不大。因而当泵与风机工作在大于额定流量时，原动机不易过载。

3. η-q_V 性能曲线的比较

如图 3-32 所示，前向式叶轮的效率较低，但在额定流量附近，效率下降较慢；后向式叶轮的效率较高，但高效区较窄；而径向式叶轮的效率居中。因此，正如第三节中指出的那样，为了提高效率，泵几乎不采用前向式叶轮，而采用后向式叶轮。即使对于风机，也趋向于采用效率较高的后向式叶轮。

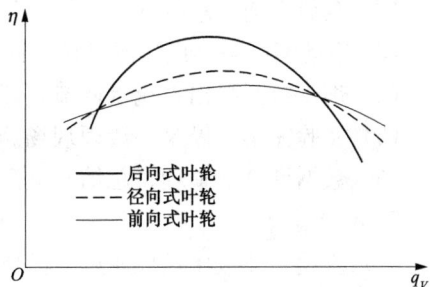

图 3-32　不同形式叶轮的效率比较示意图

第五节　泵与风机的性能试验

由于泵与风机内部流动十分复杂，目前还不能用纯理论的方法精确计算各种损失，所以通过试验获得的泵与风机性能曲线更可靠。

一、泵的性能试验

泵的性能试验应按 GB/T 18149—2000《离心泵、混流泵和轴流泵水力性能试验规范 精密级》或 GB/T 3216—2016《回转动力泵　水力性能验收试验　1 级、2 级和 3 级》执行。为了获得最佳测量条件，在测量截面附近（小于 4 倍管径）应避免存在任何弯头或弯头组合，应避免任何横截面扩大或不连续性，以防出现非常不良的速度分布和旋涡；合理使用整流罩、恰当地设置取压孔，可使其对测量影响至最小。

试验条件不同，试验装置的具体布置不同。水泵的开式性能试验装置可按图 3-33 布置。

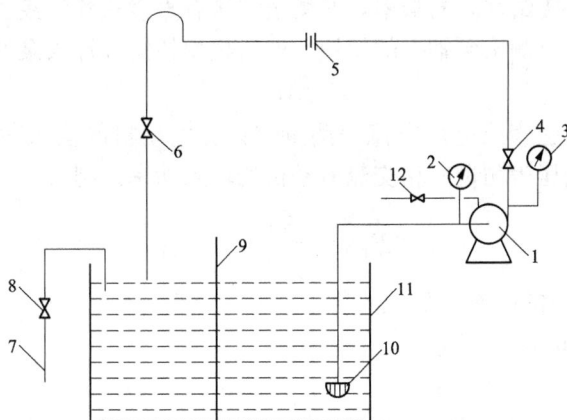

图 3-33　开式水泵性能试验

1—水泵；2—泵入口真空表；3—泵出口压力表；4—流量调节阀；5—孔板流量计；
6—放水调节阀；7—进水管；8—进水调节阀；9—整流栅；10—球形吸入底阀；
11—水箱；12—灌水调节阀

开式水泵性能试验主要测量仪器有孔板流量计、进口真空表、出口压力表、转速表、测功仪等。

1. 试验步骤

（1）试验前检查设备是否正常。

（2）泵启动前灌水排气。

（3）启动离心泵（出口流量调节阀关闭状态），开始试验，待工况稳定后记录空载工况。

（4）逐步打开泵出口流量调节阀以增大流量，记录各工况数据。工况点不少于 10 个。

（5）实验完毕，停泵，清理现场。

（6）数据计算、整理、总结。

2. 参数计算

（1）流量。孔板流量计通过节流作用，在孔板前、后造成压力差，通过计量压力差可以计量流量，其计算公式为

$$q_V = \alpha A_0 \sqrt{\Delta p / \rho} \tag{3-42}$$

式中　α——流量系数；

　　A_0——孔板的内孔截面积，m^2；

　　Δp——孔板上、下游取压口压力差，Pa；

　　ρ——被输送流体的密度，kg/m^3。

（2）扬程。扬程的计算式为

$$H = (Z_2 - Z_1) + \frac{p_2 - p_1}{\rho g} + \frac{v_2^2 - v_1^2}{2g}$$

式中　Z_1、Z_2——泵进、出口测压计基准面相对于基础的位置，m；

　　p_1、p_2——泵进、出口测压计读数，Pa。

　　v_1、v_2——泵进、出口速度，一般进、出口管径相同时，上式第三项取零。

（3）转速和功率。泵的转速可以通过转速表直接读出。

轴功率，即电动机传给水泵的功率，其测量方法有直接法和间接法两种。所谓直接测量法是用马达天平或扭矩仪测出泵轴上的扭矩，然后根据扭矩计算水泵的轴功率，即

$$P = M \cdot \omega$$

间接测量是采用电能表或电压电流表测量并计算电动机的输入功率，然后计算输出功率。如采用电流表、电压表测量三相交流电动机的输入功率，则

$$P_{g,in} = \frac{\sqrt{3} IV \cos\varphi}{1000} \tag{3-43}$$

式中　I——每相或每线的电流，A；

　　V——相间或线间电压，V；

　$\cos\varphi$——功率因数。

然后，根据电动机的基本性能曲线，查得相应的输出功率，即为泵的轴功率。

（4）效率。其计算式为

$$\eta = \frac{\rho g H q_V}{P} \times 100\%$$

性能参数测量计算完毕后，根据计算参数绘制性能曲线。

二、风机性能试验

风机性能试验按试验装置可分为风管试验和风室试验两大类。按常规来说，压力较高的风机，用风管试验台测试；压力较低的风机，用风室试验台测试。GB/T 1236—2000《工业通风机　用标准化风道进行性能试验》规定了性能试验的具体类型和要求。

某通风机出气性能试验装置如图 3-34 所示。

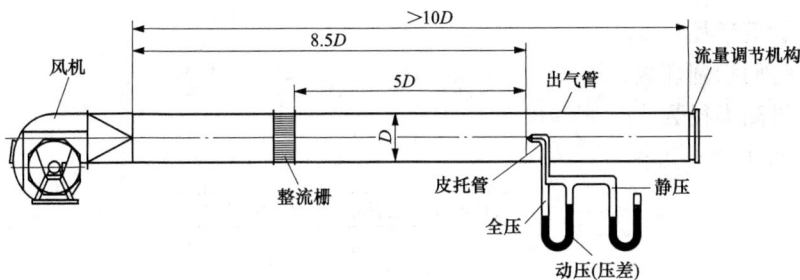

图 3-34 通风机出气试验

1. 试验步骤

(1) 实验前检查, 保证设备正常运行。

(2) 关闭全部挡板, 启动风机。

(3) 观察各个表计读数, 稳定后记录空载工况。

(4) 逐渐开启流量调节装置, 记录各工况的测量参数。至少测量 5 个工况点。

(5) 实验完毕, 停机, 清理现场。

(6) 数据计算、整理、总结。

2. 参数计算

(1) 流量。动压即皮托管的压差为

$$p_d = \rho' g \Delta h \tag{3-44}$$

式中 v——测点速度, m/s;

g——重力加速度, m/s^2;

ρ'——U 形管工作液体密度, kg/m^3;

Δh——U 形管工作液体高度差, m。

由流体力学知识可知 $p_d = \dfrac{1}{2} \rho v^2$, 即

$$v = \sqrt{\frac{2 p_d}{\rho}} \tag{3-45}$$

式中 ρ——空气密度, kg/m^3。

皮托管测的是点速度。由于管道截面上速度分布不均匀, 所以截面上应多测几点, 以求取平均值。对于圆形管道, 通常将圆形截面分成若干个面积相等的同心圆环, 在每个圆环上对称地布置两个测点, 当管径大于 0.5m 时, 需要在相互垂直的方向上进行测量, 即布置四个测点, 然后取平均值, 如图 3-35 所示。

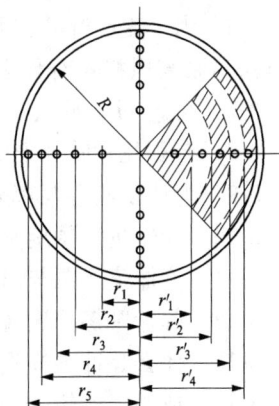

图 3-35 测点半径

若这些圆环的半径分别为 r_1'、$r_2' \cdots r_n'$, 相应的测点半径分别为 r_1、$r_2 \cdots r_n$。根据半径为 r_i 的圆面积等于 i 个圆环的面积减去一个圆环面积的一半, 可得

$$r_i = R\sqrt{\frac{2i-1}{2n}} \tag{3-46}$$

式中　R——管道半径，m；

　　　n——等面积圆环数；

　　　i——被测半径数。

根据连续性方程，可得

$$\sqrt{\Delta p_d} = \frac{\sqrt{\Delta p_{d1}} + \sqrt{\Delta p_{d1}} + \cdots + \sqrt{\Delta p_{dm}}}{n} \tag{3-47}$$

式中　m——测点个数；

　　　n——圆环个数。

根据式（3-47）可求得平均动压，然后代入式（3-45），即可求得平均流速 $\overline{v}$。则

$$q_V = A\,\overline{v}$$

（2）风机全压。其计算式为

$$p = p^* + \Delta p_w$$

式中　p^*——皮托管测点全压；

　　　Δp_w——测点到出口的损失，根据具体条件进行计算。

（3）功率与效率。功率与效率测量与计算过程与泵类似，在此不再详述。

思 考 题

3-1　简述离心式泵与风机的工作原理。

3-2　简述流体在叶轮内的流动分析假设。

3-3　简述流体在离心式叶轮中的运动合成，并画出速度三角形。

3-4　试写出叶片式（离心式和轴流式）泵与风机的能量方程式的两种形式。

3-5　有哪些方法可以提高叶轮的理论扬程（或理论全压）？

3-6　为了提高叶片式泵与风机的理论能头，采用加大叶轮外径 D_2 的方法与提高转速 n 的方法对泵与风机各有什么影响？

3-7　简述 H、H_T、$H_{T\infty}$ 三者的关系。

3-8　有哪几种叶片形式？各有何优点？

3-9　为什么离心泵都采用后向式叶片？

3-10　叶轮进口预旋和轴向旋涡运动会对叶轮扬程（或全压）产生如何影响？

3-11　流体流经泵与风机时存在哪几种形式的损失？

3-12　圆盘摩擦损失属于哪种形式的损失？它与哪些因素有关？

3-13　什么是冲击损失？它是怎样产生的？

3-14　离心式叶轮的理论 $H_{T\infty}$-q_{V_T} 曲线及 $p_{T\infty}$-q_{V_T} 曲线为直线形式，而实验所得的 H-q_V 及 p-q_V 关系为曲线形式，原因何在？

3-15　为什么前向式叶片的风机容易出现电动机超载？

3-16　离心泵的 H-q_V 曲线有几种形式？分别适合使用在什么场合？

习 题

3-1 已知离心式水泵叶轮的直径 $D_2 = 400$mm，叶轮出口宽度 $b_2 = 50$mm，叶片厚度占出口面积的 8%，流动角 $\beta_2 = 20°$，当转速 $n = 2135$r/min 时，理论流量 $q_{VT} = 240$L/s，设流体径向流入，求理论扬程并作叶轮出口速度三角形。

3-2 已知某离心风机的转速 $n = 1450$r/min，叶轮外径 $D_2 = 600$mm，内径 $D_1 = 480$mm，叶片进口安装角 $\beta_{1a} = 60°$，出口安装角 $\beta_{2a} = 120°$，叶片出口径向分速 $v_{2r} = 19$m/s，叶片进口相对速度 $w_1 = 25$m/s，设流体沿叶片的型线运动，空气密度 $\rho = 1.2$kg/m³，求该风机叶轮产生的理论全压 p_T。

3-3 某一离心泵叶轮的外径 $D_2 = 360$mm，叶片出口宽度 $b_2 = 27$mm，叶片出口安装角 $\beta_{2a} = 30°$，叶片数 $z = 7$ 片，叶片出口的厚度为 7mm。泵在转速 $n = 1480$r/min 时的流量为 300m³/h，若径向流入，环流系数 $K = 0.78$，求泵的 H_T。

3-4 有一离心式水泵，其叶轮的外径 $D_2 = 22$cm，转速 $n = 2980$r/min，叶轮出口安装角 $\beta_{2a} = 45°$，出口处的径向速度 $v_{2r\infty} = 3.6$m/s。设流体径向流入叶轮，试按比例画出出口速度三角形，并计算无限多叶片叶轮的理论扬程 $H_{T\infty}$；若环流系数 $K = 0.8$，叶轮流动效率 $\eta_h = 0.9$，叶轮的实际扬程为多少？

3-5 已知某离心泵工作叶轮直径 $D_2 = 0.335$m，圆周速度 $u_2 = 52.3$m/s，水流径向流入，出口速度的径向分速为 $v_{2r} = 4.7$m/s，叶片出口安装角 $\beta_{2a} = 30°$，若泵的叶轮流量为 5.33m³/min，设为理想流体并忽略一切摩擦力，试求泵轴上的转矩。

3-6 某前向离心风机，叶轮的外径 $D_2 = 500$mm，转速 $n = 1000$r/min，叶片出口安装角 $\beta_{2a} = 120°$，叶片出口处空气的相对速度 $w_2 = 20$m/s，设空气以径向进入叶轮，空气的密度 $\rho = 1.293$kg/m³，试求该风机叶轮产生的理论全压 p_T。如叶轮尺寸、转速、空气密度及出口相对速度均相同，且空气仍径向流入叶轮，但叶片形式改为后向 $\beta_{2a} = 60°$，问这时的理论全压将如何变化？

3-7 有一离心式风机，叶轮外径 $D_2 = 600$mm，叶轮出口宽度 $b_2 = 150$mm，叶片出口安装角 $\beta_{2a} = 30°$，转速 $n = 1450$r/min。设空气在叶轮进口处无预旋，空气密度 $\rho = 1.2$kg/m³，试求：

(1) 当理论流量 $q_{VT} = 10\,000$m³/h 时，叶轮出口的相对速度 w_2 和绝对速度 v_2；

(2) 叶片无限多时的理论全压 $p_{T\infty}$；

(3) 叶片无限多时的反作用度 τ；

(4) 环流系数 K 和有限叶片理论全压 p_T（设叶片数 $z = 12$）。

3-8 有一输送冷水的离心泵，当转速为 1450r/min 时，流量为 $q_V = 1.24$m³/s，扬程 $H = 70$m，此时所需的轴功率 $P = 1100$kW，容积损失 $q_V = 0.093$m³/s，机械效率 $\eta_m = 0.94$，求该泵的有效功率、容积效率、流动效率和理论扬程各为多少？（已知水的密度 $\rho = 1000$kg/m³）

3-9 有一离心式水泵，转速为 480r/min，扬程为 136m 时，流量为 5.7m³/s，轴功率为 9860kW，容积效率、机械效率均为 92%，求流动效率（输送常温清水 20℃）。

3-10 一离心泵装置，吸水高度为 2.4m，压水高度为 19m，两水池液面压力均为大气压。从吸入口到压出口的总阻力损失 $h_w = 718q_V^2$（其中 q_V 的单位为 $\mathrm{m^3/s}$），水泵叶轮直径为 350mm，出口宽度为 18mm，叶片安装角 $\beta_{2a} = 35°$，叶片圆周方向的厚度占出口周长的 5%，转速为 1000r/min，水流径向流入叶轮。设实际扬程 H 为叶轮理论扬程 H_T 的 90%，若该泵的容积效率为 85%，机械效率为 91%，试求总效率和泵的流量。

　　3-11　试求输水量 $q_V = 50\mathrm{m^3/h}$ 时离心泵所需的轴功率。设泵出口处压力计的读数为 $25.5 \times 10^4 \mathrm{Pa}$，泵入口处真空计的读数为 33 340Pa，压力计与真空计的标高差为 $z = 0.6\mathrm{m}$，吸水管与压水管管径相同，离心泵的总效率 $\eta = 62\%$。

　　3-12　某离心通风机送风量 $q_{V1} = 7 \times 10^4 \mathrm{m^3/h}$ 时产生的全风压 $p_1 = 1800\mathrm{Pa}$，消耗的轴功率 $P_1 = 61\mathrm{kW}$。同一台风机当送风量 $q_{V2} = 1 \times 10^5 \mathrm{m^3/h}$ 时的全风压 $p_2 = 1800\mathrm{Pa}$，轴功率 $P_1 = 65\mathrm{kW}$。问哪种工况下工作较为经济？

第四章 轴流式泵与风机的工作原理与性能

轴流式泵与风机具有流量大、扬程（全压）低的特点，适合于需要流体量大而能头较小的场合。如在大型火力发电厂中，采用轴流式循环水泵输送凝汽器所需的循环冷却水，制冷空调系统中的冷却塔风机一般也采用轴流式。另外，轴流式泵与风机结构简单、体积小、质量轻；叶片角度可调式轴流泵与风机，虽然调节机构较复杂、制造精度要求高，但变工况性能好，可保持在较宽的高效区工作。轴流式泵与风机的噪声较大，尤其是轴流风机，其进口或出口需装消声装置。

第一节 轴流式泵与风机的工作原理

一、轴流式泵与风机的叶栅基本参数

在轴流式泵与风机中，流体沿轴向流入叶轮，当叶轮在原动机驱动下旋转时，旋转着的叶片给绕流的流体一个轴向的推力（叶轮中的流体绕流叶片时，根据流体力学知识可知，流体对叶片产生一个升力，同时根据作用力与反作用力相等的原理，叶片也作用给流体一个与升力大小相等、方向相反的力，即推力），此叶片的推力对流体做功，使流体的能量增加并沿轴向排出。叶轮连续旋转即形成轴流式泵与风机的连续工作。

假定流体的流动是轴对称的。流体微团在圆柱面上流动，圆柱面就是流面。同时，各相邻圆柱面上流体微团的运动互不相关，且不存在径向流动，这就是所谓的圆柱面无关性假设。

以一个与叶轮的轴同心的、半径为 r（大于轮毂半径 r_h）的任意圆柱面切割叶轮，如图 4-1（a）和图 4-1（b）所示。圆柱面和各叶片相交，其截面为翼型。假设流体在圆柱面上的流动都是均匀的，将圆柱面展开成平面，则圆柱面与叶片相交的截面可在平面上展开成一组叶栅，如图4-2 所示，这组叶栅称为平面直列叶栅。

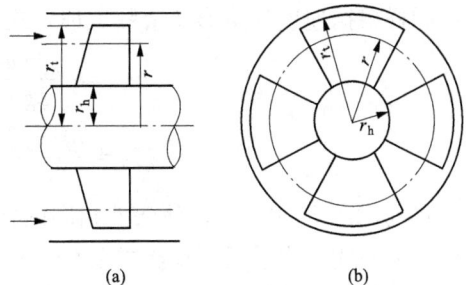

图 4-1 轴流式叶轮示意图
（a）叶轮纵剖图；（b）叶轮横剖图

类似的，导叶也可以展开变成静叶栅。

图 4-2 中，翼型前、后缘点的连线称为翼弦；翼弦的长度称弦长 b；所有前缘点的连线为前额线；所有后缘点的连线称后额线；翼弦与额线间夹角称安装角 β_a；叶栅圆周方向上，两相邻叶型对应点的距离称栅距 t。

一般，每一个圆柱面上的叶栅都有不同的形状。靠近轮毂处的圆柱面上的叶栅间距比靠近叶轮外径处的小一些，而且叶栅中叶片的弦长、形状和安装角也会不尽相同，因为圆周速度是随半径的增加而增加的。所以为了在叶轮半径增加的方向上（叶高方向）获得相等或不

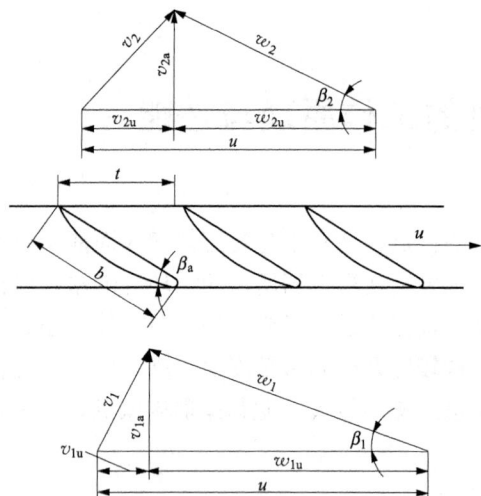

图 4-2　平面直列叶栅与进出口速度三角形

等的全压，叶栅中叶片的弦长、形状和安装角也应服从一定的变化规律。

二、欧拉能量方程

在研究轴流式泵与风机叶轮内的能量转换时，可采用与研究离心式叶轮内能量转换同样的方法。

图 4-2 中，在叶栅进口处，流体绝对速度为 v_1，由于随叶轮以圆周速度 u 做旋转运动，所以流体以相对速度 w_1 流入叶栅；流体出口相对速度为 w_2，由于随叶轮以圆周速度 u 做旋转运动，流出叶栅时流体绝对速度为 v_2。速度三角形如图 4-2 所示。

根据动量矩定理，同样可得到能量方程式为

$$H_T = \frac{1}{g}(u_2 v_{2u} - u_1 v_{1u})$$

或

$$p_T = \rho(u_2 v_{2u} - u_1 v_{1u})$$

由于轴流式泵与风机是假设流体在与轴同心的圆柱面上流动（圆柱面无关性假设），$u_2 = u_1 = u$，上式可进一步写为

$$H_T = \frac{u}{g}(v_{2u} - v_{1u}) \tag{4-1}$$

$$p_T = \rho u(v_{2u} - v_{1u}) \tag{4-2}$$

同样根据速度三角形及余弦定理，式（4-1）可以变形为

$$H_T = \frac{v_2^2 - v_1^2}{2g} + \frac{u_2^2 - u_1^2}{2g} + \frac{w_1^2 - w_2^2}{2g}$$

$$H_T = \frac{v_2^2 - v_1^2}{2g} + \frac{w_1^2 - w_2^2}{2g} = H_d + H_{st} \tag{4-3}$$

式（4-3）说明，在其他条件相同的情况下，轴流式泵与风机由于圆周速度相同，其能头低于离心式；为了提高轴流式泵与风机的静能头，可设法提高 w_1，为此，应使叶片进口面积小于其出口面积。实际中常常将轴流式叶轮叶片进口处稍稍加厚，做成翼形断面（$\beta_{2a} > \beta_{1a}$）。

由速度三角形（图 4-2 中）可知，

$$v_{1u} = u - v_{1a} \cot\beta_1$$

$$v_{2u} = u - v_{2a} \cot\beta_2$$

$$v_{1a} = v_{2a} = v_a$$

因此式（4-1）、式（4-2）还可变形为

$$H_T = \frac{uv_a}{g}(\cot\beta_1 - \cot\beta_2) \tag{4-4}$$

或

$$p_T = \rho u v_a(\cot\beta_1 - \cot\beta_2) \tag{4-5}$$

　　由式（4-4）或式（4-5）进一步可知：增加叶轮的圆周速度可提高轴流泵与风机的扬程、全压。

　　然而，增大叶轮的圆周速度主要受叶片材料强度的限制。一般轴流风机叶顶圆周速度 u ≤100m/s，目前已知的作为电站锅炉送风机、引风机用的轴流风机叶轮最大直径为 4200mm，该风机为 1300MW 机组配套的 VARIAX 型动叶可调轴流风机；已知矿用通风机的最大直径为 6.1m，转速为 295r/min，相应的叶顶圆周速度为 94.2m/s；已知常用冷却塔轴流风机的直径为 9.144m，转速为 127r/min，相应的叶顶圆周速度为 60.77m/s。另据资料记载，2013 年，某鼓风机厂设计生产的 600MW 大轮毂比单级引风机，叶顶圆周速度已经突破了 165m/s 的极限，达到 175m/s。

　　因为气流角 β_2 必须大于 β_1，此时泵与风机的扬程、全压才能大于零。所以，欲增加泵与风机的扬程、全压，也可采用增大流体的折转角 $\varepsilon = \beta_2 - \beta_1$ 的方法。可是太大的流体折转角，易产生边界层分离，导致流动情况恶化。为了能得到高的叶栅效率，一般考虑轴流风机最大的气流折转角 $\varepsilon = 40° \sim 45°$。

　　增加轴向速度 v_a 可增加泵与风机的扬程与全压。但 v_a 的增大主要是增加了泵与风机中流体的动压。目前一般轴流风机的轴向速度 v_a≤30～60m/s。

　　综上所述，单级轴流泵与风机所产生的扬程、全压不是很大。一般单级轴流泵的流量可达 60m³/s，扬程一般为 1～25m。单级轴流式风机的全压一般很少超过 2150Pa。轴流式泵与风机也可以采用多级叶轮以获得较高的扬程和全压。目前，大型火力发电厂的锅炉送风机、引风机和一次风机已经有部分采用多级轴流风机，如 1000MW 燃煤机组配用的引风机为动叶可调轴流风机，具有 2 级叶轮，全压高达 9262Pa。

　　第二章第二节介绍过子午加速轴流风机。子午加速轴流风机与常规轴流风机的通流部分结构对比如图 4-3 所示。图 4-3（a）中，常规轴流风机的通流面积在叶轮进口边和出口边相同，气流匀速通过叶轮，由圆柱面无关性假设，气流距轴心线的半径不变；子午加速轴流风机的通流面积自叶轮入口边至叶轮出口边逐渐减小，导致气流的轴向速度增大（实际上圆柱面无关性假设也不再适用），相应的静压梯度减小，可避免气流的边界层分离，并能得到较高的全压。因而子午加速轴流风机的流量比离心风机的大，全压比一般轴流风机的高。另外，子午加速轴流风机噪声小，效率高，其叶轮叶片及导叶片可用钢板压制而成，无需采用机翼型，制造方便，费用低，适用于大容量锅炉的引风机。

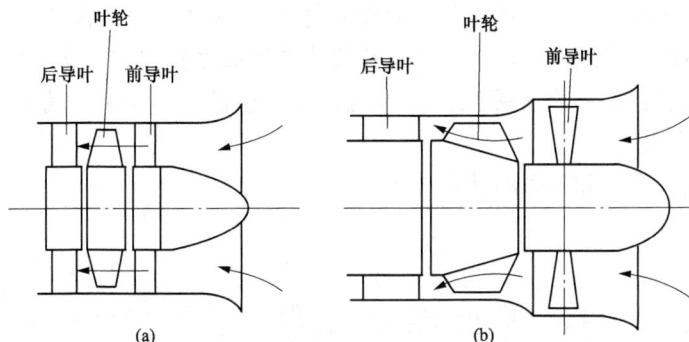

图 4-3　常规轴流风机与子午加速风机
（a）常规轴流风机；（b）子午加速轴流风机

【例 4-1】　有一单级轴流风机，转速 $n=1450\text{r/min}$，在半径 $r=250\text{mm}$ 处，空气沿轴向以 $v_1=24\text{m/s}$ 的速度流入叶轮，并在叶轮入口和出口相对速度之间偏转 $20°$，若空气密度 $\rho=1.2\text{kg/m}^3$，求此时的理论全压 p_T。

【解】　轴向进入 $v_a=v_1=24\text{m/s}$

$$u=2\pi rn/60=2\times3.14\times0.25\times1450/60=37.94\ （\text{m/s}）$$

$$\tan\beta_1=\frac{v_1}{u}=\frac{24}{37.94}=0.632\ 6$$

$$\beta_1=32.32°$$

$$\beta_2=\beta_1+20°=52.32°$$

$$p_T=\rho uv_a\ （\cot\beta_1-\cot\beta_2）$$
$$=1.2\times37.94\times24\times\ （\cot32.32°-52.32°）=883.43(\text{Pa})$$

第二节　轴流式泵与风机的机翼理论

随着科学的发展，人们发现，流体流经轴流式泵与风机时，其翼型与流体的相互作用和气流绕流机翼时的情况相似。同时又由于在机翼方面已经积累了丰富的实验资料，因此，人们也就越来越倾向于借助机翼理论来分析轴流式泵与风机叶轮内的流动情况，并进行设计。

一、流体绕流孤立翼型产生的升力和阻力

由流体力学知，当来自无穷远处速度为 v_∞ 的均匀流，以某一冲角 i（翼弦与来流方向的夹角）绕流二元孤立翼型（机翼）时，如图 4-3 所示，由于沿气流流动方向翼型的两侧不对称，使得翼型上部区域的流线变密，速度增加；翼型下部区域的流线变稀，速度减小。由伯努利方程可知，速度的提高将导致压力的降低；而速度的减小将导致压力的提高。因此，流体作用在翼型下部表面上的压力将大于流体作用在翼型上部表面上的压力，结果在翼型上形成一个向上的作用力。如果绕流流体是理想流体，则这个力和来流方向垂直，称为升力 F_L，其大小由儒可夫斯基升力公式确定，即

$$F_L=\rho v_\infty\Gamma \tag{4-6}$$

式中　ρ——绕流流体的密度；

　　　Γ——速度环量。

升力方向由来流速度方向沿速度环量的反方向转 $90°$ 来确定，如图 4-4（a）所示。

实际上，流体都是有黏性的，当实际流体绕流二维孤立翼型时，在翼型上还将形成绕流阻力，升力和阻力的合力即是实际流体绕流机翼时产生的力。阻力的方向与来流平行，用 F_D 表示，如图 4-4（b）所示。

根据实验数据，升力和阻力的计算式为

$$F_L=C_Lbl\rho\frac{v_\infty^2}{2} \tag{4-7}$$

$$F_D=C_Dbl\rho\frac{v_\infty^2}{2} \tag{4-8}$$

式中　C_L——升力系数；

　　　C_D——阻力系数；

b——翼弦长度，m；

l——翼展，叶片的高度，m；

ρ——来流密度，kg/m^3；

v_∞——无穷远处的来流速度，m/s。

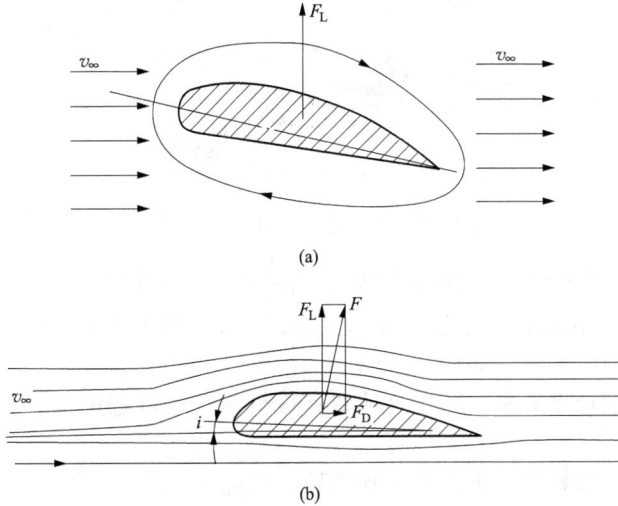

图 4-4　流体作用于孤立翼型上的力

（a）理想流体绕流孤立翼型；（b）实际流体绕流孤立翼型

升力系数 C_L 和阻力系数 C_D 的大小取决于翼型的相对厚度、断面形状、冲角 i（来流与翼弦的夹角）、表面粗糙度及雷诺数等。各种翼型的 C_L 和 C_D 都可以利用风洞实验数据求得，一般将它们描述成冲角的函数并绘成曲线，称为翼型性能曲线，如图 4-5 所示。对于不同形状的翼型，这些性能曲线是有差别的。从技术要求上讲，总希望翼型有尽可能高的升力和最小的阻力。

轴流式泵与风机的翼型应该满足升阻比大而失速性能平缓的要求，使泵与风机在所需的流量、扬程、全压的情况下具有较高的效率和较宽的流量调节性能。薄翼型的叶片，当轴流泵与风机偏离设计工况时，效率可能急剧下降。较厚的翼型叶片，能在宽的流量调节范围内具有较高的效率。

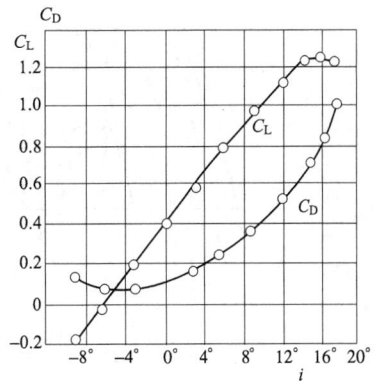

图 4-5　翼型性能曲线

二、流体绕流叶栅产生的升力和阻力

由图 4-4（b）可以看出，对孤立翼型而言，离开翼型一定距离处的气流偏转角趋向于零，也即气流的方向恢复到原状。对于轴流式泵与风机的叶轮，前面已经指出，可以看成是平面直列叶栅，即由许多相同的翼型排列而成。和孤立翼型相比，有以下不同点：

（1）叶栅处于非均匀流中，而孤立翼型处于均匀直线流中。

（2）叶栅中流体的通道是有限制的，且相邻翼型之间相互有一定的影响。

（3）流体在叶栅中受到阻滞，速度从 w_1 降到 w_2。

（4）叶栅中翼型表面流体的边界层相当于使翼型增厚，有效通道尺寸缩小；而对孤立翼型虽然也存在着边界层但不会影响有效通道的尺寸。

因此，当流体流经叶栅时，流动方向会发生一定的偏转，尽管这种偏转非常小，如图4-6所示。于是，就产生了如何将机翼理论应用于叶栅这样一个问题。

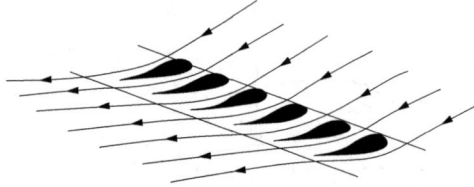

图 4-6　气流通过叶栅时的偏转

工程流体力学已经讲述到，儒可夫斯基用几何平均相对速度代替孤立翼型时无穷远处的来流速度，推导出了叶轮旋转时理想流体绕流单位高度叶栅时的升力公式，即

$$F_L = \rho w_\infty \Gamma \tag{4-9}$$

式中　Γ——绕翼型的速度环量，可以证明该速度环量等于叶栅前、后相对速度的周向速度的差值；

w_∞——叶栅前、后相对速度的几何平均值，如图4-7所示。

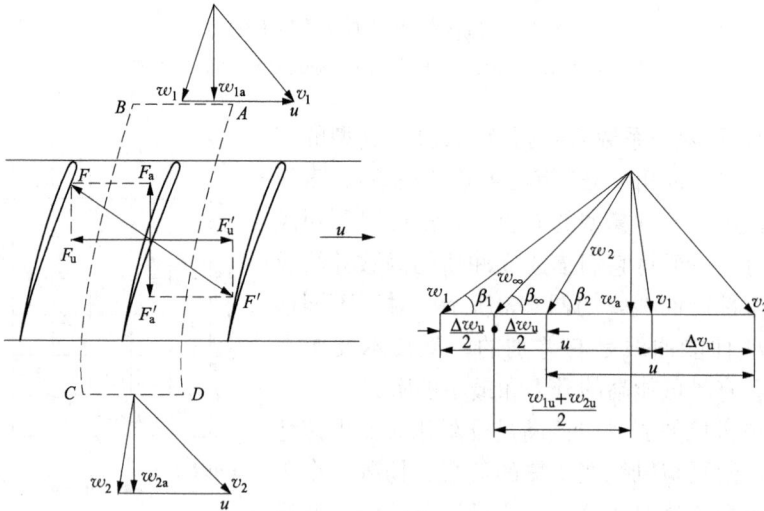

图 4-7　绕流叶栅速度三角形

由轴流式泵与风机速度三角形中的几何关系可知

$$w_\infty = \sqrt{w_a^2 + \left(\frac{w_{1u} + w_{2u}}{2}\right)^2} = \sqrt{v_a^2 + \left(u - \frac{v_{1u} + v_{2u}}{2}\right)^2}$$

w_∞ 的方向角为 β_∞，称为平均相对气流角，则

$$\beta_\infty = \arctan \frac{v_a}{w_{\infty u}}$$

由图4-7还可以看出

$$w_{\infty u} = u - \frac{\Delta w_u}{2} - v_{1u}$$

$$\Delta w_u = w_{1u} - w_{2u} = (u - v_{1u}) - (u - v_{2u}) = v_{2u} - v_{1u} = \Delta v_u$$

Δv_u 称为扭速，其大小可以表征气流在叶栅中偏绕程度。

和孤立翼型的升力公式（4-6）相比，式（4-9）与之形式完全相同。所不同的是：对叶栅，速度是指相对速度的几何平均值，而孤立翼型是指来流速度；对叶栅，升力的方向与几何平均相对速度相垂直，而对孤立翼型，升力的方向则是和来流的方向垂直。可见机翼理论可以应用到叶栅中去。同理，实际流体绕流孤立翼型的理论，即式（4-7）、式（4-8）也可应用到实际流体绕流叶栅的情况。只是由于叶轮是旋转的，须将无穷远处的来流速度 v_∞ 以叶栅进、出口相对速度的几何平均值 w_∞ 代之。即叶栅中的升力和阻力的计算公式为

$$F_L = C_L bl\rho \frac{w_\infty^2}{2} \tag{4-10}$$

$$F_D = C_D bl\rho \frac{w_\infty^2}{2} \tag{4-11}$$

式中　　F_L、F_D——叶栅中的升力、阻力，N；

$\qquad\quad C_L$、C_D——叶栅中翼型的升力系数、阻力系数；

$\qquad\quad b$——叶栅中翼型的弦长，m；

$\qquad\quad l$——叶栅中翼型的翼展，m；

$\qquad\quad w_\infty$——叶栅中几何平均相对速度，m/s。

第三节　基于机翼理论的轴流式泵与风机的能量方程式

一、机翼理论表示的能量方程式

机翼理论表示的轴流泵与风机能量方程式，可以把流体流经叶轮时的流动看成是以几何平均相对速度 w_∞ 绕流叶栅翼型的流动。在这种情况下，翼型受到一个作用力 F，它可分解为一个升力 F_L（垂直于 w_∞）和一个阻力 F_D（平行于 w_∞），如图4-8所示。显然，力 F 在圆周方向上的分力 F_u 为

$$F_u = F\cos[90° - (\beta_\infty + \lambda)] = F\sin(\beta_\infty + \lambda)$$

式中　　λ——滑翔角，叶型升力与合力之间的夹角。

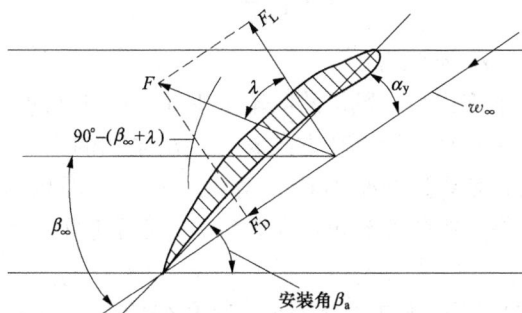

图 4-8　翼型上的作用力

F_u 与圆周速度 u 的乘积等于单位翼展上叶片转动时所需要的功率 dP，若整个叶栅的叶片数为 z，则单位翼展上所需要的总功率为

$$z\,\mathrm{d}P = zF_{\mathrm{u}}u = zuF\sin(\beta_\infty + \lambda)$$

由图 4-8 知

$$F = F_{\mathrm{L}}/\cos\lambda$$

当翼展 $b=1$ 时，将式（4-10）代入上式得

$$z\,\mathrm{d}P = zuC_{\mathrm{L}}b\rho\,\frac{w_\infty^2}{2}\frac{\sin(\beta_\infty + \lambda)}{\cos\lambda}$$

如果通过单位翼展叶轮的流量为 $\mathrm{d}q_{V\mathrm{T}}$，当不计流动损失时，则此功率相当于将该部分流体提高到 H_{T} 高度，则

$$\rho g\,\mathrm{d}q_{V\mathrm{T}}H_{\mathrm{T}} = z\,\mathrm{d}P = zuC_{\mathrm{L}}b\rho\,\frac{w_\infty^2}{2}\frac{\sin(\beta_\infty + \lambda)}{\cos\lambda}$$

即

$$H_{\mathrm{T}} = \frac{zuC_{\mathrm{L}}l}{\mathrm{d}q_{V\mathrm{T}}}\frac{w_\infty^2}{2g}\frac{\sin(\beta_\infty + \lambda)}{\cos\lambda} \tag{4-12}$$

由于 $\mathrm{d}q_{V\mathrm{T}} = ztv_{\mathrm{a}}$（其中 t 为栅距，v_{a} 为忽略叶片厚度时绝对速度的轴向分量），代入上式得

$$H_{\mathrm{T}} = \frac{u}{v_{\mathrm{a}}}\frac{b}{t}C_{\mathrm{L}}\,\frac{w_\infty^2}{2g}\frac{\sin(\beta_\infty + \lambda)}{\cos\lambda} \tag{4-13}$$

对于风机，一般用全压表示，则

$$p_{\mathrm{T}} = \rho g H_{\mathrm{T}} = C_{\mathrm{L}}\,\frac{b}{t}\frac{u}{v_{\mathrm{a}}}\rho\,\frac{w_\infty^2}{2}\frac{\sin(\beta_\infty + \lambda)}{\cos\lambda} \tag{4-14}$$

式（4-13）、式（4-14）就是应用机翼理论推导的轴流式泵与风机的理论能量方程式。

二、能量方程式分析

式（4-13）、式（4-14）表明了叶栅的特性参数如稠密度 b/t、升力系数 C_{L} 等与流体参数之间的关系，是轴流式泵与风机的理论基础和设计基础。

一般 $\lambda \approx 1°$，此时 $\cos\lambda \approx 1$。假设 $\beta_\infty \gg \lambda$，则 $\sin(\beta_\infty + \lambda) \approx \sin\beta_\infty$。又由图 4-7 知，$v_{\mathrm{a}} = w_\infty\sin\beta_\infty$，这时，式（4-13）、式（4-14）可简化为

$$H_{\mathrm{T}} = C_{\mathrm{L}}\,\frac{b}{t}u\,\frac{w_\infty}{2g} \tag{4-15}$$

$$p_{\mathrm{T}} = C_{\mathrm{L}}\,\frac{b}{t}u\,\frac{\rho w_\infty}{2} \tag{4-16}$$

由式（4-15）、式（4-16）不难看出：

（1）由于一般情况下轴流式泵与风机的叶轮是按等环量设计的，即沿叶片高度方向流体获得的能量相同，但对同一叶片，沿叶高方向 u 是逐渐增加的，w_∞ 也是逐渐增加的，为使各截面能产生相同的能头，就要逐渐减小 C_{L} 和 b/t。减小 C_{L} 即是减小冲角，从而使整个叶片呈扭曲形；减小 b/t 即是缩短弦长 b 和增大栅距 t，从而使整个叶片的截面沿叶高是逐渐缩小的。

（2）为了提高轴流式泵与风机的理论能头，就必须使 C_{L}、b/t 增大，即增大弦长和增加叶片数，同时叶片的扭曲度也增大。

三、轴流式泵与风机的几种构成方案

为了获得更多的能量和提高效率，轴流式泵与风机可以设置导叶，甚至采用多级叶轮。为了分析叶轮和导叶的布置方式对轴流泵与风机性能的影响，先要了解轴流泵与风机的反作

用度。

（一）反作用度和预旋

与离心式泵与风机相同，轴流式泵与风机反作用度 τ 指气体在叶轮中获得的静压头和叶轮传递给气体的理论能头之比，也称反动度。

由欧拉方程可知，对于轴流风机，因进、出口圆周速度相同，即 $u_1=u_2=u$，故其理论静压为

$$p_{st}=\rho\frac{w_1^2-w_2^2}{2}=\frac{\rho}{2}(w_{1u}+w_{2u})(w_{1u}-w_{2u})=\rho w_{\infty u}\Delta w_u$$

式中　　ρ——气体密度，kg/m^3；

w_1、w_2——进、出口相对速度，m/s；

w_{1u}、w_{2u}——进、出口相对速度圆周分速度，m/s；

$w_{\infty u}$——几何平均相对速度的圆周分速度，m/s；

Δw_u——相对速度圆周分速度的变化；m/s。

由于 $p_T=\rho u\Delta v_u$，且 $\Delta w_u=\Delta v_u$，所以

$$\tau=\frac{p_{st}}{p_T}=\frac{\rho w_{\infty u}\Delta w_u}{\rho u\Delta v_u}=\frac{w_{\infty u}}{u}=\frac{w_{1u}+w_{2u}}{2u}=\frac{u-v_{1u}+u-v_{2u}}{2u}$$

即

$$\tau=1-\frac{v_{1u}}{u}-\frac{\Delta v_u}{2u} \tag{4-17}$$

式中　τ——反作用度；

u——计算点的圆周速度，m/s；

v_{1u}——进口绝对速度圆周分速度，m/s；

Δv_u——扭速，m/s。

由式（4-17）可见，若 u、v_a、Δv_u 不变，只改变 v_{1u} 也可以改变 τ。v_{1u} 可反映气流预先旋绕（简称预旋），这种预旋一般由前导叶完成。当时 $v_{1u}<0$（与 u 反向），为负预旋；$v_{1u}>0$ 时（与 u 同向），为正预旋。

（二）轴流式泵与风机叶轮和导叶的几种配置方案

如图 4-9 所示，轴流式泵与风机通常采用的设置方案有单个叶轮、单个叶轮后设置导叶、单个叶轮前设置导叶、单个叶轮前后均设置导叶。

1. 单个叶轮

图 4-9（a）为单个叶轮组成的级，它是轴流式泵与风机最简单的配置形式。对于小轮毂比或功率不大的风机，常常采用一个叶轮而不再设置导叶。一般流体沿轴向进入叶轮（进口绝对速度圆周方向分速度 $v_{1u}=0$），而以绝对速度 v_2 流出叶轮，由图 4-9 的速度三角形可知，出口绝对速度圆周方向分速度即旋绕速度 v_{2u} 未能回收。由于黏性作用，v_{2u} 将在流体流出叶轮经过一段距离之后降低至很小，几乎耗尽，这个过程实际上造成一种损失，其值 ΔH 为

$$\Delta H=\frac{v_{2u}^2}{2g}$$

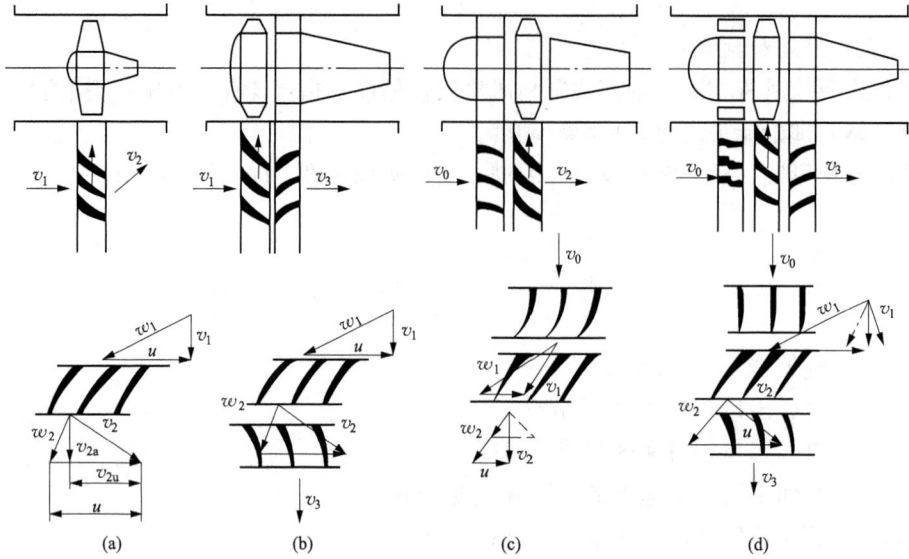

图 4-9 轴流式泵与风机叶轮和导叶的几种设置方案

（a）单个叶轮；（b）单个叶轮后设置导叶；（c）单个叶轮前设置导叶；（d）单个叶轮前后均设置导叶

若不计流体流动的其他损失，则实际流体获得的能头为

$$H = H_T - \Delta H = \frac{uv_{2u}}{g} - \frac{v_{2u}^2}{2g} = H_T\left(1 - \frac{v_{2u}}{2u}\right)$$

由反作用度定义式（4-17）可知，此时

$$\tau = 1 - \frac{v_{1u}}{u} - \frac{\Delta v_u}{2u} = 1 - \frac{v_{2u}}{2u}$$

因此

$$H = H_T\left(1 - \frac{v_{2u}}{2u}\right) = \tau H_T$$

在不计流体流动其他损失的情况下，泵与风机的理论效率为

$$\eta_T = \frac{H}{H_T} = \tau$$

上式表明，单个叶轮的泵与风机的理论效率等于反作用度 τ。要提高它的效率，必须提高其反作用度，而由于 $\tau = 1 - \frac{v_{2u}}{2u}$，并且考虑到黏性流体的各种损失，所以这种形式的泵与风机的效率不会很高，一般 $\eta = 0.7 \sim 0.8$。

此外，为提高效率，增加反作用度，在圆周速度不变的情况下，必须使 v_{2u} 尽可能小，但是这就意味着泵与风机扬程、全压的减小。因此，单个叶轮的轴流泵与风机适宜用作低扬程、低全压的场合。这种方案因结构简单，制造方便，大多用于通风、降温和冷却装置中。

2. 单个叶轮后设置导叶

图 4-9（b）为单个叶轮后设置导叶的方案。流体轴向进入叶轮，$v_{1u} = 0$，从叶轮以绝对速度 v_2 流出后，流体有一定的旋绕，经后导叶扩压整流后，v_{2u} 被转化为压力势能，流体轴

向流出，$v_{3u}=0$。因此，单个叶轮后置导叶的轴流泵与风机，其理论效率 $\eta_T=1$。考虑到流动的各种损失，这种轴流泵与风机实际效率小于 1，级（叶轮和导叶看作一个整体）的反作用度同样小于 1，为 0.75～0.90。

单个叶轮加后置导叶的轴流泵与风机具有较高的效率，$\eta=0.82～0.88$，甚至可达 0.9。为了提高轴流泵与风机在低负荷时的运行效率和调节效率，一般可采用动叶可调的叶轮。采用可调动叶后，可扩大单机使用范围。目前，火力发电厂的轴流送风机、引风机大多采用这种形式，轴流式的循环水泵也多采用这种形式。

3. 单个叶轮前置导叶

图 4-9（c）为单个叶轮前设置导叶的方案。这种形式一般多在轴流风机中采用，轴流泵如采用前置导叶，一般是为了整流，保证叶轮处的流体沿轴向流入。但近年为了解决贯流泵叶片调节结构布置的难题，也有学者尝试在轴流泵加设前置导叶以调节其性能。流体在前导叶中沿轴向流入，在前导叶中加速并产生预旋，在风机中大部分采用负预旋（$v_{1u}<0$）而不采用正预旋（$v_{1u}>0$）。设计工况下，这种负预旋被叶轮整流，使叶轮出口的流体绝对速度方向为轴向，没有旋绕分量，$v_{2u}=0$。

对于配置前置导叶的轴流风机，全压为

$$p_T=\rho u v_{1u}$$

反作用度为

$$\tau=1-\frac{v_{1u}}{u}-\frac{v_{2u}-v_{1u}}{2u}=1-\frac{v_{1u}}{2u}=1+\frac{|v_{1u}|}{2u}>1$$

由于前置导叶产生的负预旋作用，这种风机的反作用度 $\tau>1$，一般 $\tau=1.25～1.5$。反作用度大于 1，说明风机叶轮产生的静压大于风机产生的全压，这是由于气流经过前置导叶被加速，在叶轮前产生负压的缘故。

另外，由于气流经过前置导叶被加速，全压较高，所以产生相同全压的情况下，可以减小风机的尺寸和重量。如果前置导叶做成可调节的导流叶片，则能提高风机在变工况时的效率。

单个叶轮带前置导叶的轴流风机的效率一般为 $\eta=0.78～0.82$。由于流速高、噪声大，且前置导叶会引起涡流和流动的紊乱，导致效率低，故多用于要求风机体积尽可能小的场合。在火力发电厂中，常常把采用这种形式的子午加速轴流风机用作引风机。

4. 叶轮前后均设置导叶

图 4-9（d）所示为叶轮前后均设置导叶的方案。这种方案是上述第二、三种方案综合的结果，其性能介于两者之间。实际应用中，有可能出现三种情况：

（1）前置导叶只起导向、整流作用，保证叶轮进口流体的速度 $v_1=v_{1a}$，$v_{1u}=0$。叶轮后置导叶也只起整流作用，将叶轮出口的旋绕速度 v_{2u} 转换成压力势能。这种形式的轴流泵与风机实质上与单个叶轮后置导叶的泵与风机差别不大，所不同的就是多了进口导向、整流的导叶。因此，它的反作用度与单个叶轮后置导叶的泵与风机一样，$\tau=0.75～0.90$。轴流泵的前置导叶基本上属于这种情况。

（2）前置导叶产生负预旋（$v_{1u}<0$），叶轮出口的流体产生正的旋绕速度（$v_{2u}>0$），其布置使叶轮进、出口流体的绝对速度大小相等（$v_2=v_1$），而旋转方向相反（$v_{2u}=-v_{1u}$），此时轴流风机的全压为

$$p_T=2\rho u |v_{1u}|=2\rho u v_{2u}$$

由于产生的动能头 $p_d = \rho \dfrac{v_2^2 - v_1^2}{2} = 0$，所以其反作用度 $\tau = 1$，说明产生的全压全都是静压。

叶轮的后置导叶仍然起到将叶轮出口的流体旋绕速度整流成轴向速度的作用，从而使流体的压力势能增加。这种级的效率 $\eta = 0.80 \sim 0.85$。此种方案在结构上多了一排，实际中并不常用，多用于多级风机中。

（3）若叶轮前置导叶的角度可以变动，轴流风机在某工况运行时，只需改变前置导叶的角度，叶轮进口的气流旋绕速度就可变化，达到调节流量的目的。

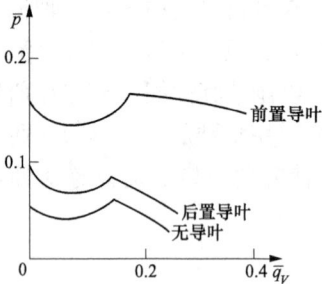

图 4-10 不同形式轴流
风机性能比较

大容量火力发电厂中，由于锅炉的烟风道阻力比较大，需要有较高全压的轴流风机。而单级轴流风机，由于受到叶轮尺寸、转速等因素的限制，满足不了现场的需求。为此，需要采用多级轴流风机。多级轴流风机为 $2 \sim 4$ 级，多数是 2 级。一般由一个叶轮和一个导叶组成一个级，也可以在第一级前设置导叶。在某些建筑通风装置上为了使风压较高而径向尺寸小、结构简单，可采用两个叶轮中间加一个导叶的方案。

图 4-10 所示为三种轴流风机级性能（压力系数 $\bar{p}$、流量系数 $\bar{q}_V$ 和功率系数 $\bar{P}$ 定义见第五章）的对比图。

四、气流参数沿叶片高度的变化

轴流式泵与风机沿叶片高度不同半径处，流动情况是各不相同的，但他们之间存在一定的内在联系。当气流旋绕速度沿半径有变化时，其压力也应变化，并与离心力相平衡，这种变化规律即所谓的径向平衡条件。

如图 4-11 所示，假定气流是理想、稳定的圆柱面分层流动，并且气流是轴对称的，即沿既定的圆周线是相同的。在叶轮和导叶的轴向间隙中取一个微元体，质量为 $dm = \rho r d\theta dr da$，设其在半径 r 处的周向速度为 v_u，则离心力为

$$dF = \frac{v_u^2}{r} \cdot dm$$

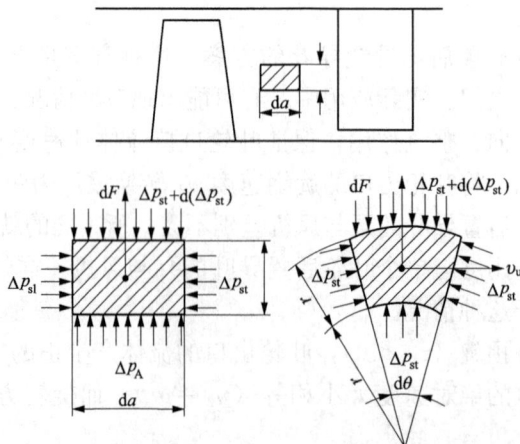

图 4-11 叶轮和导叶轴向间隙中微元体的受力分析

此离心力应与作用在微元体上的压力 p（此处用 p 表示，并非风机全压）相平衡，即

$$\left[p+\mathrm{d}(p)\right](r+\mathrm{d}r)\mathrm{d}\theta\,\mathrm{d}a-pr\,\mathrm{d}\theta\,\mathrm{d}a-\rho r\,\mathrm{d}\theta\,\mathrm{d}r\,\mathrm{d}a\left(\frac{v_\mathrm{u}^2}{r}\right)=0$$

略去高阶小量，经整理后得

$$\frac{\mathrm{d}p}{\mathrm{d}r}=\rho\,\frac{v_\mathrm{u}^2}{r} \tag{4-18}$$

由于流体的总压 $p^*=p+\dfrac{1}{2}\rho v^2$，将 $v^2=v_\mathrm{u}^2+v_\mathrm{a}^2$ 代入总压，并对 r 进行微分，得

$$\frac{\mathrm{d}p^*}{\mathrm{d}r}=\frac{\mathrm{d}(p)}{\mathrm{d}r}+\rho v_\mathrm{a}\frac{\mathrm{d}v_\mathrm{a}}{\mathrm{d}r}+\rho v_\mathrm{u}\frac{\mathrm{d}v_\mathrm{u}}{\mathrm{d}r}$$

将式（4-18）代入上式，并整理后得

$$\frac{1}{\rho}\frac{\mathrm{d}p^*}{\mathrm{d}r}=v_\mathrm{a}\frac{\mathrm{d}v_\mathrm{a}}{\mathrm{d}r}+v_\mathrm{u}\left(\frac{v_\mathrm{u}}{\mathrm{d}r}+\frac{\mathrm{d}v_\mathrm{u}}{\mathrm{d}r}\right)$$

$$\frac{1}{\rho}\frac{\mathrm{d}p^*}{\mathrm{d}r}=\frac{1}{2}\left[\frac{\mathrm{d}v_\mathrm{a}^2}{\mathrm{d}r}+\frac{1}{r^2}\frac{\mathrm{d}\,(rv_\mathrm{u})}{\mathrm{d}r}\right] \tag{4-19}$$

式（4-19）建立了气流沿半径方向速度与总压的变化关系。

轴流风机中用的最多的是总压沿叶高方向 $p^*=\mathrm{const}$（一般同时假定风机产生的理论能头 p_T 沿半径也不发生变化），$v_\mathrm{a}=\mathrm{const}$，故由（4-19）可得

$$rv_\mathrm{u}=\mathrm{const} \tag{4-20}$$

于是气体速度三角形沿叶高方向的变化可完全确定。满足式（4-20）的级称为等环量级，等环量流型在轴流风机设计中被广泛采用。

为此，下面具体分析等环量级内气流参数的变化。为方便起见，下面的分析都是以平均半径（或中间半径）处的参数为基础的。

（一）气流速度沿叶高方向的变化

根据式（4-20）可知，气流的绝对速度的圆周分速度随半径增大而减小，若以叶顶半径为 r_t 参考，速度变化规律如图 4-12 所示。

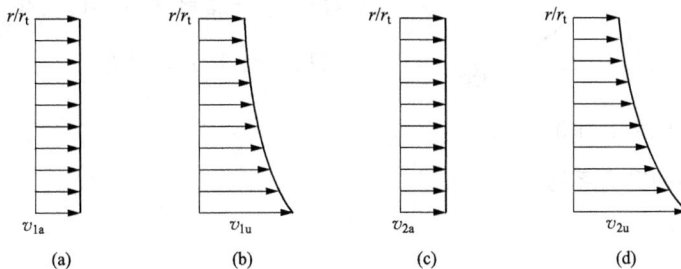

图 4-12　气流速度沿叶高变化

(a) $v_\mathrm{1a}=\mathrm{const}$；(b) $rv_\mathrm{1u}=\mathrm{const}$；(c) $v_\mathrm{2a}=\mathrm{const}$；(d) $rv_\mathrm{2u}=\mathrm{const}$

（二）扭速沿叶高方向的变化

对于等环量级，根据式（4-20），则

$$\Delta w_\mathrm{u}r=\Delta v_\mathrm{u}r=v_\mathrm{2u}r-v_\mathrm{1u}r=\mathrm{const}$$

所以

$$\Delta w_u r = \Delta w_{um} r_m$$

可得

$$\Delta w_u = \Delta w_{um} \frac{r_m}{r} \qquad (4\text{-}21)$$

式中　Δw_{um}——平均半径 r_m 处的扭速，m/s。

由式（4-21）可以看出，气流的扭速随半径的增大而减小，这说明等环量级在根部的扭曲大，而在叶尖处的扭曲小。

（三）气流角沿叶高方向的变化

气流角 α_1、α_2、β_1 和 β_2 沿径向的变化可以利用速度三角形中的几何关系求得

$$\tan\alpha_1 = \frac{v_{1a}}{v_{1u}} = \frac{v_{1a} r}{r_m v_{1um}} \qquad (4\text{-}22)$$

$$\tan\alpha_2 = \frac{v_{2a}}{v_{2u}} = \frac{v_{1a} r}{r_m v_{2um}} \qquad (4\text{-}23)$$

$$\tan\beta_1 = \frac{v_{1a}}{u - v_{1u}} = \frac{\dfrac{v_{1a}}{v_{1u}}}{\dfrac{u}{v_{1u}} - 1} = \frac{\dfrac{v_{1a}}{r_m} \cdot \dfrac{r}{v_{1um}} \cdot \dfrac{1}{v_{1um}}}{\dfrac{u_m}{v_{1um}}\left(\dfrac{r}{r_m}\right)^2 - 1} \qquad (4\text{-}24)$$

$$\tan\beta_2 = \frac{v_{2a}}{u - v_{2u}} = \frac{\dfrac{v_{2a}}{v_{2u}}}{\dfrac{u}{v_{2u}} - 1} = \frac{\dfrac{v_{2a}}{r_m} \cdot \dfrac{r}{v_{2um}} \cdot \dfrac{1}{v_{2um}}}{\dfrac{u_m}{v_{2um}}\left(\dfrac{r}{r_m}\right)^2 - 1} \qquad (4\text{-}25)$$

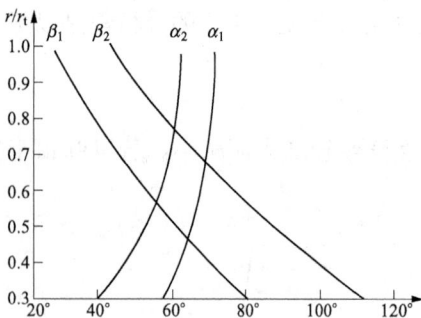

图 4-13　气流角度沿叶高的变化

从以上表达式可以看出，随着 r 的增大，α_1 和 α_2 增加，而 β_1 和 β_2 减小。这种变化关系还可以表示在图 4-13 中（图 4-13 中，纵坐标为计算点半径 r 与叶顶半径 r_t 之比）。叶顶和叶根处 β_1 和 β_2 的变化差值，反映了叶轮叶片沿半径扭曲的情况。

（四）$C_L \dfrac{b}{t}$ 沿叶高方向的变化

根据式（4-16）可写出

$$C_L \frac{b}{t} = \frac{2p}{\rho u w_\infty \eta} \qquad (4\text{-}26)$$

式中　c_L——翼型的升力系数；

　　　b——弦长；

　　　t——栅距；

　　　p——风机实际全压；

　　　η——风机的全压效率。

当风机全压 p 沿径向不变时，分析上式可知，如半径 r 增大时，叶轮的圆周速度 u 及相对速度的几何平均值 w_∞ 亦相应增加，因而 $C_L \dfrac{b}{t}$ 值随着半径的增加而减小。叶顶处最小，叶根处达到最大。$C_L \dfrac{b}{t}$ 沿叶高方向的变化导致叶片是扭曲的，如图 4-14 所示。

（五）反作用度沿叶高方向的变化

由反作用度定义式（4-17）有

$$\tau = \frac{p_{st}}{p_T} = 1 - \frac{v_{1u}}{u} - \frac{\Delta v_u}{2u}$$

经变换可得

$$u^2(1-\tau) = \omega\left(rv_{1u} + r\frac{\Delta v_u}{2}\right)$$

根据等环量原理，$v_{1u}r = \text{const}$，$v_{2u}r = \text{const}$，则

$$u^2(1-\tau) = \omega\left(rv_{1u} + r\frac{\Delta v_u}{2}\right) = \text{const}$$

将等号右边写成平均半径处的反作用度，则

$$u^2(1-\tau) = u_m^2(1-\tau_m)$$

经变换可得

$$\tau = 1 - (1-\tau_m)\left(\frac{r_m}{r}\right)^2$$

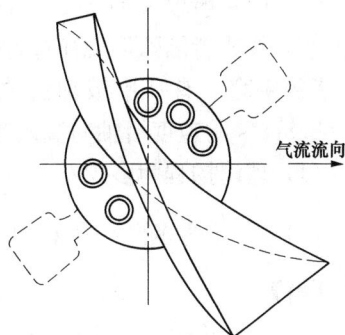

图 4-14　动叶片的俯视

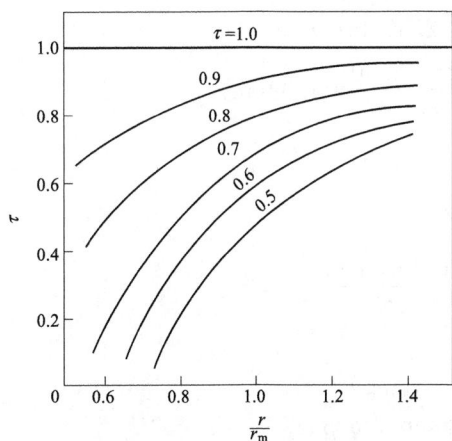

图 4-15　等环量时反作用度沿叶高的变化

上式说明，随着半径的增加，反作用度也增大，叶顶处反作用度达到最大值，而在叶根处反作用度为最小值。换言之，沿着叶片高度方向轴流风机的全压中的静压不断增大，而动压不断减小。反作用度沿叶高的变化如图 4-15 所示。

选定不同的 τ_m 值时，反作用度沿半径的变化情况也是不同的。在小轮毂比时，可能在叶根处出现负的反作用度。这时叶轮叶栅中叶根处不仅不是压缩过程，反而是膨胀过程。这种情况对轴流风机的工作是很不利的。

按照等环量的规律进行轴流风机的设计计算较简单，风机效率较高，且计算值与气流在空间的流动情况很接近。对轮毂比比较大的轴流风机，应用等环量规律进行设计，能取得较好的效果。但对轮毂比比较小的轴流风机，由于叶片较长，则叶根处气流的绝对速度圆周分量将增大。若仍按等环量法设计叶轮，则整个叶片沿半径方向扭曲得很厉害。这样，非但制造不方便，而且在叶根处可能出现过小的反作用度，乃至于负的反作用度，风机性能变差。此时，可以采用沿叶高按变环量设计计算的方法。采用变环量设计时，一般轴流风机的全压沿半径增大。全压沿半径的升高可按椭圆形曲线的规律变化，也可以按指数规律变化，例如，可以按如下的指数规律变化，即

$$\Delta v_u r^n = \text{const} \tag{4-27}$$

其中，指数 n 可以在 +1 和 -1 之间变化。

若 $n=1$，$\Delta v_u r = \text{const}$，这就是等环量流型。

若 $n=-1$，$\dfrac{\Delta v_u}{r} = \text{const}$，此时若在叶轮轴线上观察，整个流体犹如刚体一样在旋转，故称之为"刚体旋转"型。

设计中一般取 $n=0\sim1$。沿叶片高度按变环量规律设计完成整个叶片后，叶片的弦长需要再按直线或者圆弧形规律进行修正。

【例 4-2】 有一单级轴流式水泵，转速 $n=580\mathrm{r/min}$，在叶轮直径 700mm 处，水以 $v_1=5.8\mathrm{m/s}$ 的速度沿轴向流入叶轮，又以 $v_2=6.24\mathrm{m/s}$ 的速度从叶轮流出，试求：

（1）理论扬程为多少？

（2）$C_L\dfrac{b}{t}$ 为多少？设 $\lambda=1°$。

【解】

（1）$u=\dfrac{\pi Dn}{60}=\dfrac{3.14\times0.7\times580}{60}=21.25(\mathrm{m/s})$

流体轴向进入叶轮，则

$$v_{1u}=0$$
$$v_{1a}=w_{1a}=v_1=5.8\mathrm{m/s}$$
$$w_{1u}=u=21.25\mathrm{m/s}$$

根据速度三角形，则

$$v_{2u}=\sqrt{v_2^2-v_{1a}^2}=\sqrt{v_2^2-v_1^2}=2.30(\mathrm{m/s})$$
$$H_T=\frac{u}{g}(v_{2u}-v_{1u})=\frac{21.25\times2.30}{9.8}=4.99(\mathrm{m})$$

（2）对于轴流式泵与风机

$$H_T=\frac{u}{g}(v_{2u}-v_{1u})$$
$$H_T=\frac{u}{v_a}\frac{b}{t}C_L\frac{w_\infty^2}{2g}\frac{\sin(\beta_\infty+\lambda)}{\cos\lambda}$$

因此

$$c_L\frac{b}{t}=\frac{2(v_{2u}-v_{1u})}{v_a}\cdot\frac{\sin\beta_\infty}{1+\tan\lambda/\tan\beta_\infty}$$
$$w_{2u}=u-v_{2u}=21.25-2.30=18.95(\mathrm{m/s})$$
$$\beta_\infty=\arctan\left(\frac{2v_1}{w_{1u}+w_{2u}}\right)=\arctan\left(\frac{2\times5.80}{21.25+18.95}\right)=16.09°$$
$$c_L\frac{b}{t}=\frac{2(v_{2u}-v_{1u})}{v_a}\cdot\frac{\sin\beta_\infty}{1+\tan\lambda/\tan\beta_\infty}=\frac{2\times(2.30-0)}{5.80}\cdot\frac{\sin16.09°}{1+\tan1°/\tan16.09°}=0.207$$

第四节　轴流式泵与风机的损失和效率

如前所述，轴流式泵与风机的损失按性质也可以分为三种：机械损失、容积损失和流动损失，分别对应机械效率、容积效率和流动效率。

一、轴流风机的损失和效率

轴流式风机的机械与容积损失与离心式泵与风机类似。轴流式风机流动损失包括叶轮损失、前后导叶损失和扩压器损失三部分。叶轮损失主要发生在叶栅。实际气体流过叶栅时，产生的损失主要包括叶型损失，环面损失（环壁面摩擦损失）和二次流损失。

（一）叶型损失

轴流风机的叶型损失，通常认为与几何参数相同的平面叶栅中的叶型损失相同，实际上两者是有差别的。这是因为轴流风机的叶型损失的流动具有空间的特征。不过，一般情况下可以忽略这种差别，便可把理论上或实验中研究出来的平面叶栅中的叶型损失作为流体机械叶片环中的叶型损失。

叶型损失是指叶型表面由于存在边界层而产生的摩擦阻力损失和边界层分离导致的尾迹涡流损失，如图 4-16 所示，尾迹涡流损失也被称为压差阻力损失。

叶型损失可用叶型损失系数 C_{xp} 表示，即

$$C_{xp} = C_{xf} + C_{x\Delta p}$$

式中　C_{xf}——摩擦阻力系数；

　　　$C_{x\Delta p}$——压差阻力系数。

实验结果表明，当翼型的相对厚度增加时，C_{xf} 几乎不变，$C_{x\Delta p}$ 则急剧增加。

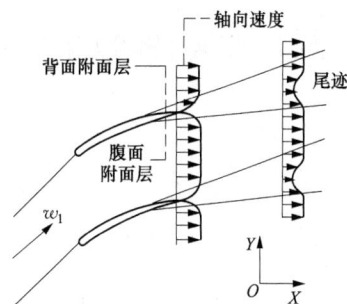

图 4-16　叶型损失

此外，叶型损失的大小还与翼型形状、叶栅稠度 $\dfrac{b}{t}$、叶片安装角 β_a、叶片表面粗糙度及进气冲角、马赫数等因素有关。叶型阻力系数 C_{xp} 通常要通过平面叶栅的吹风试验来确定。在马赫数 $Ma < 0.4 \sim 0.6$，和 $Re > Re_{cr}$ 的情况下，额定工况的叶型阻力系数近似由式（4-28）确定，即

$$C_{xp} = 0.022 - 0.006 \frac{t}{b} \tag{4-28}$$

或 $C_{xp} = 0.014 \sim 0.018$（当 $Re \geqslant 3 \times 10^5$，$\dfrac{t}{b} = 1.5 \sim 0.5$ 时）

（二）环面损失

如图 4-17 所示，在叶片两端的圆环通道表面上，由于流体的黏性而产生边界层，引起摩擦损失和边界层分离损失，称为环面损失（其中与轮毂摩擦的部分损失也称轮阻损失）。设环形通道的外径为 D_t，内径为 d_h，则环形截面的面积为

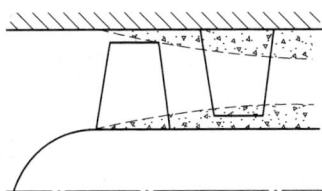

$$A = \frac{\pi}{4}(D_t^2 - d_h^2) \approx \frac{\pi}{4}D_t^2(1 - \overline{d}_h^2) \tag{4-29}$$

图 4-17　环面损失

$$\overline{d}_h = \frac{d_h}{D}$$

式中　$\overline{d}_h$——轴流式泵与风机的轮毂比；

　　　D——叶片直径。

截面的当量直径为

$$D_e = \frac{4 \times \dfrac{\pi}{4}(D_t^2 - d_h^2)}{\pi(D_t + d_h)} \approx D_t(1 - \overline{d}_h) \tag{4-30}$$

通道的长度近似等于平均半径处叶型的弦长 b_m，通道内的流动速度为平均相对速度 w_∞，通道中的压力损失为

$$\Delta p_{w} = \lambda_{w} \frac{b_{m}}{D_{t}(1-\overline{d_{h}})} \cdot \frac{\rho}{2} w_{\infty}^{2} \tag{4-31}$$

式中 λ_{w}——壁面摩擦阻力系数。

环状壁面的阻力 F_{xw} 等于 Δp_{w} 乘以通道的截面积，得

$$F_{xw} = \lambda_{w} \frac{\pi}{4} D_{t}(1+\overline{d_{h}}) \frac{\rho}{2} w_{\infty}^{2} b_{m} \tag{4-32}$$

另外，根据叶栅阻力系数的定义，则

$$F_{xw} = C_{xw} \frac{\rho}{2} w_{\infty}^{2} b_{m} l z \tag{4-33}$$

$$l = \frac{D-d_{h}}{2} \approx \frac{D_{t}-d_{h}}{2}$$

$$z = \frac{\pi(D_{t}+d_{h})}{2 t_{m}}$$

式中 l——叶片高度；

z——叶片数；

C_{xw}——环状壁面的阻力系数；

t_{m}——平均半径处的栅距。

令式（4-32）等于式（4-33），整理后可得

$$C_{xw} = \lambda_{w} \frac{t_{m}}{D_{t}(1+\overline{d_{h}})} \tag{4-34}$$

或

$$C_{xw} = \lambda_{w} \frac{t_{m}}{2l} \tag{4-35}$$

由于公式推导过程中的简化处理和实际情况的复杂性，难以准确选取 λ_{w} 的值，一般取 $\lambda_{w}=0.04$，得

$$C_{xw} = 0.04 \frac{t_{m}}{D_{t}(1+\overline{d_{h}})} \tag{4-36}$$

或

$$C_{xw} = 0.02 \frac{t_{m}}{l} \tag{4-37}$$

（三）二次流损失

轴流式泵与风机的二次流损失大致来自以下三个方面：

1. 叶片凹面与凸面上的压力差引起的二次流损失

叶片凹面与凸面上的压力差引起的二次流损失与离心叶轮内压力面和吸力面上压差引起的二次流损失类似。当流体在叶栅内流动时，由于叶片和流体之间的相互作用，叶片的凹面（高压面）上的压力大于凸面（低压面）上的压力，因此，在相邻两叶片之间从叶片凹面到凸面存在一个压力梯度，其大小随叶片负荷（升力系数）的增大而增大。另外，流体以曲线运动的形式通过叶栅，产生了离心力，其方向是从叶片凸面指向相邻叶片的凹面。在叶片高度中间部分的主流道内，横向压力梯度与离心力相平衡，不会产生横向流动。但在叶片根部和顶部，情况则不同。以叶片根部为例，轮毂表面边界层里的流体压力与边界层外面的压力

是相等的，边界层里面流体质点的速度，随着向轮毂表面接近而降低，直至趋近于0，它所产生的离心力不足以与边界层里面的压力梯度相平衡，于是便在边界层里出现从叶片凹面向叶片凸面的横向流动。在叶片顶部同样会出现这种情况。结果会出现图4-18所示的二次流，通常称之为涡对。这种涡对不断被主流带走，造成能量损失。由于叶片通道内的这种二次涡流使叶片高压面附近的低能流体流向低压面，因而引起吸力面边界层在叶片尾部的堆积，形成所谓的尾迹区，而在相应的叶片高压区则形成了较高流速区。

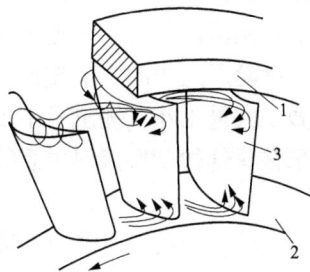

图 4-18　流道中的涡流损失
1—机壳；2—轮毂；3—叶片

2. 叶片顶部与机壳间的径向间隙引起的流动损失

为了避免轴流式泵与风机的叶轮工作时与机壳内壁发生

碰撞（对静导叶则避免与轮毂碰撞），在叶片顶部与环壁面之间要留有一定的径向间隙δ_r，如图4-19所示。于是，有一些流体通过径向间隙，由叶片凹面流向凸面，结果造成叶顶附近流动的混乱，影响叶顶附近基元叶栅的增压能力。此外，在叶栅前后压差的作用下，有小部分流体经过径向间隙倒流到叶栅前面，然后又与主流混合在一起向叶栅后流去。可以设想，存在着一小部分流体经过径向间隙的环流流动，如图4-19（b）所示。这种环流消耗了部分能量，带来了另一损失。这种由于叶顶泄漏造成的二次流损失称为泄漏涡。由于这种二次流损失在总损失中占有很大比例，所以引起了人们的高度重视，目前已有很多研究人员尝试在叶顶设置各种凹槽或者在机壳内表面设置凹槽来减小这种损失。

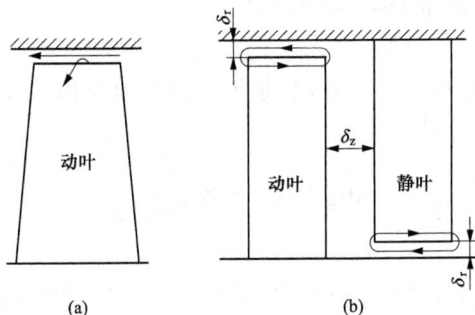

图 4-19　径向间隙引起的流动损失
（a）气体从动叶压力面向吸力面泄漏；（b）气体从动叶和静叶出口边向入口边泄漏

3. 叶片本身边界层内径向流动的潜流损失

由本章第三节气流参数沿叶高方向的变化可知，由叶根到叶顶沿叶高方向总压不变，气流速度减小，因而压力沿叶高方向是逐渐增大的。在主流区内，此径向压力梯度被周向分速度所产生的离心力所平衡。在叶轮叶栅内，边界层里贴近叶片表面的流体质点随叶片旋转，其周向分速度比主流区的周向分速度大得多，以至于离心力大于径向压差，便产生自叶根至叶顶的潜流，如图4-20所示。这种离心流动的结果，使叶面边界层中的低能流体在叶片顶部集中，因此轴流叶轮的失速分离往往从

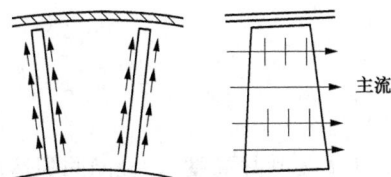

图 4-20　叶根至叶顶的潜流

叶顶开始。在导叶叶栅内，情况恰好相反。由于叶片是静止的，叶片表面边界层内的周向分速度比主流区的周向分速度小得多，在径向压差作用下，会产生自叶顶向叶根的潜流。

叶轮通道中的二次流比较复杂，几种现象交叉存在相互影响。许多学者在研究二次流方面做了大量工作，提出了不少计算公式。在初步计算中，有文献建议采用下面简单的经验公式来估算这种二次流损失系数，即

$$c_{xs} = \alpha c_L^2 \qquad (4-38)$$

式中 c_L——翼型的升力系数；

α——经验系数，一般取 $\alpha = 0.018$，对于等厚度的平板叶片 $\alpha = 0.025$。

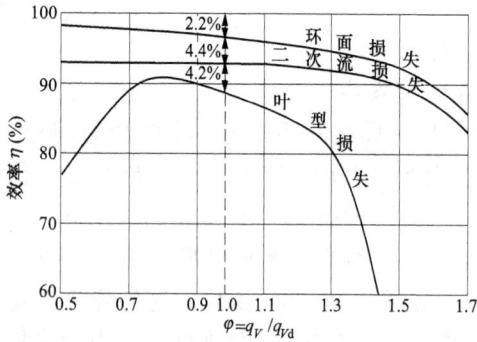

图 4-21 各种损失在总损失中所占的比例

各种损失在总损失中所占的比例如图 4-21 所示。该图是根据霍威尔的数据做出的。图中横坐标 $\varphi = q_V/q_{Vd}$，q_{Vd} 为最高效率时的流量，即设计流量，q_V 为任一流量值。当 $p = 1.0$，级的额定效率接近 90%，环面损失占 2.2%，二次流损失占 4.4%，叶型损失占 4.2%。

（四）其他部位的流动损失

对于轴流风机，除上述叶栅中的损失外，还应考虑集流器、流线罩和前导叶的损失，以及级出口旋绕速度的动能损失。这些损失在总流动损失中所占比例不大，设计时可根据实际情况予以略去或者进行计算。如果用 $\Sigma\Delta p_{xi}$ 表示这些损失的总和，则轴流风机的流动损失为

$$\Delta p_{hyd} = \Delta p_R + \Delta p_d + \Sigma\Delta p_{xi} \qquad (4-39)$$

式中 Δp_R——叶轮内的流动损失，即叶型损失、环面损失和二次流损失之和；

Δp_d——后导叶内的流动损失。

$$\Delta p_R = c_x \rho \frac{b}{t} \times \frac{w_\infty^2}{2\sin\beta_\infty} \qquad (4-40)$$

$$C_x = C_{xp} + C_{xw} + C_{xs}$$

式中 C_x——叶型损失系数、环面损失系数、二次流损失系数之和；

C_{xp}、C_{xw}、C_{xs}——叶型损失系数、环面损失系数、二次流损失系数。

后导叶的流动损失 Δp_d 计算式为

$$\Delta p_d = C_x \rho \frac{b}{t} \times \frac{v_\infty^2}{2\sin\alpha_\infty} \qquad (4-41)$$

式中 v_∞——来流速度，m/s。

轴流风机内的流动效率为

$$\eta_{hyd} = 1 - \frac{\Delta p_{hyd}}{p_T} \qquad (4-42)$$

式中 Δp_{hyd}——轴流风机内损失；

p_T——轴流风机的理论全压。

轴流风机叶顶间隙 δ_r 一般较大，当 $\delta_r/l < 0.01$ 时（其中 l 为叶片高度），径向间隙造成的损失可计入二次流损失。当 $\delta_r/l > 0.01$ 时，泄漏损失增大，且随着 δ_r 的增大而急剧增

加，需要另外计算泄漏损失。当 $\delta_r/l = 0.01 \sim 0.06$ 时，与泄漏损失相当的阻力系数 $C_{x\delta}$ 可按式（4-43）计算，即

$$C_{x\delta} = k_\delta \frac{\sigma}{\sin\beta_2} \delta_r C_{yt}^2 \tag{4-43}$$

式中　C_{yt}——儒氏力系数；

σ——叶栅稠度；

β_2——叶轮出口气流角；

K_δ——计算系数，当 $r = \dfrac{p_2 - p_1}{\dfrac{\rho}{2}v_1^2} > 1.5$ 时，$K_\delta = 0.8$；当 $r = 1 \sim 1.5$ 时，$K_\delta = 0.85[1 - (r+0.1)^{-4}]$。

计算出 $C_{x\delta}$ 后，即可由式（4-44）计算出相应的压力损失，即

$$\Delta p_{x\delta} = C_{x\delta}\rho \frac{b}{t} \times \frac{w_\infty^2}{2\sin\beta_\infty} \tag{4-44}$$

二、轴流泵的损失和效率

上文所述的叶栅中的流动损失同样存在于轴流泵的叶轮中，但是由于上文中给出的计算叶栅中流动损失阻力系数 C_{xp}、C_{xw} 和 C_{xs} 的公式都是从风洞中的吹风试验得出的经验公式，所以对于输送液体的轴流泵，以上公式不再适用。对于轴流泵，可用普弗莱得芮尔（C Pfleiderer, 1955）提出的方法计算叶轮流动损失和效率。

如果 Z_R 为轴流泵设计时所取的叶片计算截面的水头损失（以 m 流体柱计），则剖面效率为

$$\eta_R = \frac{H_T - Z_R}{H_T} = 1 - \frac{Z_R}{H_T} \tag{4-45}$$

式中　H_T——泵的理论扬程；

Z_R 的下标 R 指叶轮，Z_R 不包含环面损失，仅仅取决于叶片的阻力。

根据叶栅流动理论和轴流泵的能量方程式，可推导得

$$Z_R = \frac{\Delta v_u}{g} w_\infty \frac{\tan\lambda}{\sin(\beta_\infty + \lambda)} \tag{4-46}$$

代入上式，可得 $\mu = \tan\lambda$，结合轴流泵的能量方程式 $H_T = \dfrac{u_t \Delta v_u}{g}$ 可得

$$\eta_R = 1 - \frac{w_\infty}{u_t} \times \frac{\mu}{\sin(\beta_\infty + \lambda)} \tag{4-47}$$

式中　w_∞——相对速度的几何平均值；

u_t——叶轮外周速度；

λ——滑翔角（即第四章第三节中叶型升力与合力之间的夹角）；

μ——滑翔系数。

后导叶的流动损失（以 m 流体柱为单位）为

$$Z_d = \xi_d \frac{v_3^2 - v_4^2}{2g} \tag{4-48}$$

式中　ξ_d——损失系数；

v_3 和 v_4——后导叶的进口、出口速度。

将后导叶视为扩散角较小的扩压管，则在扩散角为 $10°\sim12°$ 时有

$$\xi_d = 0.2\times\left(1-\frac{A_3}{A_4}\right)^2 \tag{4-49}$$

式中 A_3 和 A_4——后导叶流道的进口、出口截面面积。

导叶的损失 Z_d 沿半径由内向外是减小的，而叶轮的损失 Z_R 由内向外是增加的。因此可认为，在同一半径上，Z_d 与 Z_R 之和近似不变，叶轮与后导叶的总效率为

$$\eta_s = 1-\frac{Z_R+Z_d}{H_T} = 1-\frac{w_\infty}{u_t}\times\frac{\mu}{\sin(\beta_\infty+\lambda)}-\frac{Z_d}{H_t} \tag{4-50}$$

总效率 η_s 大于级的流动效率 η_{hyd}，原因是级的损失中还包括环面损失和叶顶间隙泄漏损失。

由式（4-47）和式（4-50）可以看出，η_R 和 η_s 值取决于滑翔系数 μ。如果通过试验求出包括环面损失等在内的系数 μ_{tot}，用以代替滑翔系数 μ，即可求出叶轮的流动效率 η_{imp} 和级的流动效率 η_{hyd}。

马尔希洛夫斯基（H. Marcinofski）给出的 μ_{tot} 的计算公式为

$$\mu_{tot} = 0.02+\frac{0.08}{1-\overline{d}_h} \tag{4-51}$$

式中 $\overline{d}_h$——轮毂比。

式（4-51）中第一项考虑纯叶片损失，第二项考虑其他损失的影响。用中间计算截面的参数由式（4-51）计算出 μ_{tot}，用其代替式（4-47）和式（4-50）中的 μ，即可求出近似的叶轮流动效率 η_{imp} 和级的流动效率 η_{hyd}。

轴流泵的泄漏损失较小，容积效率较高，一般 $\eta_V = 0.96\sim0.99$。设计时可选取一适当的 η_V，不再另行计算。

第五节　轴流式泵与风机的性能曲线

轴流式泵与风机的性能曲线是在一定的进口条件和转速时，扬程、全压、功率、效率与流量之间的关系曲线。

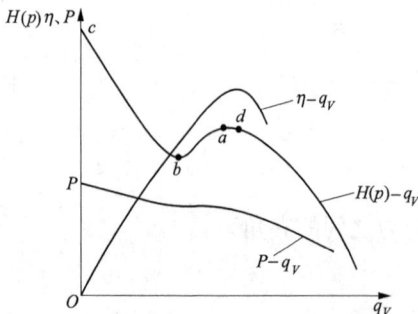

图 4-22 轴流式泵与风机性能曲线

图 4-22 所示为轴流式泵与风机性能曲线的一般形状。

轴流式泵与风机 H-q_V（P-q_V）性能曲线是一条马鞍形的曲线，即随着流量的不断减少，轴流式泵与风机的扬程、全压先逐渐增加，当到达性能曲线 a 点后，扬程、全压开始下降，但是当流量减小到 b 点后，扬程、全压又开始上升，直到 c 点。

轴流式泵与风机的 H-q_V（P-q_V）性能曲线的马鞍形状对其安全经济运行影响很大。

若轴流式泵与风机在性能曲线 d 点运行（如图 4-22 所示），此时泵与风机的效率 η 为最大值，称为最佳工况。流体在动叶片中的流动是平

稳的，流线平直且均匀，如图 4-23（a）所示。

轴流式泵与风机如在流量大于最佳工况状态下工作，动叶内的流线稍向内挤（轮毂方向），并在叶片顶部出口边出现较小的涡流区，如图 4-23（b）所示。由于流体偏向内侧，所以轴流泵与风机的扬程、全压下降。

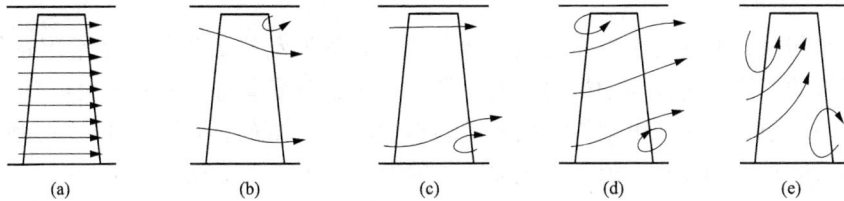

图 4-23　动叶内的五种流态

(a) $q_V=q_{Vd}$；(b) $q_V>q_{Vd}$；(c) $q_{Va}\leqslant q_V<q_{Vd}$ (d) $q_{Vb}\leqslant q_V\leqslant q_{Va}$；(e) $0\leqslant q_V<q_{Vb}$

如果轴流式泵与风机的流量从 d 点开始减少到 a 点附近，$H\text{-}q_V$（$P\text{-}q_V$）性能曲线出现峰值（如图 4-22 所示）。此后如流量进一步减小，在轮毂附近，叶片的根部出现了一个旋涡区，这是由叶片背部流体边界层分离所致，如图 4-23（c）所示。旋涡区的产生使流体挤向叶顶，导致流体的轴向速度由 v_a 增加为 v_a'（如图 4-24 所示），造成流体出口绝对速度的圆周分速 v_{2u} 减小。由图 4-24 速度三角形可知，w_2、v_2 及 u 组成了 a 工况点的速度三角形，而 w_2'、v_2' 及 u' 组成了 a 点至 b 点工况区的速度三角形。由此可见，$v_{2u}>v_{2u}'$，因此泵与风机的扬程、全压是下降的。这是轴流泵与风机的失速区。

在性能曲线的谷底 b 点，根部的旋涡区更大，同时在叶片进口处的叶顶部分也出现旋涡，流体不再沿着轴向流动，而开始斜着通过叶轮，如图 4-23（d）所示。

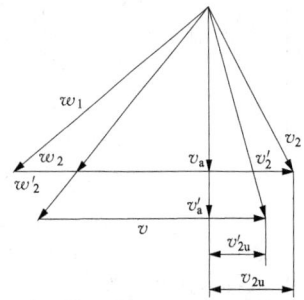

图 4-24　叶根失速速度三角形

若流量继续减少，在性能曲线 bc 段内，由于叶顶与叶根处的旋涡增长很快，动叶片前后的吸入空间与压出空间几乎被旋涡所阻塞，流体在离心力作用下，沿径向流向壳体，于是扬程、全压得到了提高，如图 4-23（e）所示。

整个轴流式泵与风机的 $H\text{-}q_V$、$P\text{-}q_V$ 性能曲线，在 a 点以右的区域内，属于稳定工作区。轴流泵与风机的工作点落在稳定工作区内，机组能安全、平稳地工作。在 a 点以左的 $H\text{-}q_V$、$P\text{-}q_V$ 性能曲线出现凹形区域，属于不稳定工作区域。泵与风机的工作点如落在这个区域内，就会出现流量、扬程、全压的脉动或大幅度波动的情况，称为失速。如果这时泵与风机所在的管道系统容量又很大，则泵与风机的流量、能头和功率会在瞬间内发生很大的周期性波动，引起剧烈的振动和噪声，这种不稳定现象称为喘振。

失速与喘振的预防详见第六章。

总体来说，轴流式泵与风机的 $H\text{-}q_V$ 曲线比较陡。这就是说，随着流量的增加，轴流式泵与风机较离心式泵与风机能头下降更多，因此，轴流式泵与风机适用于当能头变化大时要求流量变化不大的场合。

对于轴流式泵与风机的功率与流量的 $P\text{-}q_V$ 性能曲线，一般随着流量的增大，轴流式泵与风机的轴功率不断下降。它与离心式泵与风机的 $P\text{-}q_V$ 性能曲线截然不同，如图 4-22 所示。轴流式泵与风机在流量为零的工况下，所耗轴功率最大。一般来说，对轴流泵，当关闭阀门（$q_V=0$）时的轴功率是其最佳工况下轴功率的120%～140%，因此，轴流式泵与风机在小流量时容易引起原动机过载。为了减小原动机容量和避免启动电流过大，轴流式泵与风机应在阀门全开的情况下启动。如果是动叶可调的轴流泵与风机，则可以在关闭动叶片的状态下启动。

　　轴流式泵与风机的轴功率在零流量时功率最大，使原动机的工作点经常落在低效率区，这是很不经济的。因为选择原动机功率的原则是，根据轴流泵与风机的最大功率再考虑一个安全系数。一般原动机，如电动机，效率是随着功率的增加而增加的，可是轴流泵与风机经常的工作点对应功率却较小，因此导致原动机的经常性工作点落在低效率区内。

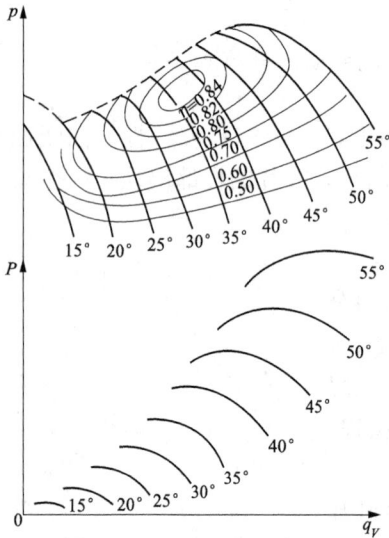

图 4-25　动叶安装角改变时的性能曲线

　　最后分析轴流式泵与风机的 η-q_V 性能曲线。该性能曲线上升与下降均较快，即曲线较陡，因此高效率区较窄。同时，轴流式泵与风机的最高效率点与图 4-22 中 H-q_V、P-q_V 性能曲线上的 a 点相邻近，因此对正确配置轴流泵与风机带来很大困难。

　　制造厂从实用角度出发，他们给用户的性能曲线只是从 a 点之后的一段稳定工作的曲线。

　　动叶可调的轴流式泵与风机，如果运行中改变它的安装角，则 H-q_V、P-q_V 及 η-q_V 会发生相应的变化。图 4-25 所示为轴流风机的动叶安装角从 15°变化至 55°相应的风机全压、轴功率及效率的变化情况。图 4-25 中的虚线为失速线，也就是在失速线右下方的区间，是轴流风机稳定运转的工况区；椭圆形的曲线是风机的等效率线。从外圈的 $\eta=0.5$，向里圈发展，效率是升高的。随着动叶安装角的减小，功率曲线也不断下降。因此为减少电动机的启动电流，动叶可调的轴流式泵与风机应该关闭动叶安装角启动。

思考题

　　4-1　试简述轴流式泵与风机的工作原理。

　　4-2　轴流叶轮进口、出口速度三角形如何绘制？w_∞、β_∞ 如何确定？有何意义？

　　4-3　轴流式泵与风机的翼型、叶栅的几何尺寸和形状对流体获得的理论扬程（全压）有何影响？试分析提高其扬程（全压）的方法。

　　4-4　轴流式泵与风机存在哪些损失？与离心式泵与风机的损失相比，这些损失产生的原因和机理有何异同？

　　4-5　按等环量设计的轴流式泵与风机叶轮，叶片的冲角和截面积沿叶片高度方向有何变化？

　　4-6　轴流式泵与风机性能曲线上小流量区出现马鞍形的原因是什么？

　　4-7　轴流式泵与风机的功率曲线有何特点？这对泵与风机的启动有何影响？

4-8　目前火力发电厂对大容量、高参数机组的引风机、送风机一般都采用轴流式风机，为什么？

习　题

4-1　有一单级轴流式水泵，转速为 980r/min，在直径为 750mm 处，水以 $v_1 = 3.8$m/s 的速度沿轴向流入叶轮，以 $v_2 = 4.5$m/s 的速度由叶轮流出，求水泵的理论扬程。

4-2　有一轴流风机，在叶轮半径 380mm 处，空气以 $v_1 = 33.5$m/s 的速度沿轴向流入叶轮，当转速 $n = 1450$r/min 时，其理论全压 $p_T = 692.8$Pa，空气密度 $\rho = 1.2$kg/m³，求该半径处的平均相对速度 w_∞ 的大小和方向。

4-3　有一单级轴流泵，水在直径 $D = 300$mm 处以 $v_1 = 8$m/s 的绝对速度沿轴向流入叶轮，出口相对速度比入口相对速度偏转 35°。设 $n = 1200$r/min，求该泵理论扬程 H_T 为多少？

4-4　有一单级轴流式水泵，转速 $n = 375$r/min，在叶轮直径 980mm 处，水以 $v_1 = 4.01$m/s 的速度沿轴向流入叶轮，在出口以 $v_2 = 4.48$m/s 的速度流出。试求：

（1）叶轮进口、出口相对速度的角度变化值 $\beta_2 - \beta_1$；

（2）若总实际扬程 $H = 3.7$m，则该水泵的流动效率 η_h 为多少？

第五章　相似理论及其应用

相似理论广泛应用于泵与风机的设计、选型、改造和性能研究中。研制新型泵与风机，一般需要模型试验。实型与模型之间首先要满足相似条件，然后经过相似换算，模型的结论才能推广到实型上。在泵与风机的选型、改造以及性能研究中，相似换算也是开展工作的主要手段。

第一节　相似条件与相似定律

一、相似条件

力学的相似条件包括三个：几何相似、动力相似和运动相似。

1. 几何相似

几何相似是指实型和模型所有的对应线性尺寸成同一比例，叶片数 z 相等、对应角相等。线性尺寸包括进口直径 D_1、进口宽度 b_1、出口直径 D_2、出口宽度 b_2、叶片厚度 σ、叶片高度 l 等。

在本章中，均以下标"p"表示实型的参数，下标"m"表示模型的参数，因此

$$\frac{D_{1p}}{D_{1m}} = \frac{b_{1p}}{b_{1m}} = \frac{D_{2p}}{D_{2m}} = \frac{b_{2p}}{b_{2m}} = \cdots = \frac{D_p}{D_m} = K_L \tag{5-1}$$

$$z_p = z_m \tag{5-2}$$

$$\angle\beta_{ap} = \angle\beta_{am} \tag{5-3}$$

式中　　D_p、D_m ——实型与模型的定性线性尺寸；

K_L ——线性比例常数。

在相似研究中，通常选用叶轮外径 D_2 作为定性线性尺寸。

2. 运动相似

运动相似是指实型和模型所有对应点的速度大小成同一比例，方向相同，即速度三角形相似，即

$$\frac{v_{1p}}{v_{1m}} = \frac{v_{2p}}{v_{2m}} = \frac{u_{1p}}{u_{1m}} = \frac{u_{2p}}{u_{2m}} = \cdots = K_v = \frac{D_{2p}n_p}{D_{2m}n_m} = \frac{D_p n_p}{D_m n_m} = K_L \cdot \frac{n_p}{n_m} \tag{5-4}$$

$$\angle\alpha_{2p} = \angle\alpha_{2m}, \ \angle\alpha_{1p} = \angle\alpha_{1m}, \ \cdots, \ \angle\beta_{1p} = \angle\beta_{1m}$$

式中　　n_p、n_m ——实型与模型的转速；

K_v ——速度比例常数。

通常选用圆周速度 u_2 作为定性速度。由式（5-4）右端 $K_v = K_L \cdot \dfrac{n_p}{n_m}$ 也可以看出，运动相似是建立在几何相似基础上。

3. 动力相似

动力相似是指实型和模型所有对应点所受的力性质相同、大小成同一比例、方向相同。

　　由流体力学的相似原理可知，要保证动力相似就要保证所有力的相似准则数相等。流体在泵与风机内流动，对流动起主要作用的准则数是雷诺数。若实型和模型雷诺数相等，动力则近似相似。实际上，对于泵与风机来说，保证雷诺数相等也是相当困难的。

　　实验证明，流体在泵与风机内流动一般 $Re > 10^5$。在雷诺数 $Re > 10^5$ 的情况下，流体的运动处于阻力平方区，这时实型和模型的雷诺数即使不相等，仍能近似地保证动力相似，称自模化。因此，对处于自模化区的泵与风机来说，只须保证几何相似和运动相似（工况相似）就能满足相似条件。

　　力学相似的三个条件并不是相互独立的，它们只是相似条件包含的三个方面。根据上述分析可知，几何相似是前提，动力相似是保证，运动相似是表现。也就是说在几何相似的前提下，满足动力相似，运动相似是个必然的结果。

　　二、相似定律

　　满足相似条件的泵或风机（相似的泵或风机在相似的工况下），性能参数之间必然存在某种联系。

　　1. 流量相似定律

　　根据流量计算公式

$$q_V = q_{VT} \eta_V = \pi D_2 b_2 \psi_2 v_{2r} \eta_V$$

式中　　q_V、q_{VT} ——实际、理论体积流量；

　　　　D_2、b_2 ——叶轮出口处的直径与宽度；

　　　　ψ_2 ——叶轮出口排挤系数；

　　　　v_{2r} ——出口绝对速度的径向分速度；

　　　　η_V ——容积效率。

实型与模型流量之比为

$$\frac{q_{Vp}}{q_{Vm}} = \frac{\pi D_{2p} b_{2p} \psi_{2p} v_{2rp} \eta_{Vp}}{\pi D_{2m} b_{2m} \psi_{2m} v_{2rm} \eta_{Vm}} \tag{5-5}$$

根据相似条件

$$\frac{b_{2p}}{b_{2m}} = \frac{D_{2p}}{D_{2m}}, \quad \psi_{2p} = \psi_{2m}, \quad \frac{v_{2rp}}{v_{2rm}} = \frac{u_{2p}}{u_{2m}} = \frac{D_{2p} n_p}{D_{2m} n_m}$$

式（5-5）可变为

$$\frac{q_{Vp}}{q_{Vm}} = \left(\frac{D_{2p}}{D_{2m}}\right)^3 \cdot \frac{n_p}{n_m} \cdot \frac{\eta_{Vp}}{\eta_{Vm}} \tag{5-6}$$

　　式（5-6）称为流量相似定律。

　　流量相似定律指出：几何相似的泵或风机，在相似的工况下，其流量比与几何尺寸比的三次方成正比、与转速比的一次方成正比、与容积效率比的一次方成正比。

　　2. 扬程相似定律

　　根据扬程计算公式

$$H = H_T \eta_h = \frac{u_2 v_{2u} - u_1 v_{1u}}{g} \eta_h$$

式中　　H、H_T ——泵实际、理论扬程；

　　　　u_2、u_1 ——叶轮出口、进口的圆周速度；

v_{2u}、v_{1u}——出口、进口绝对速度的圆周方向分速度;

g——重力加速度;

η_h——流动效率。

实型、模型扬程之比为

$$\frac{H_p}{H_m} = \frac{u_{2p}v_{2up} - u_{1p}v_{1up}}{u_{2m}v_{2um} - u_{1m}v_{1um}} \cdot \frac{\eta_{hp}}{\eta_{hm}} \tag{5-7}$$

根据相似条件

$$\frac{u_{2p}v_{2up} - u_{1p}v_{1up}}{u_{2m}v_{2um} - u_{1m}v_{1um}} = \frac{u_{2p}v_{2up}}{u_{2m}v_{2um}} = \frac{u_{1p}v_{1up}}{u_{1m}v_{1um}} = \frac{u_{2p}^2}{u_{2m}^2} = \left(\frac{D_{2p}n_p}{D_{2m}n_m}\right)^2$$

式(5-7)可变为

$$\frac{H_p}{H_m} = \left(\frac{D_{2p}}{D_{2m}}\right)^2 \cdot \left(\frac{n_p}{n_m}\right)^2 \cdot \frac{\eta_{hp}}{\eta_{hm}} \tag{5-8}$$

式(5-8)称为扬程相似定律。

扬程相似定律指出:几何相似的泵,在相似的工况下,其扬程比与几何尺寸比的平方成正比、与转速比的平方成正比、与流动效率比的一次方成正比。

对于风机,同样有

$$\frac{p_p}{p_m} = \frac{\rho_p}{\rho_m} \cdot \left(\frac{D_{2p}}{D_{2m}}\right)^2 \cdot \left(\frac{n_p}{n_m}\right)^2 \cdot \frac{\eta_{hp}}{\eta_{hm}} \tag{5-9}$$

式中 p_p、p_m——实型、模型风机的全压;

ρ_p、ρ_m——实型、模型风机中气体的密度;

n_p、n_m——实型、模型风机的转速。

式(5-9)称为全压相似定律。

全压相似定律指出:几何相似的风机,在相似的工况下,其全压比与几何尺寸比的平方成正比,与转速比的平方成正比,与密度比、流动效率比的一次方成正比。

3. 功率相似定律

根据功率计算公式

$$P = \frac{\rho g q_V H}{1000\eta} = \frac{\rho g q_V H}{1000\eta_m \eta_V \eta_h}$$

式中 η_m——风机的机械效率。

实型、模型功率之比为

$$\frac{P_p}{P_m} = \frac{\rho_p q_{Vp} H_p}{\rho_m q_{Vm} H_m} \cdot \frac{\eta_{mm}\eta_{Vm}\eta_{hm}}{\eta_{mp}\eta_{Vp}\eta_{hp}} \tag{5-10}$$

根据相似条件可得

$$\frac{P_p}{P_m} = \frac{\rho_p}{\rho_m} \cdot \left(\frac{D_{2p}}{D_{2m}}\right)^5 \cdot \left(\frac{n_p}{n_m}\right)^3 \cdot \frac{\eta_{mm}}{\eta_{mp}} \tag{5-11}$$

式(5-11)称为功率相似定律。

功率相似定律指出:几何相似的泵或风机,在相似的工况下,其功率比与流体密度比的一次方成正比、与几何尺寸比的五次方成正比、与转速比的三次方成正比、与机械效率比的一次方成反比。

相似定律式表示了几何相似的泵或风机在相似工况下,实型和模型的流量、扬程(全压）、功率之间的相似关系。

若实型和模型对应的机械效率、容积效率、流动效率分别相等，即 $\eta_{mm} = \eta_{mp}$、$\eta_{Vm} = \eta_{Vp}$、$\eta_{hm} = \eta_{hp}$，于是式（5-6）、式（5-8）、式（5-9）、式（5-11）可变为

$$\frac{q_{Vp}}{q_{Vm}} = \left(\frac{D_{2p}}{D_{2m}}\right)^3 \cdot \left(\frac{n_p}{n_m}\right) \tag{5-12}$$

$$\frac{H_p}{H_m} = \left(\frac{D_{2p}}{D_{2m}}\right)^2 \cdot \left(\frac{n_p}{n_m}\right)^2 \tag{5-13}$$

$$\frac{p_p}{p_m} = \frac{\rho_p}{\rho_m} \cdot \left(\frac{D_{2p}}{D_{2m}}\right)^2 \cdot \left(\frac{n_p}{n_m}\right)^2 \tag{5-14}$$

$$\frac{P_p}{P_m} = \frac{\rho_p}{\rho_m} \cdot \left(\frac{D_{2p}}{D_{2m}}\right)^5 \cdot \left(\frac{n_p}{n_m}\right)^3 \tag{5-15}$$

式（5-12）～式（5-15）就是工程上常用的泵与风机的相似定律。

根据上述分析可知，在工程上，相似定律适用的前提是相似的泵或风机在相似的工况下，且容积效率、流动效率、机械效率保持不变。实际上，当工况发生改变时，各项损失与效率均会发生变化，但在下列条件下，可认为近似不变。

（1）线性尺寸相差不大。莫迪公式为

$$\frac{(1-\eta)_p}{(1-\eta)_m} = \left(\frac{D_m}{D_p}\right)^{\frac{1}{C}} \tag{5-16}$$

式中　C——常数，由实验确定，一般可取 4～5。

根据式（5-16）可以看出，相似的泵或风机在相似的工况下，若两台泵或风机的线性尺寸相差不大，则它们的效率可以认为是相等的；但如果尺寸相差很大，效率就相差较多，不宜采用式（5-12）～式（5-15）进行换算。推荐线性尺寸比以不大于 5 为宜。

（2）转速相差不大。当转速变化时，容积效率 η_V 和流动效率 η_h 能近似保持不变，而机械效率 η_m 则不能。机械效率与转速及线性尺寸有关。在线性尺寸不变的情况下，机械效率随转速的提高而增大，但转速增大到一定程度后，机械效率则近似保持不变。当转速降低时，机械效率也降低，且转速下降越大，机械效率变化也越大。如果模型与实型的转速较高，且转速相差不太大，机械效率可以认为是相等的。一般认为相差不超过 20% 为宜。

三、相似定律的特例

1. 同一台泵或风机变转速

同一台泵或风机变转速，若变转速前后工况相似（变速前转速为 n_0，变速后为 n），则相似定律式（5-12）～式（5-15）可简化为

$$\frac{q_V}{q_{V0}} = \frac{n}{n_0} \tag{5-17}$$

$$\frac{H}{H_0} = \left(\frac{n}{n_0}\right)^2 \tag{5-18}$$

$$\frac{p}{p_0} = \left(\frac{n}{n_0}\right)^2 \tag{5-19}$$

$$\frac{P}{P_0} = \left(\frac{n}{n_0}\right)^3 \tag{5-20}$$

式中　n、n_0——变速后、变速前的转速，m/s；

q_V、q_{V0} ——变速后、变速前的体积流量，m^3/s；

H、H_0 ——变速后、变速前的泵的扬程，m；

p、p_0 ——变速后、变速前的风机的全压，Pa；

P、P_0 ——变速后、变速前的轴功率，W。

式（5-17）～式（5-20）称为比例定律。

比例定律指出：同一台泵或风机变转速，对应相似工况点间其流量比与转速比的一次方成正比，泵的扬程比与转速比的平方成正比，风机的全压比与转速比的平方成正比，功率比与转速比的三次方成正比。

根据比例定律式（5-17）、式（5-18）可以得

$$\frac{H}{H_0} = \left(\frac{q_V}{q_{V0}}\right)^2$$

$$\frac{H_0}{q_{V0}^2} = \frac{H}{q_V^2} = K \tag{5-21}$$

同一台泵或风机变转速时，相似工况点间其扬程与流量平方之比均为一常数 K，即

$$H = Kq_V^2 \tag{5-22}$$

式（5-22）表明，同一台泵或风机变转速时，相似工况点均在一条顶点过坐标原点的二次抛物线上，此抛物线称为相似抛物线。相似抛物线是由比例定律导出的，也称为比例曲线。可以看出：同一条相似抛物线上的点是相似工况点，相似工况点都在同一条相似抛物线上，其对应的 K 值相等；不同相似抛物线上的点不是相似工况点，其 K 值不相等。常数 K 可由相似抛物线上任一点参数，根据 $K = H/q_V^2$ 求出。

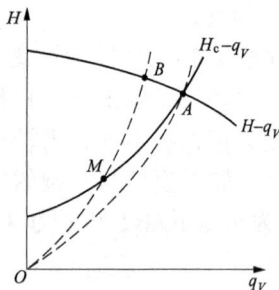

图 5-1 相似工况点与不相似工况点

在图 5-1 中，A、B 及 M 表示三个工况点。B 点和 M 点是相似工况点，因为它们在同一条相似抛物线上。A 点和 B 点不是相似工况点，因为它们不在同一条相似抛物线上，它们是同一条性能曲线上的点。A 点和 M 点也不是相似工况点，因为它们也不在同一条相似抛物线上，它们是同一条静能头不为零的管路特性曲线上的点。

另外，在推导比例定律时认为相似工况点的效率是相等的，因此，相似抛物线上的点是等效率点，相似抛物线又称为等效率曲线。必须指出，当转速变化不大时，上述结论才能成立。当转速较低或转速变化范围较大时，实际等效曲线偏离相似抛物线而变成椭圆形。

2. 同一台泵或风机输送不同的流体

同一台泵或风机输送密度不同的流体时，若密度改变前后工况相似，则根据相似定律有

$$q_V = q_{V0} \tag{5-23}$$

$$H = H_0 \tag{5-24}$$

$$\frac{p}{p_0} = \frac{\rho}{\rho_0} \tag{5-25}$$

$$\frac{P}{P_0} = \frac{\rho}{\rho_0} \tag{5-26}$$

式中 ρ、ρ_0——变工况后、变工况前流体密度，kg/m^3；

$\quad$ q_V、q_{V0}——变密度后、变密度前的体积流量，m^3/s；

$\quad$ H、H_0——变密度后、变密度前的泵的扬程，m；

$\quad$ p、p_0——变密度后、变密度前的风机的全压，Pa；

$\quad$ P、P_0——变密度后、变密度前的轴功率，W。

根据式（5-23）～式（5-26）可以看出：同一台泵或风机输送密度不同的流体时，若密度改变前后工况相似，其流量、扬程保持不变（与密度无关），全压比、功率比与密度比的一次方成正比。

一般，当流体黏度较小、密度变化不大时，可以认为密度变化前后工况相似。

当泵或风机输送流体密度发生改变时，应注意原动机是否过载。

【例 5-1】 现有一台风机，铭牌参数：$n=960r/min$，$p=1589Pa$，$q_V=20\ 000m^3/h$，$\eta=60\%$。铭牌参数是在一个标准大气压、介质温度为 200℃ 条件下提供的。现用此风机输送 30℃ 的清洁空气，转速不变，若工作条件变化前后工况相似，求新工作条件下的流量、全压及轴功率。

【解】

设新工作条件下，密度为 ρ'、温度为 T'、流量为 q_V'、全压为 p'、功率为 P'。

根据状态方程 $\dfrac{\rho'}{\rho}=\dfrac{T}{T'}$ 有

$$\frac{\rho'}{\rho}=\frac{T_{200}}{T_{30}}=\frac{273+200}{273+30}=1.561$$

根据相似定律，新工作条件下风机的参数为

$$q_V'=q_V=20\ 000m^3/h$$

由 $\dfrac{p'}{p}=\dfrac{\rho'}{\rho}$ 得

$$p'=p\frac{\rho'}{\rho}=1589\times1.561=2480(Pa)$$

$$\eta=\eta_0=60\%$$

$$P'=\frac{q_V'p'}{\eta}=\frac{20\ 000\times2480}{0.6\times3600\times1000}=22.96(kW)$$

答：新工作条件下流量为 20 000m^3/h、全压为 2480Pa、轴功率为 22.96kW。

【例 5-2】 某水泵在 $n=1250r/min$ 时的性能曲线绘于图 5-2 中，若转速改变为 $n'=1000r/min$，该水泵性能曲线将如何变化？

【解】

（1）在 $n=1250r/min$ 时的性能曲线上任找几点，如 A、B、C、D、E。由图中读出其对应的流量、扬程，并列于表 5-1 中。

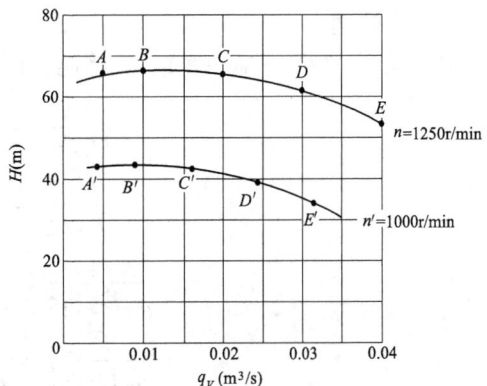

图 5-2 【例 5-2】用图

表 5-1　　　　　　　　　　　$n=1250 \text{r/min}$ 时性能曲线上的点

点	A	B	C	D	E
q_V (m³/s)	0.005	0.01	0.02	0.03	0.04
H (m)	66	67	65	61	52

（2）当转速变为 $n'=1000 \text{r/min}$ 时，性能曲线将发生改变，但在新的性能曲线上一定能找到相应的点 A'、B'、C'、D'、E'，分别与 A、B、C、D、E 对应相似，且参数间满足下式

$$\frac{q_{VA'}}{q_{VA}}=\frac{n'}{n} , \frac{H_{A'}}{H_A}=\left(\frac{n'}{n}\right)^2 ; \cdots ; \frac{q_{VE'}}{q_{VE}}=\frac{n'}{n} , \frac{H_{E'}}{H_E}=\left(\frac{n'}{n}\right)^2$$

（3）计算相似工况点参数。由 $\dfrac{q_{VA'}}{q_{VA}}=\dfrac{n'}{n}$，$\dfrac{H_{A'}}{H_A}=\left(\dfrac{n'}{n}\right)^2$，代入参数，得

$$\frac{q_{VA'}}{0.01}=\frac{1000}{1250} , \frac{H_{A'}}{68}=\left(\frac{1000}{1250}\right)^2$$

解得

$$q_{VA'}=0.000\,8 , H_{A'}=43.5$$

同理可计算 B'、C'、D'、E' 点参数，结果汇总于表 5-2 中。

表 5-2　　　　　　　　　　　$n'=1000 \text{r/min}$ 时对应的相似工况点

点	A'	B'	C'	D'	E'
q_V (m³/s)	0.004	0.008	0.016	0.024	0.032
H (m)	42.2	42.9	41.6	39.0	33.3

（4）连接 A'、B'、C'、D'、E'。A'、B'、C'、D'、E' 均为 $n'=1000 \text{r/min}$ 时性能曲线上的点，用一条光滑曲线连接 A'、B'、C'、D'、E'，可得 $n'=1000 \text{r/min}$ 的性能曲线，如图 5-2 所示。

第二节　比转速与型式数

在泵与风机设计、选型过程中，往往需要同时考虑流量、扬程（全压）、转速等性能参数。比转速就是一个是包含流量、扬程（全压）、转速在内的综合相似特征参数。

一、比转速

根据式（5-12）~式（5-15），将属于同一台泵或风机的参数合并，得

$$\frac{q_{Vm}}{D_{2m}^3 n_m}=\frac{q_{Vp}}{D_{2p}^3 n_p}=\frac{q_V}{D_2^3 n} \tag{5-27}$$

$$\frac{H_m}{D_{2m}^2 n_m^2}=\frac{H_p}{D_{2p}^2 n_p^2}=\frac{H}{D_2^2 n^2} \tag{5-28}$$

$$\frac{p_m}{\rho_m D_{2m}^2 n_m^2}=\frac{p_p}{\rho_p D_{2p}^2 n_p^2}=\frac{p}{\rho D_2^2 n^2} \tag{5-29}$$

$$\frac{P_m}{\rho_m D_{2m}^5 n_m^3}=\frac{P_p}{\rho_p D5_p^3}=\frac{P}{\rho D_2^5 n^3} \tag{5-30}$$

式中　　q_{Vp}、q_{Vm}、H_p、H_m、D_{2p}、D_{2m}、n_p、n_m、ρ_p、ρ_m 分别表示实型、模型的体积流量、

扬程、叶轮外径、转速、流体密度。

1. 泵的比转速

将式（5-27）两边平方，式（5-28）两边三次方，相除，可得

$$\frac{n_{\mathrm{p}}^4 q_{V\mathrm{p}}^2}{H_{\mathrm{p}}^3} = \frac{n_{\mathrm{m}}^4 q_{V\mathrm{m}}^2}{H_{\mathrm{m}}^3}$$

上式说明，不论对于实型还是模型，泵的流量、扬程、转速满足下式

$$\frac{n^4 q_V^2}{H^3} = \mathrm{const}$$

将上式两边开四次方，得

$$\frac{n \sqrt{q_V}}{H^{3/4}} = K \tag{5-31}$$

式中　K——常数。

式（5-31）表明，相似的泵在相似的工况下，$\dfrac{n \sqrt{q_V}}{H^{3/4}}$ 相等。因此，$\dfrac{n \sqrt{q_V}}{H^{3/4}}$ 可以反映相似泵之间的特征。

将式（5-31）两边同时乘以 3.65，并用 n_{s} 表示，命名为比转速，即

$$n_{\mathrm{s}} = \frac{3.65 n \sqrt{q_V}}{H^{3/4}} \tag{5-32}$$

式中　n——泵的转速，r/min；

　　q_V——泵的流量，m³/s；

　　H——泵的扬程，m。

式（5-32）为我国通用的比转速计算公式。式中系数 3.65 是由于沿用水轮机比转速的概念而产生的。

在水轮机的设计中，给定设计参数是功率 P（马力）、水头 H(m) 和转速 n(r/min)，其比转速定义为

$$n_{\mathrm{s}} = \frac{n \sqrt{P}}{H^{5/4}} \tag{5-33}$$

在水泵设计中，给定设计参数是流量 q_V（m³/s）、扬程 H(m) 和转速 n(r/min)，因此，需用泵的有效功率来代替水轮机的功率。水泵有效功率若以马力为单位，其表达式为

$$P_{\mathrm{e}} = \frac{\rho g q_V H}{735} \tag{5-34}$$

将式（5-34）中 ρ 取 1000kg/m³，可得

$$P_{\mathrm{e}} = \frac{1000 \times 9.8 \times q_V H}{735}$$

代入式（5-33），得

$$n_{\mathrm{s}} = \frac{n \sqrt{\dfrac{1000 \times 9.8 \times q_V H}{735}}}{H^{5/4}} = \frac{3.65 n \sqrt{q_V}}{H^{3/4}}$$

式（5-32）是我国常用的计算泵的比转速公式，而国外一般根据式（5-31）计算比转速，并命名为 n_{q}，即

$$n_q = \frac{n\sqrt{q_V}}{H^{3/4}}$$

不同国家对流量、扬程、转速所取的单位不同，使得同一台泵计算出来的比转速数值互不相同，但没有本质差别，均可反映泵的相似特征。

2. 风机的比转速

风机的比转速推导过程与泵过程类似。

由式（5-27）、式（5-29）可推导出

$$\frac{n\sqrt{q_{Vm}}}{\left(\frac{p_m}{\rho_m}\right)^{3/4}} = \frac{n\sqrt{q_{Vp}}}{\left(\frac{p_p}{\rho_p}\right)^{3/4}} = \frac{n\sqrt{q_V}}{\left(\frac{p}{\rho}\right)^{3/4}}$$

若风机进气都以标准状态（$p_a = 101\,325\text{Pa}$，$t = 20℃$，相对湿度为 50%）为基准，即

$$\rho_m = \rho_p = \rho = 1.2\text{kg/m}^3，则$$

上式可写为

$$\frac{n\sqrt{q_V}}{p_{20}^{3/4}} = K$$

式中　q_V——风机的体积流量，m^3/s；

　　p_{20}——标准状态（$\rho = 1.2\text{kg/m}^3$）下风机的全压，Pa；

　　n——风机的转速，r/min。

　　K——常数。

上式表明，相似的风机在相似工况下，$\frac{n\sqrt{q_V}}{p_{20}^{3/4}}$ 相等。$\frac{n\sqrt{q_V}}{p_{20}^{3/4}}$ 可以反映相似风机之间的特征，是风机的相似特征数，称为风机的比转速，并用 n_y 表示，即

$$n_y = \frac{n\sqrt{q_V}}{p_{20}^{3/4}} \tag{5-35}$$

式中　n——风机的转速，r/min；

　　q_V——风机的流量，m^3/s；

　　p_{20}——标准状态（$\rho = 1.2\text{kg/m}^3$）下通风机的全压，Pa。

当风机进气为非标准状态或非空气时，则需要考虑其密度变化对全压的影响。根据相似定律知，当 D_2、n 不变时，全压和密度的关系为

$$\frac{p}{p_{20}} = \frac{\rho}{\rho_{20}}$$

取 $\rho_{20} = 1.2\text{kg/m}^3$，上式变为

$$p_{20} = p\frac{\rho_{20}}{\rho} = p\frac{1.2}{\rho} \tag{5-36}$$

即

$$n_y = \frac{n\sqrt{q_V}}{\left(\frac{1.2}{\rho}p\right)^{3/4}} \tag{5-37}$$

式中　p——实际工作状态下的全压，Pa；

　　ρ——实际工作状态下的进气密度，kg/m^3。

3. 关于比转速的几点说明

（1）比转速是工况的函数，不同工况下有不同的比转速。若无特殊说明，通常指最佳工况点的比转速。

（2）比转速是一个综合性相似特征数，与转速不同。比转速大的泵，其转速不一定高；而比转速小的泵，其转速不一定低。

（3）由于比转速是由相似定律推导出的，相似的泵或风机其比转速相等；比转速相等的泵或风机却不一定相似。有些泵或风机比转速十分接近，但几何形状却有很大差别。

（4）比转速是有单位的，但通常只取其值。

在使用过程中，特别是在风机设计、选型过程中要注意：有些资料中的比转速压力单位仍沿用公制单位 kgf/m^2，这样使得其风机比转速的计算值比使用国际制单位 Pa 的计算值大 5.54 倍，即 $9.806^{3/4}$ 倍（水泵比转速不存在这样问题）。

（5）比转速计算以单吸单级叶轮为标准。

1）对于双吸单级泵或风机，流量以 $q_V/2$ 代入，即以叶轮单侧流量计算

$$n_s = \frac{3.65n\sqrt{q_V/2}}{H^{3/4}} \tag{5-38}$$

2）对于单吸多级泵或风机，扬程应以 H/i 代入，全压应以 p/i 代入计算

$$n_s = \frac{3.65n\sqrt{q_V}}{(H/i)^{3/4}} \tag{5-39}$$

$$n_y = \frac{n\sqrt{q_V}}{(p/i)^{3/4}_{20}} \tag{5-40}$$

式中　i—叶轮级数。

3）当多级泵第一级为双吸叶轮时，则首级叶轮的比转速为

$$n_s = \frac{3.65n\sqrt{q_V/2}}{(H/i)^{3/4}} \tag{5-41}$$

4. 比转速的应用

（1）比转速可以反映泵与风机的结构特点，可以对叶片式泵与风机进行分类。

根据式（5-32）知，当转速一定时，比转速越小，在输送相同流量情况下，扬程越高。这样，就应增加叶轮外径 D_2，减小叶片出口宽度 b_2，叶轮变得狭长。但实际上由于 D_2/D_0 不能过大，b_2/D_2 也不能过小，超过一定限度则不能采用离心叶轮，因此，通常对离心泵要求 $n_s \geqslant 30$，离心风机要求 $n_y \geqslant 1.8$（用公制单位时 $n_y \geqslant 10$）。

随着比转速的增加，在相同的流量和转速下，扬程应减小。D_2/D_0 减小，b_2/D_2 增大，叶轮变得短而宽。当泵叶轮直径比 D_2/D_0 减小到 1.1 时，叶轮出口出现大量回流，出口边应进行斜切，叶轮应由离心式变为混流式。叶轮出口出现大量回流的原因是：当叶轮内、外径相差很小时，如图 5-3 所示，流线 ab 比流线 cd 短得多，从而导致流体沿流线 cd 获得的能量比沿流线 ab 大得多，于是引起二次回流，损失增加、效率降低。

随着比转速的进一步增大，D_2/D_0 进一步减小。当比转

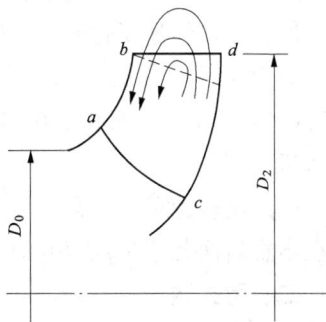

图 5-3　叶轮出口的二次回流

速 n_s >500 时，比值 $D_2/D_0=1$，叶轮进出口直径相等，叶轮由混流式过渡到轴流式。

由此可见，随着比转速的增加，泵与风机的叶轮由离心式变为混流式再变为轴流式。伴随结构变化，泵与风机的性能也相应发生变化，见表 5-3。

表 5-3　　　　　　　　　　　　泵的比转速与叶轮形状和性能的关系

泵的类型	离心泵			混流泵	轴流泵
	低比转速	中比转速	高比转速		
比转速 n_s	$30<n_s<80$	$80<n_s<150$	$150<n_s<300$	$300<n_s<500$	$500<n_s<1000$
叶轮形状					
尺寸比 D_2/D_0	≈3	≈2.3	≈1.8~1.4	≈1.2~1.1	≈1
叶片形状	柱形叶片	入口处扭曲、出口处柱形	扭曲叶片	扭曲叶片	翼形叶片
性能曲线形状					

低比转速泵与风机其扬程-流量（H-q_V）、全压-流量（p-q_V）曲线较平坦，变化较缓慢；由于流量增加而能头减小不多，所以轴功率上升较快，轴功率-流量（P-q_V）曲线较陡，效率-流量（η-q_V）曲线较平坦。

当比转速较高时，H-q_V（p-q_V）曲线较陡，下降较快；P-q_V 曲线上升较缓慢；η-q_V 曲线变化较剧烈，且高效区窄。

当比转速高达一定程度后，H-q_V（p-q_V）曲线会出现倒 S 形，P-q_V 曲线甚至会随流量的增加而下降；η-q_V 曲线也急剧变化。

风机的比转速变化时，其叶轮结构和性能的变化规律也是相同的。

对于风机，当 n_y <1.8（10）时，一般不采用叶片式风机而采用其他形式的风机；当 2.7（15）< n_y <16.6（90）时，则采用离心式风机；当 n_y >18（100）时，一般采用轴流式风机。

（2）比转速可用于泵与风机的选型和相似设计。比转速用于泵与风机的选型和相似设计将在本章后面几节中加以介绍。

二、型式数

比转速是一个有因次的相似准则数，由于不同国家使用的单位不同，因而其通用性受到很大限制，所以，国际标准化组织定义了无因次比转速，其计算公式为

$$n_{s0} = \frac{n \sqrt{q_V}}{(gH)^{3/4}} \tag{5-42}$$

在无因次比转速基础上，又进一步规定型式数 K 的计算公式为

$$K = \frac{2\pi n \sqrt{q_V}}{60 \, (gH)^{3/4}} \tag{5-43}$$

型式数是无因次参数，具有广泛的通用性。

型式数与比转速可以进行相互换算。对比型式数公式（5-43）和比转速公式（5-32）可以看出：型式数的数值偏小。

【例 5-3】　现有一台双吸水泵，铭牌参数：$n = 1450\text{r/min}$，$H = 22\text{m}$，$q_V = 36\text{m}^3/\text{h}$，求该泵的比转速 n_s。

【解】

$$n_s = \frac{3.65 n \sqrt{q_V/2}}{H^{3/4}}$$

$$= \frac{3.65 \times 1450 \times \sqrt{36/(2 \times 3600)}}{22^{3/4}} = 36.8$$

答：泵的比转速 n_s 为 36.8。

第三节　无因次性能曲线和通用性能曲线

一、无因次性能参数

1. 流量系数 $\overline{q}_V$

相似的泵或风机在相似的工况下有

$$\frac{q_{Vm}}{D_{2m}^3 n_m} = \frac{q_{Vp}}{D_{2p}^3 n_p} = \frac{q_V}{D_2^3 n}$$

上式可变形为

$$\frac{q_{Vm}}{\frac{\pi}{4} D_{2m}^2 \frac{\pi D_{2m} n_m}{60}} = \frac{q_{Vp}}{\frac{\pi}{4} D_{2p}^2 \frac{\pi D_{2p} n_p}{60}} = \frac{q_V}{\frac{\pi}{4} D_2^2 \frac{\pi D_2 n}{60}} = K$$

式中　K——常数。

令

$$\overline{q}_V = \frac{q_V}{u_2 A_2} \tag{5-44}$$

$$u_2 = \frac{\pi D_2 n}{60}$$

$$A_2 = \frac{\pi D_2^2}{4}$$

式中　$\overline{q}_V$——流量系数；

u_2——叶轮圆周速度；

A_2——叶轮圆面积。

显然，$\overline{q}_V$ 是一个无因次的参数，且相似的泵或风机在相似的工况下，其流量系数均相等。

2. 全压系数 $\overline{p}$

相似的泵或风机在相似的工况下有

$$\frac{p_{\mathrm{m}}}{\rho_{\mathrm{m}}\left(\dfrac{\pi D_{2\mathrm{m}} n_{\mathrm{m}}}{60}\right)^2} = \frac{p_p}{\rho_p\left(\dfrac{\pi D_{2p} n_p}{60}\right)^2} = \frac{p}{\rho\left(\dfrac{\pi D_2 n}{60}\right)^2}$$

同样，上式可变形为

$$\frac{p_{\mathrm{m}}}{\rho_{\mathrm{m}} u_{2\mathrm{m}}^2} = \frac{p_p}{\rho_p u_{2p}^2} = \frac{p}{\rho u_2^2} = K$$

令

$$\overline{p} = \frac{p}{\rho u_2^2} \tag{5-45}$$

式中　$\overline{p}$——全压系数；

　　　ρ——流体密度，$\mathrm{kg/m^3}$。

显然，$\overline{p}$ 是一个无因次的参数，且相似的泵或风机在相似的工况下，其全压系数均相等。

3. 功率系数 $\overline{P}$

相似的泵或风机在相似的工况下

$$\frac{P_{\mathrm{m}}}{\rho_{\mathrm{m}} \dfrac{\pi D_{2\mathrm{m}}^2}{4}\left(\dfrac{\pi D_{2\mathrm{m}} n_{\mathrm{m}}}{60}\right)^3} = \frac{P_p}{\rho_p \dfrac{\pi D_{2p}^2}{4}\left(\dfrac{\pi D_{2p} n_p}{60}\right)^3} = \frac{P}{\rho \dfrac{\pi D_2^2}{4}\left(\dfrac{\pi D n}{60}\right)^3}$$

$$\frac{P_{\mathrm{m}}}{\rho_{\mathrm{m}} u_{2\mathrm{m}}^3 A_{2\mathrm{m}}} = \frac{P_p}{\rho_p u_{2p}^3 A_{2p}} = \frac{P}{\rho u_2^3 A_2} = K$$

令

$$\overline{P} = \frac{P}{\rho u_2^3 A_2} \tag{5-46}$$

显然，$\overline{P}$ 是一个无因次的参数，且相似的泵或风机在相似的工况下，其功率系数均相等。

效率本身就是无因次参数，也可由式（5-44）～式（5-46）计算求证，即

$$\eta = \frac{\overline{p}\, \overline{q}_V}{\overline{P}} = \frac{p q_V}{P}$$

由式（5-44）～式（5-46）可知：在相同的转速 n、外径 D_2 下，输送相同的介质，流量系数越大，流量越大；全压系数越大，全压越大；功率系数越大，功率越大。因此，风机的无因次参数可以衡量各种不同形式风机的性能，可以用于设计、选型。

二、无因次性能曲线

用无因次性能参数表示的性能曲线称无因次性能曲线。一般无因次性能曲线是指泵与风机的压力系数、功率系数、效率等随流量系数变化关系的曲线。

相似的泵或风机在相似的工况下，无因次性能参数相同。因此相似的同一系列泵或风机只有一组无因次性能曲线。图 5-4 表示了某系列风机的无因次性能曲线。

如前所述，无因次参数可以衡量各种不同形式泵或风机的性能，因此利用无因次性能曲线可以方便地完成不同类型泵或风机之间的性能比较。目前，无因次性能曲线已广泛应用于风机的设计、选型以及性能换算中。

无因次性能曲线一般要通过有因次性能参数或性能曲线换算获得。如果已知某一类型泵或风机的无因次性能曲线，也可根据式（5-44）～式（5-46）换算出某一具体型号的性能曲线。

三、通用性能曲线

为了设计和选型方便，有时把一台泵或风机在各种不同转速下的性能曲线绘制在一张图上，并标出等效率曲线，称通用性能曲线，如图 5-5 所示。

通用性能曲线可以用试验方法获得也可根据相似定律求得。

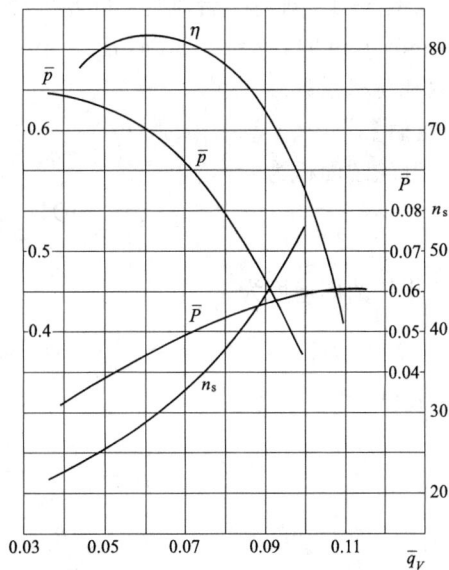

图 5-4　风机的无因次性能曲线

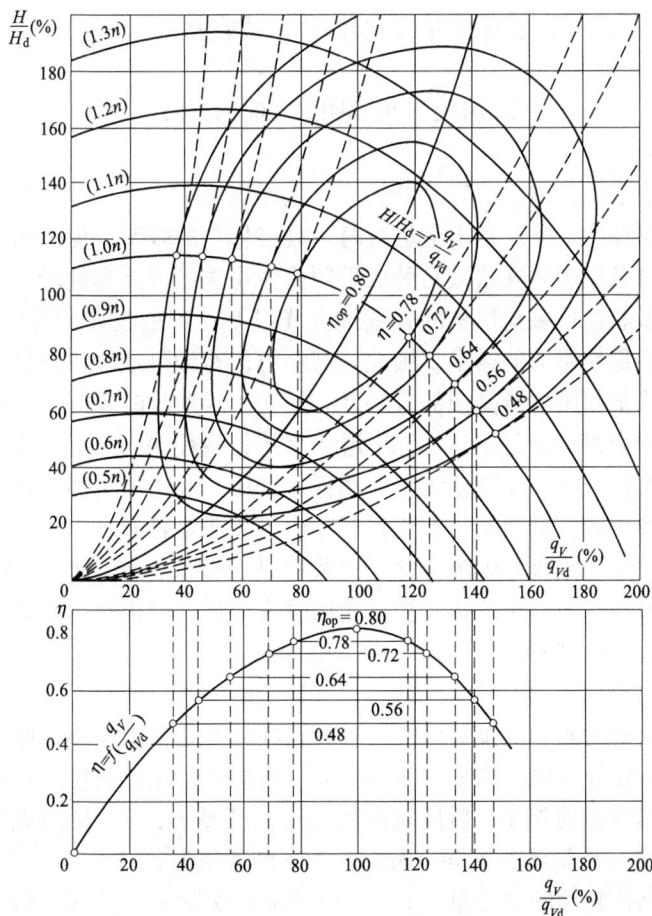

图 5-5　通用性能曲线

【例 5-4】 现有一台风机，叶轮外径 $D_2 = 1\mathrm{m}$，输送密度 $\rho = 1.2\mathrm{kg/m^3}$ 的气体，当转速 $n = 960\mathrm{r/min}$ 时，$p = 1500\mathrm{Pa}$，$q_V = 5\mathrm{m^3/s}$，$P = 24\mathrm{kW}$，求该工况下对应的流量系数、全压系数和功率系数。

【解】

叶轮圆面积为

$$A_2 = \frac{\pi D_2^2}{4} = \frac{3.14 \times 1^2}{4} = 0.785(\mathrm{m^2})$$

出口圆周速度为

$$u_2 = \frac{\pi D_2 n}{60} = \frac{3.14 \times 1 \times 960}{60} = 50.24(\mathrm{m/s})$$

则

$$\overline{q_V} = \frac{q_V}{u_2 A_2} = \frac{5}{50.24 \times 0.785} = 0.127$$

$$\overline{p} = \frac{p}{\rho u_2^2} = \frac{1500}{1.2 \times 50.24^2} = 0.495$$

$$\overline{P} = \frac{P}{\rho u_2^3 A_2} = \frac{24\ 000}{1.2 \times 50.24^3 \times 0.785} = 0.2$$

答：流量系数为 0.127、全压系数 0.495、功率系数为 0.2。

第四节　叶轮的切割与加长

对叶轮进行切割或加长是相似理论的另一个重要应用。

每台泵或风机在设计工况及其附近运行时，具有较高的效率。但有的泵或风机由于选型不当，或受目前泵与风机产品规格及品种的限制而使得选型的配套性较差，或由于装置发生改变等诸多因素的影响，使泵与风机的容量过大或过小。容量过大，将引起调节损失增大；容量过小，又不能满足使用上的需求。因此，需要对已有的泵或风机进行改造。

现场改造离心式泵与风机最简便的方法之一是切割或加长叶轮叶片（通常由于结构方面的限制，水泵只采用切割的方法）。切割叶轮叶片外径将使泵与风机的流量、扬程（全压）及功率降低；加长叶轮叶片外径则使流量、扬程（全压）及功率增加。这种方法理论上比较成熟，简便易行，造价低，见效快，在工程实际中应用非常普遍。

对于大型轴流式泵与风机，因为通常可以采用动叶调节流量，加之设备本身结构复杂，造价昂贵，因此采用切割的方法改造叶轮的实例较为罕见，但也有少数学者对轴流风机的叶轮切割进行过初步的理论探索。

一、切割定律

对定速电动机驱动的离心式泵与风机，若叶轮叶片的切割量较小，则可假设切割前、后叶轮叶片出口安装角和效率保持不变，且切割前、后的叶轮出口速度三角形相似。在上述前提下，可由相似定律导出切割前、后性能参数（q_V、H 或 p，P）的对应关系。根据离心泵比转速 n_s 及离心风机叶轮形状的不同，可分为如下两种情况：

（1）对于中、高比转速的离心泵（$n_s = 80 \sim 350$，实际上 $n_s > 300$ 时为混流泵）及叶轮前盘为锥形或弧形的离心风机，可认为叶轮切割前、后的出口过流面积不变，即 $\pi D_2 b_2 =$

$\pi D_2' b_2'$，如图 5-6（b），则有

$$\frac{q_V'}{q_V} = \frac{D_2'}{D_2} \tag{5-47}$$

$$\frac{H'}{H} = \left(\frac{D_2'}{D_2}\right)^2 \tag{5-48}$$

$$\frac{p'}{p} = \left(\frac{D_2'}{D_2}\right)^2 \tag{5-49}$$

$$\frac{P'}{P} = \left(\frac{D_2'}{D_2}\right)^3 \tag{5-50}$$

式中　　q_V、q_V'——叶轮叶片切割前、后对应的流量；

$\quad\quad$ H、H'——叶轮切割前、后对应的扬程；

$\quad\quad$ p、p'——叶轮切割前、后对应的全压；

$\quad\quad$ P、P'——叶轮切割前、后对应的轴功率。

由于离心泵的比转速范围一般认为是 30～300，而以上公式的适用范围覆盖了离心泵的大部分，并且对于风机，研究表明，即便叶轮切割或加长前、后不满足上式要求的出口过流面积不变的条件，上式较下文的另一组公式仍然具有较高的准确度，因此式（5-47）～式（5-50）是在工程实际中广泛采用的中、高比转速离心式泵与风机的切割定律。

（2）对低比转速的离心式泵（$n_s = 30～80$）及叶轮出口附近的前盘为平直形的离心式通风机，可假定切割前、后叶轮叶片出口宽度不变，即 $b_2 = b_2'$，如图 5-6（a），则有

$$\frac{q_V'}{q_V} = \left(\frac{D'_2}{D_2}\right)^2 \tag{5-51}$$

$$\frac{H'}{H} = \left(\frac{D'_2}{D_2}\right)^2 \tag{5-52}$$

$$\frac{p'}{p} = \left(\frac{D'_2}{D_2}\right)^2 \tag{5-53}$$

$$\frac{P'}{P} = \left(\frac{D'_2}{D_2}\right)^4 \tag{5-54}$$

式（5-51）～式（5-54）称为低比转速离心式泵与风机的切割定律。

必须指出，切割定律与相似定律在本质上是完全不同的。

从本质上讲，式（5-47）～式（5-54）中所示参数 q_V、H、p、P 与 q_V'、H'、p'、P' 之间的关系，并不是切割前、后运行工况点之间的关系，而是切割前、后某对应工况点之间的关系。

由于在实际工程中，往往在切割或加长叶轮叶片之前，并不知道需要将叶轮叶片切割或加长到多少，换句话说，切割或加长量是未知的，并且式（5-47）～式（5-54）中所示参数也不是运行工况点之间的关系，因此不能根据

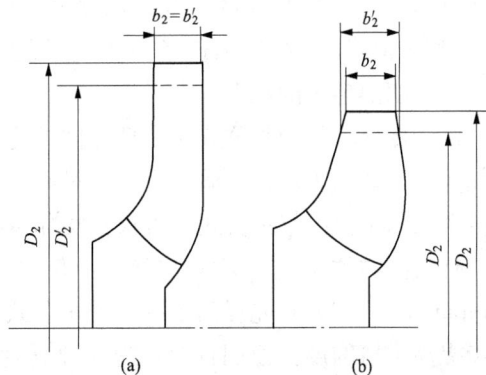

图 5-6　叶轮外径切割

（a）低比转速叶轮；（b）中高比转速叶轮

式（5-47）～式（5-54）计算切割或加长之后的叶轮直径。正确应用上述切割定律还需要进一步了解叶轮叶片切割或者加长前、后的对应工况点所遵循的规律。

对于中高比转速泵与风机，假定叶轮切割前、后的出口过流面积不变，即 $\pi D_2 b_2 = \pi D_2' b_2'$，由式（5-47）及式（5-48）、式（5-49）可得

$$\frac{H'}{q_V'^2} = \frac{H}{q_V^2} = K_D \quad \text{或} \quad \frac{p'}{q_V'^2} = \frac{p}{q_V^2} = K_D'$$

式中　K_D、K_D'——常数。

则

$$H = K_D q_V^2 \tag{5-55}$$

或

$$p = K_D' q_V^2 \tag{5-56}$$

式（5-55）、式（5-56）称为切割抛物线。即对中高比转速的离心式泵及叶轮前盘为锥形或弧形的离心风机而言，其切割前、后的对应工况点均在同一条过坐标原点的切割抛物线上。

对于低比转速泵与风机，假定切割前、后叶轮叶片出口宽度不变，即 $b_2 = b_2'$，由式（5-51）及式（5-52）、式（5-53）可得

$$\frac{H'}{q_V'} = \frac{H}{q_V} = K_D \quad \text{或} \quad \frac{p'}{q_V'} = \frac{p}{q_V} = K_D'$$

即

$$H = K_D q_V \tag{5-57}$$

或

$$p = K_D' q_V \tag{5-58}$$

对于低比转速的离心式泵及叶轮出口附近的前盘为平直形的离心式通风机而言，其切割前、后的对应工况点均在同一条过坐标原点的直线上。

作为一个特例，对于叶轮前盘为锥形或弧形的中高比转速离心风机，管路系统特性曲线经坐标原点时，管路系统特性曲线与过工作点的切割抛物线重合，故叶片切割前、后的运行工况点也就是切割前、后的对应工况点。在这种情况下，无论是已知切割量 $\Delta D = D_2 - D_2'$，求切割前、后工况点流量、全压的变化，还是已知流量、全压的变化，求叶轮的切割量 ΔD，均可由式（5-47）和式（5-49）直接求出。

二、切割定律的修正

由于传统叶片切割公式存在理论推导近似性，其计算精度不高，特别是计算得到的切割量偏大。长期以来，很多研究人员针对离心泵的叶轮切割问题开展了大量的研究工作，提出了多个切割定律的修正公式，可根据实际情况进行选用。

针对抛物线形的泵切割定律式（5-47）、式（5-48）、式（5-50），1957 年斯捷潘诺夫（Stepanoff，A J）首先提出了一个修正公式，该公式后来又经卡拉西克（Karassik I J）进一步提高了精确度。他们认为，对于比转速低于 2500［比转速用式（5-31）计算］的离心泵，需要切割实现的实际叶轮外径为

$$D_2/D_{20} = 0.857 \times (D_{2cal}/D_{20}) + 0.143 \tag{5-59}$$

式中　D_2——经修正后的新叶轮外径；

D_{20}——原始叶轮外径；

D_{2cal}——由式（5-47）或式（5-48）计算得到的叶轮外径。

Girdhar 和 Moniz 在所著的关于离心泵的专著中也建议采用类似的公式进行修正，但他们的公式中采用了与上式不同的系数，即

$$D_2/D_{20} = 0.838 \times (D_{2cal}/D_{20}) + 16.2 \tag{5-60}$$

式（5-60）中符号含义与式（5-59）相同。

另外，ISO 9906—2012《回转动力泵-水力性能验收试验-等级 1、2 和 3》和 GB/T 12785—2014《潜水电泵　试验方法》中都规定：

如果泵的性能高于所需要的值，通常使用切割叶轮的做法使其适应实际需要。对于型式数 $K \leqslant 1.5$ 的泵，且叶轮平均出口直径削减比不超过 5%，同时切割后叶片的形状保持不变（出口角、出口边倾斜度等），可以按下式根据实测的性能曲线绘制切割后的性能曲线，即

$$\frac{q_V}{q_{V0}} = K \tag{5-61}$$

$$\frac{H}{H_0} = K^2 \tag{5-62}$$

$$K = [(D_2^2 - D_1^2)/(D_{20}^2 - D_1^2)]^{0.5} \tag{5-63}$$

式中　D_2——切割后叶轮出口直径；

　　D_1——叶轮入口直径；

　　D_{20}——切割前叶轮出口直径。

由式（5-61）、式（5-62）可知，如果已知所需要的实际运行工况点的参数和管路特性曲线，可以利用式（5-63）采用迭代计算的办法找到所需的切割量，即先假定一个切割后的新叶轮出口直径，然后绘制出切割后的性能曲线，找到其与管路特性曲线的交点，即第一次计算的切割后的运行工况点，如与实际需要不符，则重新假定一个略小的或略大的叶轮出口直径重复上述步骤，直至满足需求为止。

有学者指出，切割叶轮后，泵最佳效率点的效率也需要根据式（5-64）进行修正，即

$$\Delta\eta = \varepsilon(1 - D_2/D_{20}) \tag{5-64}$$

式中　ε——修正系数，对于蜗壳式离心泵（volute pump）取 $0.15 \sim 0.25$，对于导叶式离心泵（diffuser pump）取 $0.4 \sim 0.5$。

三、切割方式

离心式泵与风机由于工作条件及结构等不同，既有共性特点，又有个性差异。因此，在选择切割方式时，应根据共性特点和个性差异，采用相应的切割方式。

（1）切割量的限制。叶轮直径的切割量的确定应以效率不致大量下降为原则，切割量不能太大。对于离心泵，其允许的最大切割量与比转速的关系见表 5-4；对于离心风机，通常

$$\Delta D/D_2 = (D_2 - D_2')/D_2 < 7\% \sim 15\%$$

其中，7% 为叶轮前盘为锥形或弧形风机的相对切割量，15% 为叶轮前盘为平直形风机的相对切割量。

表 5-4　　　　　　　　　　　不同比转速离心式和混流式泵的最大切割量

泵的比转速 n_s	60	120	200	300	350	350 以上
允许的最大切割量 $(D_2-D_2')/D_2$	20%	15%	11%	9%	7%	0
效率下降值	每切割 10%效率下降 1%			每切割 4%效率下降 1%		一般不切割

（2）分次切割、一次加长的原则。因为切割公式是近似的，会有较大误差，所以在切割时应留有余地，分 2～3 次切割；每次切割后应经现场测试核算，以防切割过量致使泵与风机的出力不够。

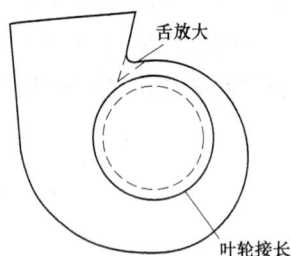

图 5-7　蜗舌间隙放大

离心风机的叶片经常采用加长的方法。叶片的加长一般按原方向，保持出口安装角 β_{2a} 不变，若加长量在 5%以内，应一次加长，以免影响叶轮强度。叶轮直径放大后，蜗舌和叶轮间的间隙将会减小。如间隙过小，会引起较大的噪声，效率也会略有降低，此时应适当放大间隙（即缩短蜗舌），如图 5-7 所示。同时还应考虑电动机是否会过载而需要更换的问题。离心泵通常只采用切割的方法。

（3）叶片切割后，应对叶轮进行动、静平衡试验。也可根据具体情况，只做静平衡试验。

（4）对于离心风机，其叶片切割有两种方式：一种是前、后盘一起切割；另一种只切割叶片，不切割前、后盘。一般而言，只切割叶片的方式较好，因为不切割前、后盘，余下的前、后盘将形成一个无叶片旋转扩压器，且仍能保持叶轮外径与蜗壳流道间的适当间隙，有利于保持通风机的效率，以弥补叶片切割后引起的效率降低。不过，只切割叶片时，必须保证被切割叶片在前、后盘上不留痕迹。残余的叶片痕迹将形成鼓风损失，使改造后的节能效果下降。类似的，离心风机加长叶片也有两种方式，一种是前后盘和叶片一起加长，如图 5-8 所示；另一种是只加长叶片，前、后盘保留原样，如图 5-9 所示。

(a)　　　　　　　　　　　　　　(b)

图 5-8　离心风机前、后盘与叶片一同加长

(a) G4-73No. 8 风机叶轮加长前；(b) G4-73No. 8 风机叶轮加长后

（5）切割高比转速的离心式泵（实际为混流式泵）时，应把前、后盘切割成不同直径，使前盘的 D_2'' 大于后盘的 D_2'，如图 5-10 所示。切割后叶轮的平均外径 D_{2m}' 为

$$D_{2m}'=\sqrt{(D_2'^2+D_2''^2)/2}$$

（6）对于节段式多级离心式泵，切割时应保留其前、后盘部分，只切割叶片部分。以避

免因导叶内径和叶轮外径之间的间隙过大而导致泵的效率下降。

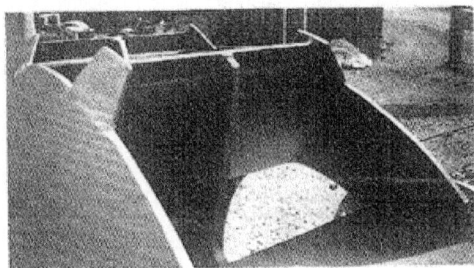

图 5-9　离心风机只加长叶片

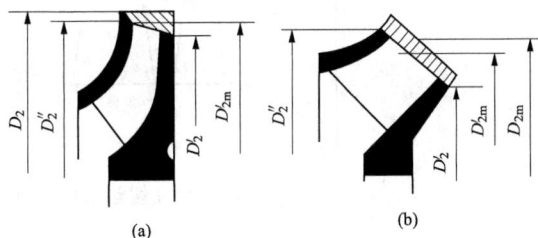

图 5-10　混流泵叶轮的切割方式
（a）斜切割；（b）平行切割

四、轴流风机的叶轮切割

和离心风机类似，如经实际运行发现轴流风机出力过大，也可通过切小其叶轮直径的方法来降低轴流风机的出力和失速（不稳定）区域，达到提高风机运行效率和安全可靠性的目的。但是目前关于轴流风机切短叶片前、后性能参数的变化规律还缺乏深入的研究，尚未出现广泛认可的性能参数换算公式。

部分学者认为，轴流风机切短叶片后，轮毂比 $\dfrac{D_h}{D_2}$ 发生了变化，因此，性能参数的变化主要受轮毂比的增加影响。对于等环量设计的轴流风机，当叶片高度减小即轮毂比增大不太多时，其流量和全压近似遵循的规律为

$$\frac{q_b}{q_a} = \frac{r_b^2 - r_h^2}{r_a^2 - r_h^2} \tag{5-65}$$

$$\frac{p_b}{p_a} = \frac{\eta_b}{\eta_a} \tag{5-66}$$

式中　q_b、p_b、η_b、r_b——叶片切割后（轮毂比增大后）的流量、全压、效率、叶片半径；

　　　　q_a、p_a、η_a、r_a——原风机流量、全压、效率、叶片半径；

　　　　r_h——轮毂半径。

从式（5-65）可知，按等环量设计的轴流风机叶片切割（增大轮毂比）后，其流量的减小与叶轮流道面积的减小成正比。即轮毂比增大后的流量等于原风机流量减去由于流道面积减小而引起的那部分流量。

从式（5-66）可知，当叶轮直径减小前、后风机效率不变时，其全压保持不变。一般当叶轮直径减小不太多时，级效率变化不大，可以近似认为全压不变。因此，当叶轮直径减小后，风机流量减小，全压不变，因而比转速降低，形成了新的风机型号。

值得注意的是，轴流风机叶轮叶片顶尖切短后，叶顶间隙将变大，由轴流风机的损失和效率可知，叶顶泄漏损失将增大，导致风机效率降低。因此，为保证风机效率与叶片切割前相差不大，可在叶片切割的同时，在转子外壳内镶嵌一圆筒或更换一新转子外壳，对转子前后的导叶和外壳不予切短和更换，而采用加装锥体的方法实现平滑过渡，如图 5-11 所示。由此可知，采用此法叶片切短尺寸有限（限制在叶片高度的 10% 以内为宜），否则转子前、后外壳无法过渡。

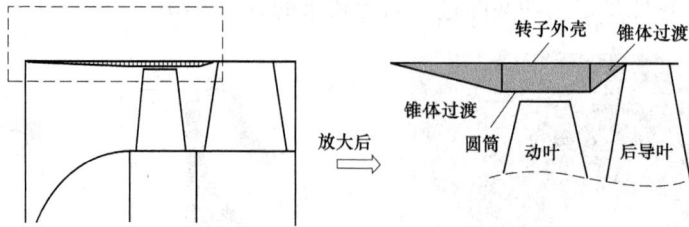

图 5-11　叶片切割后保持叶顶间隙不变的轴流风机结构

有学者针对 OB-84 型动叶可调轴流风机叶片相对切割量分别为 5％、10％、15％ 后的性能进行了数值模拟，结果表明，当相对切割量为 5％且保持叶顶间隙不变时，既能改善风机自身存在的风量裕量较大的弊端，又可以满足风机运行在高效区。计算结果还表明，当管路阻力曲线为通过坐标原点的抛物线时，叶片切割前、后的运行工况点的换算关系近似为

$$\frac{q_b}{q_a} = \sqrt{\frac{D_b^2 - d_h^2}{D_a^2 - d_h^2}} \tag{5-67}$$

$$\frac{p_b}{p_a} = \frac{D_b^2 - d_h^2}{D_a^2 - d_h^2} \tag{5-68}$$

式中　　q_b、p_b、D_b ——叶片切割后（轮毂比增大后）的流量、全压、叶片直径，m；

　　　　q_a、p_a、D_a ——原风机流量、全压、叶片直径，m；

　　　　d_h ——轮毂直径，m。

在原风机的设计工况附近，叶片切割 5％后效率降低约 1％。

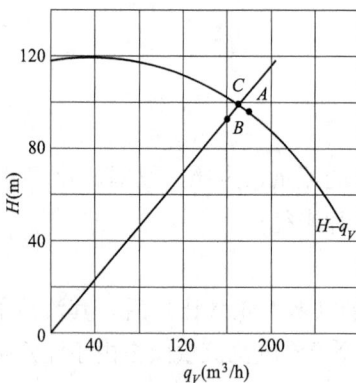

图 5-12　【例 5-5】用图

【例 5-5】　有一离心水泵，叶轮外径为 230mm，转速为 1450r/min，性能曲线绘制于图 5-12 中，其工作点 A 对应的参数：$q_{VA} = 180m^3/h$，$H_A = 95m$，若其叶轮切割后工作点为 B，$q_{VB} = 160m^3/h$，$H_B = 90m$，理论上叶轮外径应切割多少？

【解】

叶轮切割前水泵工作点为 A，则

$$n_s = \frac{3.65n\sqrt{q_V}}{H^{3/4}} = \frac{3.65 \times 1450 \times \sqrt{180/3600}}{95^{3/4}} = 38.9$$

该泵属于低比转速泵，切割曲线为

$$H = K_D q_V$$

由于切割后工作点为 B，且 $q_{VB} = 160m^3/h$、$H_B = 90m$，所以

$$K_D = \frac{H}{q_V} = \frac{H_B}{q_{VB}} = \frac{90}{160} = 0.562\ 5$$

因此，切割曲线为一条直线，即

$$H = 0.562\ 5q_V（q_V 单位为 m^3/h）$$

作出此切割线。

切割线与泵的性能曲线交于 C 点，则 C 点与 B 点即为切割前、后的对应点。

根据切割定律，有

$$D_B = D_C \sqrt{\frac{q_{VB}}{q_{VC}}} = 230 \times \sqrt{\frac{160}{166}} = 225.8 \text{(mm)}$$

$$\Delta D = D_C - D_B = 230 - 225.8 = 4.2 \text{(mm)}$$

答：理论上叶轮外径应切割 4.2mm。

第五节　泵与风机的选择

泵与风机的选择是指在已有的系列产品中，选择一种符合要求的泵与风机。泵与风机的选择主要包括确定泵与风机的型号、台数，以及与之配套的原动机功率等。

本节只介绍选型。

选型一般分三个阶段：计算、选型、校核。选型可以借助相关的表或图完成。

选型原则：

（1）所选的泵与风机设计参数应尽可能地靠近它的正常运行工况点，并根据其调节方式，保证泵与风机能长期地在高效率区内运行。

（2）同等条件下，应选择结构简单、体积小，质量轻的泵与风机。

（3）力求设备运行安全可靠。对水泵来说，应考虑抗汽蚀性能，尽量选择不具有驼峰形状的性能曲线的泵与风机。若无法避免选择具有驼峰性能泵或风机时，则应使其运行的工况点处于下降段，而且压头应低于零流量下的压头，以利于投入同类设备的并联工作。

（4）所选泵或风机，还应满足安装地理位置要求，且与进、出口管路良好配合等。

一、泵的选择

1. 利用泵性能表选择泵

如果已确定水泵的类型或系列，可以用泵性能表来选择泵。表 5-5 为某单级单吸卧式离心泵性能表部分内容。

表 5-5　　　　　　　　　　　**某单级单吸卧式离心泵性能表**

型号	流量 (m³/h)	扬程 (m)	转速 r/(min)	汽蚀余量 (m)	效率 (%)	轴功率 (kW)	质量 (kg)	外形尺寸 (长×宽×高, mm×mm×mm)	吸入口径 (mm)	排出口径 (mm)
IS80-65-125	30	22.5		3.0	64	2.87				
	50	20	2900	3.0	75	3.63	37	485×240×292	80	65
	60	18		3.5	74	3.93				
	15	5.6		2.5	55	0.42				
	25	5	1450	2.5	71	0.48	37	485×240×292	80	65
	30	4.6		3.0	72	0.51				
IS80-65-160	30	36		2.5	61	4.82				
	50	32	2900	2.5	73	5.97	45	485×265×340	80	65
	60	29		3.0	72	6.59				
	15	9		2.5	55	0.67				
	25	8	1450	2.5	69	0.75	45	485×265×340	80	65
	30	7.2		3.0	68	0.86				

型号	流量 (m³/h)	扬程 (m)	转速 r/(min)	汽蚀余量 (m)	效率 (%)	轴功率 (kW)	质量 (kg)	外形尺寸 (长×宽×高， mm×mm×mm)	吸入 口径 (mm)	排出 口径 (mm)
IS80-50-200	30	53	2900	2.5	55	7.87	52	485×265×360	80	50
	50	50		2.5	69	9.87				
	60	47		3.0	71	10.8				
	15	13.2	1450	2.5	51	1.06	52	485×265×360	80	50
	25	12.5		2.5	65	1.31				
	30	11.8		3.0	67	1.4				
IS80-50-250	30	84	2900	2.5	52	13.2	93	625×320×405	80	50
	50	80		2.5	63	17.3				
	60	75		3.0	64	19.2				
	15	21	1450	2.5	49	1.75	93	625×320×405	80	50
	25	20		2.5	60	2.27				
	30	18.8		3.0	61	2.52				
IS100-80-125	60	24	2900	4.0	67	5.86	42	485×280×340	100	80
	100	20		4.5	78	7.00				
	120	16.5		5.0	74	7.28				
	30	6	1450	2.5	64	0.77	42	485×280×340	100	80
	50	5		2.5	75	0.91				
	60	4		3.0	71	0.92				
IS100-80-160	60	36	2900	3.5	70	8.42	67	600×280×360	100	80
	100	32		4.0	78	11.2				
	120	28		5.0	75	12.2				
	30	9.2	1450	2.0	67	1.12	67	600×280×360	100	80
	50	8.0		2.5	75	1.45				
	60	6.8		3.5	71	1.57				
IS100-65-200	60	54	2900	3.0	65	13.6	73	600×320×405	100	65
	100	50		3.6	76	17.9				
	120	47		4.8	77	19.9				
	30	13.5	1450	2.0	60	1.84	73	600×320×405	100	65
	50	12.5		2.0	73	2.33				
	60	11.8		2.5	74	2.61				
IS100-65-250	60	87	2900	3.5	61	23.4	95	625×360×450	100	65
	100	80		3.8	72	30.3				
	120	74.5		4.8	73	33.3				
	30	21.3	1450	2.0	55	3.16	95	625×360×450	100	65
	50	20		2.0	68	4.00				
	60	19		2.5	70	4.44				
IS125-100-200	120	57.5	2900	4.5	67	28.0	88	625×360×480	125	100
	200	50		4.5	81	33.6				
	240	44.5		5.0	80	36.4				
	60	14.5	1450	2.5	62	38.3	88	625×360×480	125	100
	100	12.5		2.5	76	44.8				
	120	11.0		3.0	75	47.9				

续表

型号	流量 (m³/h)	扬程 (m)	转速 r/(min)	汽蚀余量 (m)	效率 (%)	轴功率 (kW)	质量 (kg)	外形尺寸 (长×宽×高, mm×mm×mm)	吸入 口径 (mm)	排出 口径 (mm)
IS125-100-250	120	87	2900	3.8	66	43.0	100	670×400×505	125	100
	200	80		4.2	78	55.9				
	240	72		5.0	75	62.8				
	60	21.5	1450	2.5	63	5.59	100	670×400×505	125	100
	100	20		2.5	76	7.17				
	120	18.5		3.0	77	7.84				
IS125-100-315	120	132.5	2900	4.0	60	72.1	156	670×400×565	125	100
	200	125		4.5	75	90.8				
	240	120		5.0	77	101.9				
	60	33.5	1450	2.5	56	9.4	156	670×400×565	125	100
	100	32		2.5	73	11.9				
	120	30.5		3.0	74	13.5				
IS125-100-400	60	52	1450	2.5	53	16.1	201	670×500×635	125	100
	100	50		2.5	65	21.0				
	120	48.5		3.0	67	23.6				
IS150-125-250	120	22.5	1450	3.0	71	10.4	142	670×400×605	150	125
	200	20		3.0	81	13.5				
	240	17.5		3.5	78	14.7				
IS150-125-315	120		1450				216	670×500×630	150	125
	200	32			78					
	240									

利用泵性能表选型步骤如下：

(1) 确定泵的计算流量和计算扬程：

1) 一般为

$$q_V = (1.05 \sim 1.10)q_{V\max}$$
$$H = (1.10 \sim 1.15)H_{\max}$$

2) 有特殊要求的泵，要根据其实际情况具体确定。如电厂锅炉给水泵，根据 GB 50660—2011《火力发电厂设计技术规程》的有关设计要求为

$$q_V = 1.10q_{V\max}$$
$$H = 1.20H_{\max}$$

(2) 在已确定的水泵系列中查找某一型号。计算流量和计算扬程应与水泵性能表中所列出的具有代表性（一般为中间一行）的流量、扬程一致。若不一致，也应使其在上、下两行工作范围内。如果有两种以上型号的泵都满足计算流量和计算扬程，通常选择 n_s 较高、效率较高、结构尺寸小和质量较轻的泵。

如果在某一类型泵的性能表中，不能选到合适的型号，则应另行选择其他类型的泵；或者选定与计算值相接近的泵，通过切割改造或变速等措施使之符合运行要求。

(3) 选定泵的型号后，要检查泵在系统中运行时流量、扬程变化范围以及是否处在高效区附近。如果运行工况点偏离高效区，需重新选型。

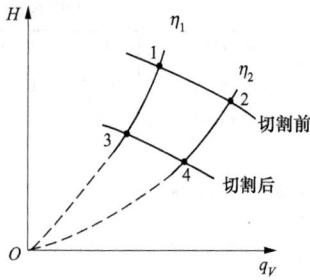

图 5-13　性能曲线的工作范围

2. 利用泵型谱图选择泵

水泵综合性能（型谱）图是将不同型号的所有泵的性能曲线的合理工作范围（四边形）表示在一个图上。这个四边形范围的四条边分别是：叶轮不切割时的 $H\text{-}q_V$ 曲线，在允许范围内切割后的 $H\text{-}q_V$ 曲线，与设计点效率相差不大于 7% 的两条等效率曲线，如图 5-13 所示。

型谱横坐标为流量、纵坐标为扬程，左上角标的是转速，如图 5-14 所示，n_s 为比转速。

利用型谱选型，其步骤如下：

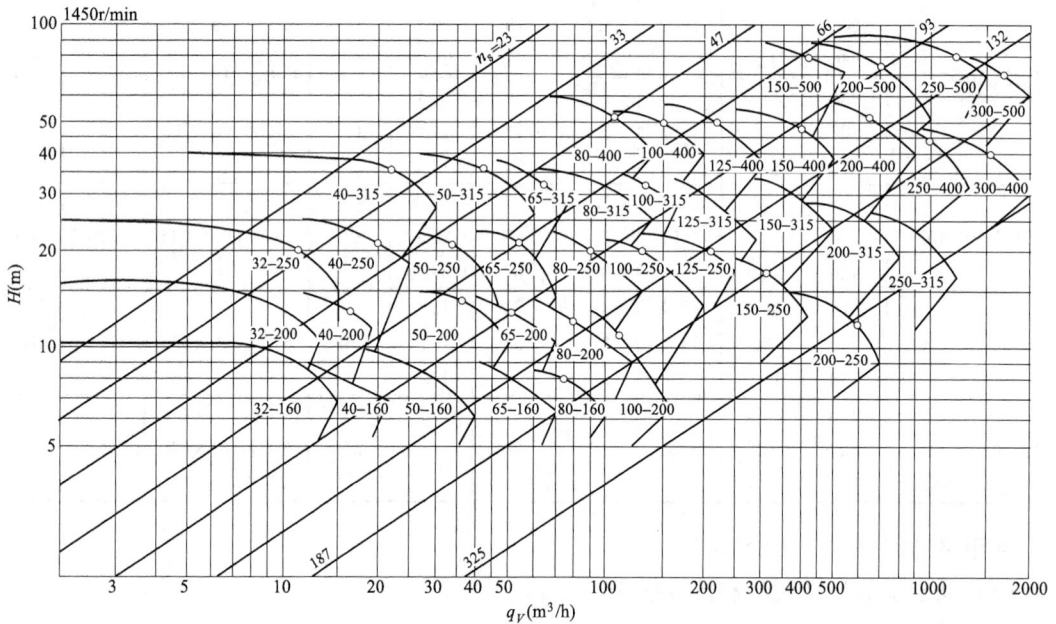

图 5-14　水泵型谱

（1）确定计算流量 q_V 和计算扬程 H。

（2）选定转速 n，计算比转速 n_s。

（3）根据比转速的大小，初步确定泵的类型（包括台数、级数）。

（4）根据所选的类型，在该类型泵的型谱图中根据计算流量和计算扬程选取合适的型号。

（5）结合管路性能、调节方式，检查泵是否在高效区；否则，重复上述过程，直至满意为止。

【例 5-6】　系统需要从水池向敞口水箱输送常温清水，水池水位标高 105m，水箱水位标高 140m，流量为 40m³/h，吸水管路阻力损失为 1m，压水管路阻力为 2.5m，试给该水泵选型。

【解】

（1）确定额定流量、额定扬程。额定流量为

$$q_V = 40\text{m}^3/\text{h}$$

额定扬程为

$$H = (140 - 105) + 1 + 2.5 = 38.5(\text{m})$$

（2）确定选型计算流量、计算扬程。计算流量为

$$q_V = 1.1 \times 40 = 44(\text{m}^3/\text{h})$$

计算扬程为

$$H = 1.15 \times 38.5 = 44.35(\text{m})$$

初步选取 IS 系列单级单吸清水离心泵。

（3）查水泵性能表选型。查表 5-4，初步选取 IS80-50-200 型水泵。

该泵设计流量为 $50\text{m}^3/\text{h}$，设计扬程为 50m，转速 $n = 2900\text{r/min}$，效率为 69%。

（4）校验。从水泵样本或说明书中查出该型号水泵的性能曲线，如图 5-15 所示。

根据系统运行条件，确定管路特性曲线（具体方法将在第六章加以论述），即

$$H_c = (140 - 105) + \frac{2.5}{40^2}q_V^2 = 35 + 0.007\ 47q_V^2$$

绘制管路曲线，水泵的性能曲线与管路曲线的交点为工作点（图 5-15 中的交点）。

工作点在高效区范围，满足要求，选型成功。

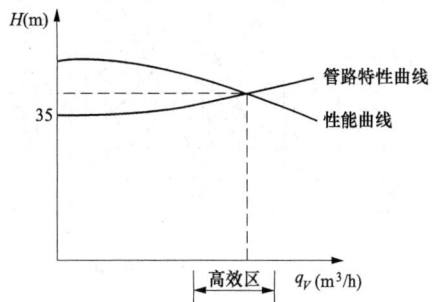

图 5-15　选型校核工作点

二、风机的选择

1. 利用风机性能表选择风机

此方法与利用泵性能表选择泵类似，故不再重复。

2. 利用风机的性能选择曲线选择风机

这是最常用的一种方法。风机选择曲线如图 5-16 所示，它采用对数坐标的方法，把几何相似但叶轮直径 D_2 不同的风机的风压、风量、转速和功率绘在一张图上以供参考。横坐标为流量，纵坐标为全压，图中有三组线：等直径 D_2 线（即等机号线）、等转速 n 线和等功率 P 线。等 D_2 线和等 n 线均通过每一条曲线中的最高效率点，等 P 线则不一定通过性能曲线中的最高效率点。

由于选择曲线是在标准进口状态或制造厂设计工况下作出的，因此在使用时，应先将工作参数化为标准进口状态（或制造厂设计工况）下的参数，然后再查用。

其步骤如下：

（1）确定计算流量 q_V 和计算全压 p。非标准状态要进行转换。

（2）根据用途和要求，大致确定风机类型。

（3）根据计算流量和计算全压，在选择曲线上查找其交点，即可知道所选风机的机号、转速和轴功率。若交点不是刚好落在风机的性能曲线上，一般是在满足风量的条件下，垂直往上找出最接近的两条性能曲线上的点，确定其相应的机号、转速和轴功率。

（4）核查工作点是否处于高效区。对于有两个交点的情况，一般要分别计算，选取其中一种，使其转速较高、叶轮直径较小、运行经济。

3. 利用无因次性能曲线选择风机

（1）确定计算流量 q_V 和计算全压 p，非标准状态要进行转换。

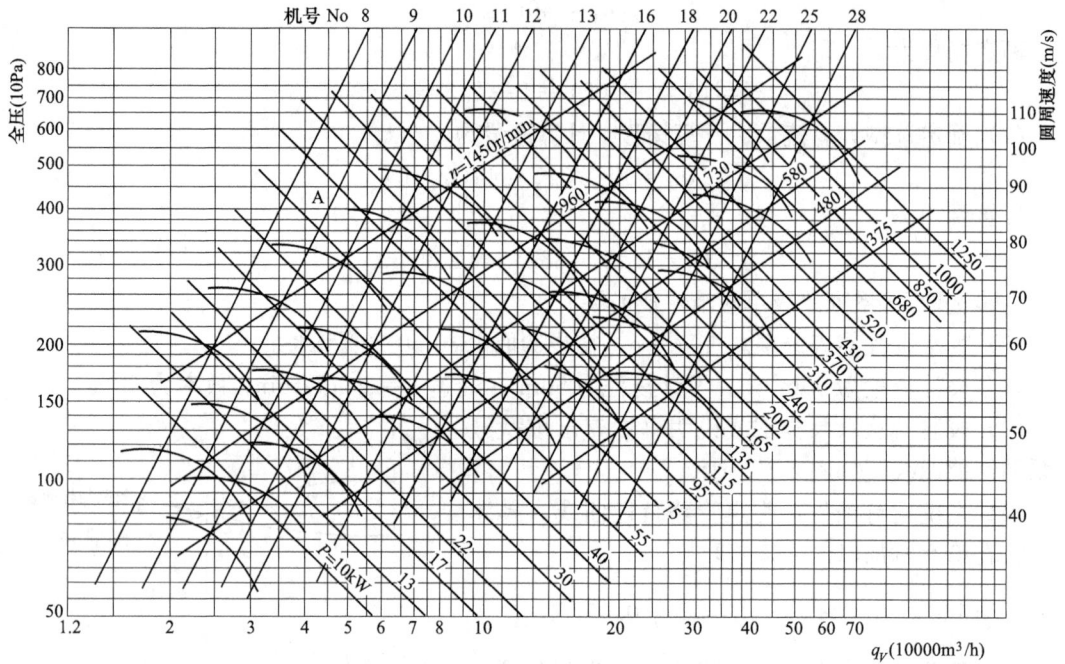

进口温度20℃,进口压力101 325Pa,介质密度1.2kg/m³(轴向导流，导叶全开时)

图 5-16　风机选择曲线

（2）选定转速 n，计算比转速 n_s。

（3）根据比转速的大小和风机的综合性能，确定无因次性能曲线。

（4）利用流量系数和压力系数、流量、全压计算外径 D_2。

（5）从已生产的机号中选用一个与 D_2 相等或相近的叶轮直径 D_2'，误差超过允许值，重新选择。

思 考 题

5-1　力学的相似条件包括哪些？是如何定义的？

5-2　泵与风机的相似定律的适用条件是什么？

5-3　相似定律的表达式如何？

5-4　何谓比例定律？何谓比例曲线？

5-6　比转速的计算公式是如何推导的？

5-7　我国计算比转速的公式是什么？式中各物理量的单位是如何规定的？

5-8　型式数是如何定义的？有何意义？

5-9　为什么可以用比转速对泵与风机进行分类？

5-10　无因次流量系数、压力系数、功率系数是如何定义的？

5-11　何谓通用性能曲线？

5-12　水泵选型原则是什么？

5-13　水泵有哪些选型方法？具体步骤是什么？

5-14　离心式叶轮切割定律的表达式是怎么定义的？

5-15　离心式叶轮的切割方式是怎样规定的？

习　题

5-1　有一离心风机，叶轮外径 $D_2=1.2\text{m}$，转速 $n=1000\text{r/min}$，输送密度为 1.2kg/m^3 的气体，流量为 $10\text{m}^3/\text{s}$，全压为 3600Pa。求与之同一系列但叶轮外径为 1.5m 的风机，在转速为 1200r/min、输送密度为 0.8kg/m^3 的气体时，其流量、全压分别为多少？

5-2　某单级单吸离心泵，其最佳工况点参数：流量为 $7800\text{m}^3/\text{h}$，扬程为 80m，转速为 1450r/min，求其比转速。

5-3　有一多级离心泵，叶轮级数 $i=8$，流量 $q_V=280\text{m}^3/\text{h}$，扬程 $H=1200\text{m}$，转速 $n=2980\text{r/min}$，求：

（1）该泵比转速并说明该泵属于什么类型的泵。

（2）当该泵在 1450r/min 下运转时，比转速为多大？

5-4　有一风机，当转速 $n=960\text{r/min}$ 时，流量为 $18\,700\text{m}^3/\text{h}$，全压为 4280Pa，求其比转速。

5-5　某水泵，转速 $n=2900\text{r/min}$ 时，流量 $q_V=9.5\text{m}^3/\text{min}$，扬程 $H=120\text{m}$；另有一和该泵相似制造的泵，流量 $q_{V1}=38\text{m}^3/\text{min}$，扬程 $H_1=80\text{m}$，问其叶轮转速应为多少？

5-6　现有一水泵：$n=480\text{r/min}$，$H=120\text{m}$，$q_V=5.2\text{m}^3/\text{s}$，功率 $P=9000\text{kW}$，求其型式数。

5-7　有一离心式风机，其叶轮外径为 0.5m，当转速为 900r/min 时，测得该风机流量为 $3\text{m}^3/\text{s}$，全压为 360Pa，轴功率为 1.65kW，如果输送空气密度为 1.25kg/m^3，试求流量系数、全压系数和功率系数。

5-8　风机在转速 $n=1250\text{r/min}$ 时 $p\text{-}q_V$ 性能曲线如图 5-17 所示，若转速下降至 1100r/min，性能曲线将如何变化？

5-9　当转速 $n=750\text{r/min}$ 时，某水泵的 $H\text{-}q_V$ 性能曲线如图 5-18 所示。试绘出当水泵转速升高到 950r/min 时的性能曲线。

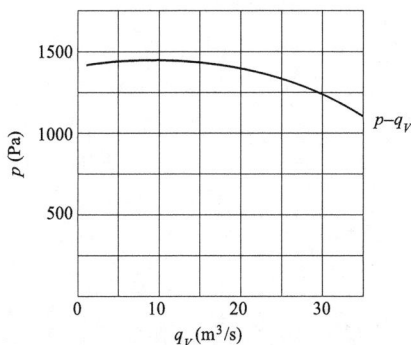

图 5-17　习题 5-8 用图

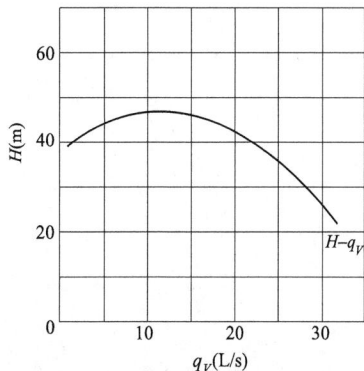

图 5-18　习题 5-9 用图

5-10　某离心风机，转速为 960r/min，风量为 $80\,000\text{m}^3/\text{h}$，全压为 2500Pa，性能曲线

如图 5-19 所示。若通过切割叶轮的方法使其风量减小至 70 000m³/h，全压为 2400Pa。问切割后叶轮直径与原来相比相对变化了多少？

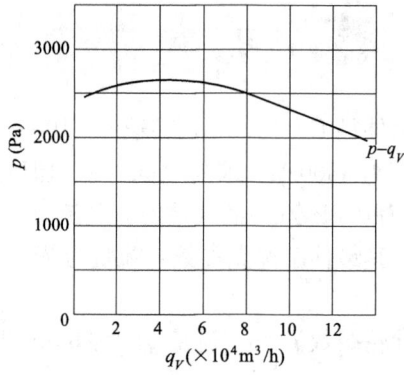

图 5-19　习题 5-10 用图

第六章 叶片式泵与风机的运行

第一节 泵与风机的工作点

泵与风机性能曲线反映了泵与风机自身的性能。泵与风机在管路中工作时，其工作特性不仅取决于其自身的性能，而且还取决于管路系统的特性。

一、管路特性曲线

管路特性曲线就是管路中通过的流量与所需要消耗的能量之间的关系曲线。

现以水泵装置为例，讨论管路特性曲线。

如图 6-1 所示，泵从吸入容器水面 A-A 处抽水，经泵输送至输出容器水面 B-B，其中需经过吸水管路和压水管路。

截面 A-A 与 1-1 间的伯努利方程为

$$\frac{p_A}{\rho g} = \frac{p_1}{\rho g} + \frac{v_1^2}{2g} + H_g + h_{wg}$$

即

$$\frac{p_1}{\rho g} + \frac{v_1^2}{2g} = \frac{p_A}{\rho g} - H_g - h_{wg} \qquad (6\text{-}1)$$

截面 2-2 与 B-B 间的伯努利方程为

$$\frac{p_2}{\rho g} + \frac{v_2^2}{2g} = \frac{p_B}{\rho g} + H_j + h_{wj} \qquad (6\text{-}2)$$

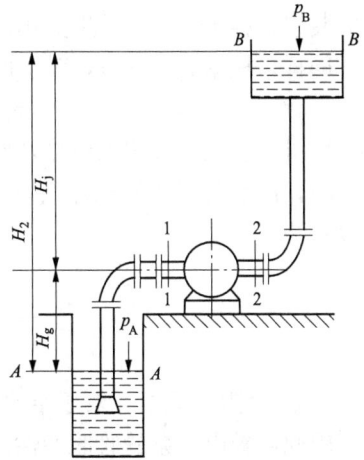

图 6-1 管路系统装置

式中　p_A、p_B——截面 A-A、B-B 处的压力，Pa；

　　p_1、p_2——泵入口、出口截面 1-1、2-2 处的压力，Pa；

　　v_1、v_2——泵入口、出口截面 1-1、2-2 处的平均流速，m/s；

　　　H_g——泵的安装高度，m；

　$h_{wg}^{\cdot}$、h_{wj}——泵吸水管路、压水管路的流动阻力损失，m；

　　　g——重力加速度，m/s^2；

　　　ρ——流体密度，kg/m^3。

式（6-1）、式（6-2）联立，相减后得

$$\frac{p_2 - p_1}{\rho g} + \frac{v_2^2 - v_1^2}{2g} = \frac{p_B - p_A}{\rho g} + (H_g + H_j) + (h_{wg} + h_{wj}) \qquad (6\text{-}3)$$

式（6-3）左端是泵在运行状态下所提供的总能头，右端是管路系统为输送流体所需消耗的总能头，也称为装置扬程，以 H_c 表示，即

$$H_c = \frac{p_B - p_A}{\rho g} + H_z + h_w \qquad (6\text{-}4)$$

$$H_z = H_g + H_j$$

$$h_w = h_{wg} + h_{wj}$$

式中　$\dfrac{p_B - p_A}{\rho g}$ —— 输出、吸入容器截面的压力能头差，m；

　　　　H_Z —— 流体被提升的总高度，即位置能头差，m；

　　　　h_w —— 管路系统中的总阻力损失，m。

式（6-4）右端中的前两项均与流量无关，故称其和为静能头，用符号 H_{st} 表示，即

$$H_{st} = \frac{p_B - p_A}{\rho g} + H_Z \qquad (6\text{-}5)$$

从流体力学知道，管路系统阻力损失 h_w 与流量 q_V 平方成正比。故式（6-4）可写为

$$H_c = H_{st} + \varphi q_V^2 \qquad (6\text{-}6)$$

式中　φ 为阻力系数，对于给定的管路而言，φ 为常数。

式（6-6）即为泵的管路特性曲线方程。可见，当流量发生变化时，管路需要消耗的能量即装置扬程 H_c 也要发生变化。

同样，根据式（6-4），对于风机来说管路需要消耗的能量为 p_c，p_c 可表示为

$$p_c = p_B - p_A + \rho g H_Z + \rho g h_w$$

风机一般处于开式系统中，吸入端与送出端都接近大气压，$p_B - p_A \approx 0$；又因为气体密度很小，高度差形成的气柱压力可以忽略不计，$\rho g H_Z \approx 0$。故风机的管路特性曲线方程可近似表示为

$$p_c = \rho g h_w$$

即

$$p_c = \varphi' q_V^2 \qquad (6\text{-}7)$$

式中　φ' 为阻力系数，对于给定的管路而言，φ' 为常数。

因此可看出，泵的管路特性曲线是一条顶点位于纵坐标轴 H_{st} 处的二次抛物线，风机的管路特性曲线是一条顶点位于坐标原点的二次抛物线，如图 6-2 所示。

二、工作点

将泵本身的性能曲线与管路特性曲线按同一比例绘在同一张图上，则两条曲线相交于某一点，该点即为泵在管路中的工作点，是泵在管路系统中实际运行的工况点。图 6-3 中的 M 点是工作点，该点流量为 q_{VM}，扬程为 H_M，这时泵产生能量等于流体在管路中流动所需要的能量，所以泵在 M 点工作时达到能量平衡，工作稳定。

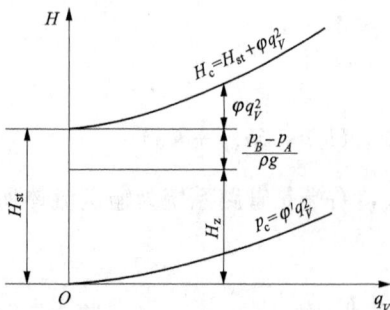

图 6-2　管路特性曲线　　　　　　　　图 6-3　泵的工作点

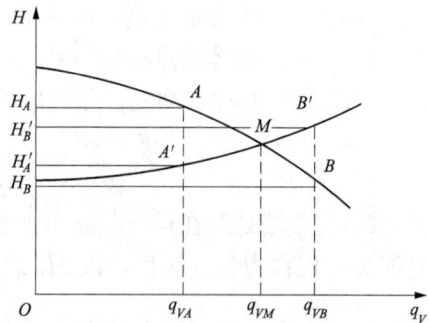

如果水泵不在 M 点工作，而在 A 点工作，此时泵产生的能量是 H_A，由图 6-3 可知，在 q_{VA} 流量下通过管路所需要的能量则为 $H_{A'}$，而 $H_A > H_{A'}$，说明流体的能量有富裕，此富裕能量将促使流体加速，流量则由 q_{VA} 增加，只能在 M 点又重新达到平衡。同样，如果泵在 B 点工作，则泵产生的能量是 H_B，在 q_{VB} 流量下通过管路所需要的能量是 $H_{B'}$，而 $H_B < H_{B'}$，由于泵产生的能量不足，以致使流体减速，流量 q_{VB} 减少，这时工作点必然移到 M 点方能平衡。因此，可以看出，只有 M 点才是稳定工作点。

流体在管路中流动时，都是依靠静压来克服管路阻力的。风机输送的是气体，并有压缩性，导致流速变化较大，但克服阻力仍靠静压，因此，风机工作点一般是由静压性能曲线与管路特性曲线的交点来决定的，如图 6-4 中 M 点所示。

风机工作时，出口风量若直接排入大气，则动压全部损失掉了。若在出口管路上装设扩散器，则可将一部分风机出口动压转变为静压，此静压也可用来克服管路阻力，从而提高风机的经济性。

当泵或风机性能曲线与管路特性曲线无交点时，则说明这种泵或风机的性能过高或过低，不能适应整个装置的要求。

三、工况点的稳定性

某些泵或风机具有驼峰形的性能曲线，如图 6-5 所示。

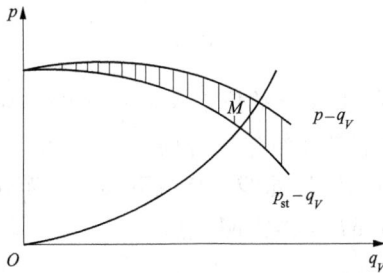

图 6-4　风机的工作点

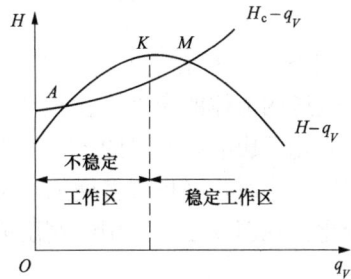

图 6-5　泵与风机的不稳定工作区

图中 K 为性能曲线的最高点。若泵或风机在性能曲线的下降区段工作，如在 M 点工作，则运行是稳定的。但是，若工作点处于泵或风机性能曲线的上升区段，如 A 点，粗看似乎也能平衡工作，但实际上是不稳定的，稍有干扰（如电路中电压波动、频率变化造成转速变化、水位波动，以及设备振动等），A 点就会移动。这是因为当 A 点向右移动时，泵或风机产生的能量大于管路装置所需要的能量，从而流速加大，流量增加，工作点继续向右移动，直到 M 点为止才稳定运转；当 A 点向左移动时，泵或风机产生的能量小于管路装置所需要的能量，则流速减慢，流量降低，工作点继续向左移动，直到流量等于零无输出为止。这就是说一遇干扰，A 点就会向右或向左移动，而且再也不能回复到原来的位置，故 A 点称为不稳定工作点。如果泵或风机的性能曲线没有上升区段，就不会出现工作的不稳定性，因此，泵或风机应当设计成性能曲线只有下降形的。若泵或风机的性能曲线是驼峰形的，则工作范围要始终保持在性能曲线的下降区段，这样就可以避免不稳定的工作。具有驼峰形的性能曲线，通常以最大总扬程，即驼峰的最高点 K 作为区分稳定与不稳定的临界点，K 点左侧称为不稳定工作区域，右侧称为稳定工作区域，在任何情况下，都应该使泵或风机保持在稳定区工作。

四、影响泵与风机工作点的一些因素

1. 吸入空间（压出空间）压力（位高）变化的影响

当泵与风机的吸入空间或压出空间的压力发生变化，或高度发生变化时，不影响泵本身性能，但影响管路系统性能。此时静扬程的变化，导致管路特性曲线向上或向下平移，从而工作点发生变化，如图 6-6 所示。图中 M 是原工作点，M' 是变化后的工作点。

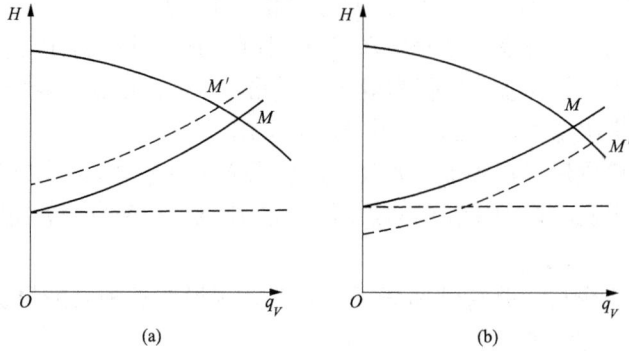

图 6-6　吸入空间（压出空间）压力（位高）变化的影响
（a）吸水池液面或液面压力下降（压水池液面或液面压力上升）；
（b）吸水池液面或液面压力上升（压水池液面或液面压力下降）

2. 密度变化的影响

当所输送的流体的密度发生变化时，对泵与风机的工作点的影响是不一样的。对泵来说，密度变化不影响泵本身的 H-q_V 性能曲线，但影响管路系统中的静扬程。

当密度减小时，静扬程将增加；反之，则减少。管路特性曲线上移或下移，从而导致工作点的变化。在图 6-7（a）中，密度减小，泵工作点由 M 点移到 M' 点。

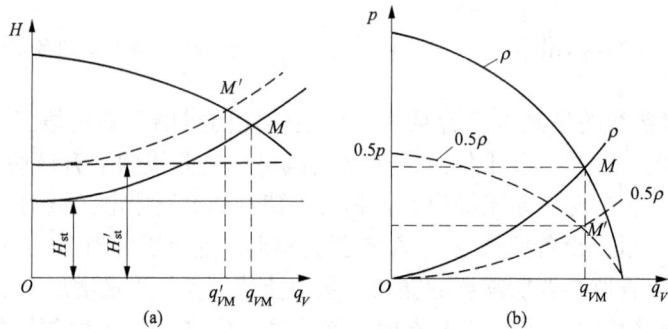

图 6-7　密度变化的影响
（a）密度减小泵工作点变化；（b）密度减小风机工作点变化

对于风机来说，密度变化不仅影响风机本身的性能曲线，同时也会使管路特性曲线发生变化。当密度减小时，工作点的变化如图 6-7（b）所示，即由 M 点移到 M' 点。

3. 流体含固体杂质时工作点的变化

当流体含有固体杂质时，会使流体的密度和浓度增加，流体密度的变化对泵与风机工作点的影响前面已讨论过。浓度的影响与固体杂质颗粒的大小有关。颗粒大时，产生颗粒间碰

撞以及颗粒与管壁、流道间的碰撞与摩擦，导致流动阻力增加。当输送的流体杂质颗粒很小且分布均匀时，流动阻力损失则相对较小。

除此之外，流体的黏性变化，管路结垢、积灰、结焦、泄漏、堵塞等都会影响泵与风机的工作点。

【例 6-1】　某供水系统如图 6-8 所示，已知水的提升高度 H_z 为 5m，吸水水面的压力为大气压，出水水面的表压力为 0.1MPa，水的密度为 1000kg/m³，泵的 H-q_V 性能曲线如图 6-9 所示，泵的流量 q_V 为 15L/s。

（1）试计算此时的管路流动阻力损失 h_w，并画出管路特性曲线。

（2）其他条件不变，如吸水面水位升高了 2m，试计算此时的输送流量（忽略水位变化对管路特性常数 φ 的影响）。

（3）其他条件不变，如出水面的表压升高到 0.12MPa，试计算此时的输送流量以及管路流动阻力损失 h_w。

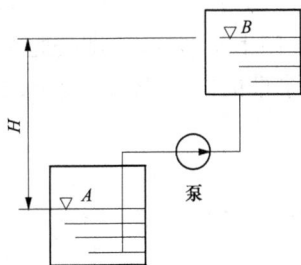

图 6-8　供水系统

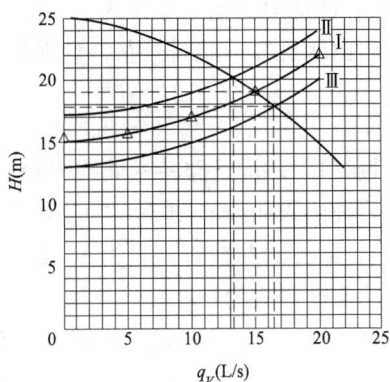

图 6-9　水泵性能曲线

【解】

（1）已知流量 q_V 为 15L/s，查泵的 H-q_V 性能曲线，得此时泵的扬程 H 为 19m。

由题意知

$$H = H_c = \frac{p_B - p_A}{\rho g} + H_Z + h_w$$

管路流动损失 h_w 为

$$h_w = H - \frac{p_B - p_A}{\rho g} - H_Z = 19 - \frac{0.1 \times 10^6}{1000 \times 9.8} - 5 = 3.8 (\text{m})$$

管路的特性常数 φ 为

$$\varphi = \frac{h_w}{q_V^2} = \frac{3.8}{15^2} = 0.016\ 889\ [\text{m}/(\text{L/s})^2]$$

此时管路特性曲线的方程式为

$$H_c = \frac{p_B - p_A}{\rho g} + H_Z + \varphi q_V^2$$

$$= \frac{0.1 \times 10^6 - 0}{1000 \times 9.8} + 5 + 0.0168\ 89 q_V^2 = 15.2 + 0.016\ 889 q_V^2$$

用该方程式计算出管路特性曲线的五个坐标点，见表 6-1。

表 6-1   **管路特性曲线上的点**

q_V	(L/s)	0	5	10	15	20
H_c	(m)	15.2	15.6	16.9	19.0	22.0

在图 6-9 中标出上述各点（如图中的△所示），然后用光滑的抛物线将它们连接起来，这条抛物线就是所要画的管路特性曲线，如图 6-9 中的曲线 I 所示。

（2）由题意知，此时管路特性曲线的方程式为

$$H_c = \frac{0.1 \times 10^6 - 0}{1000 \times 9.8} + 3 + 0.016\,889 q_V^2 = 13.2 + 0.0168\,89 q_V^2$$

比较（1）题的管路特性曲线方程式，可知，将曲线 I 向下平移 2m，即是此时的管路特性曲线，画出该曲线如图 6-9 中的曲线 II 所示，查出它与泵性能曲线 H-q_V 交点的横坐标为 16.4L/s，即此时的输送流量为 16.4L/s。

（3）由题意知，此时管路特性曲线的方程式为

$$H_c = \frac{0.12 \times 10^6 - 0}{1000 \times 9.8} + 5 + 0.016\,889 q_V^2 = 17.2 + 0.016\,889 q_V^2$$

比较（1）题的管路特性曲线方程式，可知，将曲线 I 向上平移 2m，即是此时的管路特性曲线，画出该曲线如图 6-9 中的曲线 III 所示，查出它与泵性能曲线 H-q_V 交点的横坐标为 13.2L/s，即此时的输送流量为 13.2L/s。

管路流动损失为

$$h_w = \varphi q_V^2 = 0.016\,889 \times 13.2^2 = 2.94 (\text{m})$$

第二节　泵与风机运行工况的调节

泵与风机运行工况必须满足外界负荷变化的要求。当外界负荷变化时，泵与风机的工作点也要随之变化。工况调节是指为了适应外界负荷变化而人为地改变工作点。工作点由泵与风机性能曲线和管路特性曲线的交点决定，因此，工况调节的基本原理有改变泵与风机性能曲线，改变管路特性曲线，泵与风机性能曲线、管路特性曲线同时改变。工况调节的具体办法包括出口节流调节、入口节流调节、入口导流器调节、动叶调节、静叶调节、汽蚀调节、变速调节、改变泵与风机并联运行台数等。

一、出口节流调节

出口节流调节是指保持泵与风机转速不变，改变出口管路节流元件（阀门或挡板等）的开度来改变工作点。出口节流调节改变了管路特性曲线。

下面以离心水泵为例说明出口节流调节的过程。

设计工况下管路阀门全开，此时泵性能曲线为 I，管路特性曲线为 II，工作点为 K，如图 6-10 所示。当系统所需流量减小时，关小阀门至某一开度，管路局部阻力系数增加，管路特性曲线变陡，由 II 变为 II′，泵的工作点也由 K 移至 K'。变工况后，泵输出流量由原来的 q_{VK} 减至 $q_{VK'}$。

由图 6-10 可以看出，若不采用出口节流调节，流量为 $q_{VK'}$ 时需要克服的管路阻力为

$H_{K''}$，效率为 η_K；出口节流后，流量为 $q_{VK'}$ 时需要克服的管路阻力为 $H_{K'}$，效率为 $\eta_{K'}$。显然 $H_{K'} > H_{K''}$，其差值 Δh 即为出口管路节流损失。出口节流损失使泵与风机消耗的轴功率增加，效率降低。

出口节流造成的轴功率增加量为

$$\Delta P_j = \frac{\rho g q_{VK'} H_{K'}}{\eta_{K'}} - \frac{\rho g q_{VK'} H_{K''}}{\eta_K}$$

出口节流调节简单、可靠、装置初投资低。但出口节流只能单向调节，即只能朝流量减小的方向进行调节；出口节流损失大，而且随着调节量的增加节流损失更加严重。出口节流调节一般适用于小型离心式泵与风机。

轴流式泵与风机的轴功率随着流量 q_V 的减小而增大，若采用出口节流调节，不但不经济，而且还有可能导致电动机过载，故轴流式泵与风机一般不采用出口节流调节。

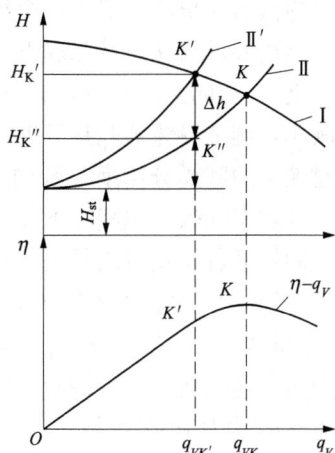

图 6-10　出口节流调节

二、入口节流调节

入口节流调节是指保持泵与风机转速不变，改变入口管路节流元件的开度来改变工作点。由于入口管路节流元件距泵与风机入口较近，入口节流时，管路中速度、压力变化会影响到泵与风机入口流动，从而使泵与风机性能曲线也发生相应变化。入口节流调节既改变了管路特性曲线也改变了泵与风机性能曲线。

下面以离心风机为例说明入口节流调节的过程。

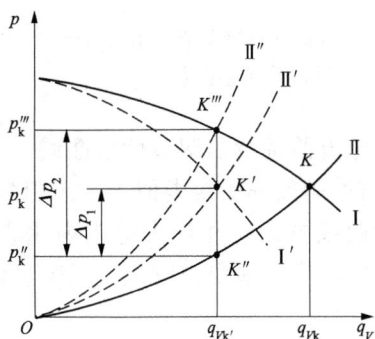

图 6-11　入口节流调节

设计工况下挡板全开，此时风机性能曲线为Ⅰ，管路特性曲线为Ⅱ，工作点为 K，如图 6-11 所示。当系统所需流量减小，关小入口挡板至某一开度，风机性能曲线由Ⅰ变为Ⅰ′，管路特性曲线由Ⅱ变为Ⅱ′，风机的工作点由 K 移至 K'。变工况后，风机输出的流量由原来的 q_{VK} 减至 $q_{VK'}$。

由图 6-11 可以看出，若不采用入口节流调节，流量为 $q_{VK'}$ 时需要克服的管路阻力为 $p_{K''}$；入口节流调节后，流量为 $q_{VK'}$ 时需要克服的管路阻力为 $p_{K'}$。显然 $p_{K'} > p_{K''}$，其差值 Δp_1 即为入口节流损失。

根据前面分析可知，若采用出口节流将流量调节至 $q_{VK'}$，工作点应在 K'''，需要克服的管路阻力为 $p_{K'''}$，出口节流造成的损失为 Δp_2。显然 $\Delta p_1 < \Delta p_2$，故入口节流比出口节流调节要经济些。

入口节流调节简单、可靠、装置初投资低，但也只能单向朝流量减小的方向进行调节。入口节流损失较大，但比出口节流调节经济性好些。

由于入口节流增加了吸入管路的阻力，会增加水泵汽蚀危险，故水泵一般不采用入口节流调节。

三、入口导流器调节

入口导流器调节是指保持转速不变，改变离心风机入口导流器叶片开度来改变工作点。

入口导流器为离心风机的一个组成部分，入口导流器调节改变了离心风机的性能曲线。

当离心风机在设计工况下工作时，入口导流器的安装角为零，叶片全开，此时气流以绝对速度 v_1 径向进入叶轮，绝对速度的圆周分速度 v_{1u} 为零，如图 6-12 所示。当系统所需流量减小，调节导流器叶片开度，安装角从零逐渐增加，入口流速由 v_1 逐渐变化到 v_1'、v_1''，绝对速度的圆周分速度与轴向分速度也相应发生变化，风机入口产生正预旋，风机全压减小，轴功率和效率也相应下降。

同样通过绘图可以得出入口导流器调节比出口节流、入口节流要经济的结论。

在图 6-13 中，当入口导流器安装角由 0°变为 15°及 30°时，工作点由点 1 变为点 2 及点 3，流量由 q_{V1} 变为 q_{V2} 及 q_{V3}，功率由 P_1 变为 P_2 及 P_3。把导流器不同安装角下的各轴功率值用曲线连接起来，即得到不同安装角下的轴功率与流量关系曲线 $P'\text{-}q_V$。入口导流器安装角为 0°时的 $P\text{-}q_V$ 曲线与 $P'\text{-}q_V$ 曲线在各流量下的轴功率差值（图 6-13 中纵剖面线所示），即为入口导叶调节比出口节流调节在各流量下所节省的功率。

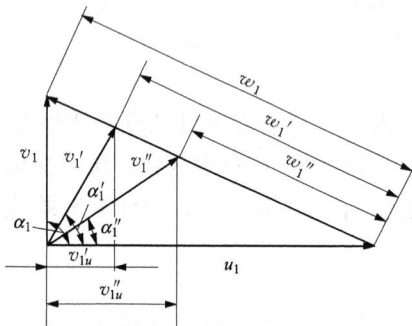

图 6-12 进口导流器调节后入口
速度三角形变化

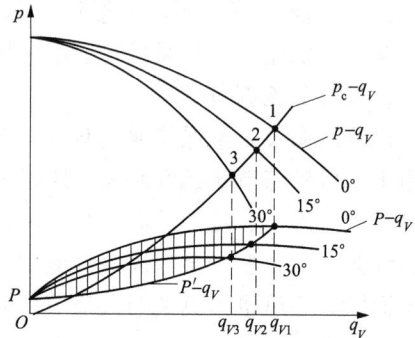

图 6-13 入口导流器调节比出口节流
调节所节省的功率

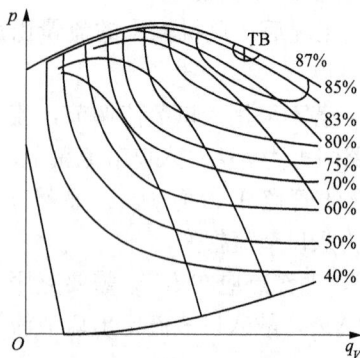

图 6-14 入口导流器调节的
调节性能曲线

图 6-14 所示为入口导流器调节的调节性能曲线。可以看出，入口导流器调节的等效率曲线类似于一簇椭圆，其长轴方向与管路特性曲线方向在相当大范围内垂直，这意味着当工作点变化时，其效率变化较大，很容易偏离高效区。

入口导流器调节构造简单、装置尺寸小、初投资低、运行可靠、维护管理简便、调节效率较高，目前中小型离心式风机工况调节普遍采用这种方式。

四、动叶调节

离心式泵与风机的叶片安装角是固定不动的。在大型轴流式、混流式泵与风机中，为了提高调节性能，其动叶安装角一般可以改变。动叶调节是指保持转速不变，通过改变轴流式、混流式泵与风机的动叶安装角来改变工作点。当轴流式、混流式泵与风机动叶安装角改变时，动叶进口、出口速度随之变化，从而使泵与风机的性能曲线发生改变，如图 6-15 所示。动叶调节改变了泵与风机的性能曲线。

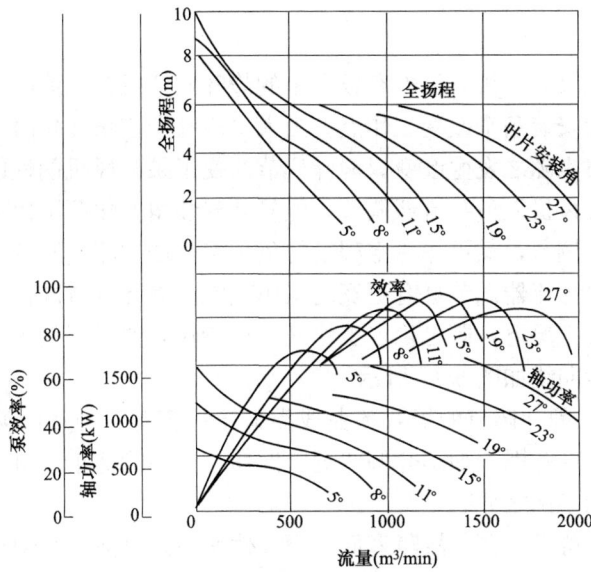

图 6-15　动叶安装角变化后性能曲线

动叶调节时，动叶安装角不但可以向流量减小方向调节，也可以向流量增大方向调节，因此调节范围广。从图 6-15 也可以看出，动叶调节可以起到平行下移性能曲线的效果，这样可避免在小流量下工作点落在不稳定工况区内，不仅增大了工作范围，而且仍可保持较高的运行效率。

由动叶调节的调节性能曲线（如图 6-16 所示）可以看出，动叶调节的等效率曲线也类似于一簇椭圆，但其长轴方向与管路特性曲线方向在相当大范围内平行，这意味着工作点在较大的范围内变化时，其效率变化很小，故调节高效区范围相当宽。

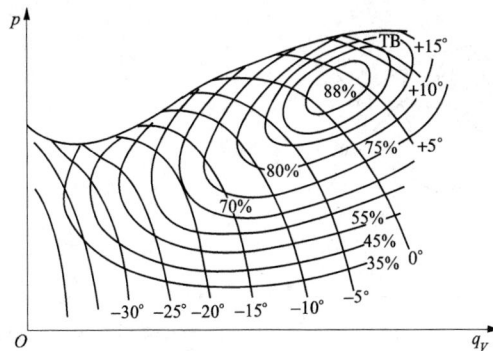

图 6-16　动叶调节的调节性能曲线

动叶调节分为全调和半调两种方式，调节机构有机械传动和液压传动两类，对于大型泵与风机一般采用液压传动。

动叶调节初投资较大，结构相对复杂，调节装置精度要求较高，易出现故障，维护量较大，但调节高效区宽，变工况性能好。大型火力发电厂的轴流式送风机、循环水泵等现已普遍采用动叶调节。

五、静叶调节

有些轴流式、混流式泵与风机入口设有较简单的静叶调节机构。静叶调节是指保持转速不变，通过改变入口静叶安装角来改变工作点。当入口静叶安装角变化时，泵与风机的入口流动发生变化，性能曲线也随之发生改变。静叶调节改变了泵与风机的性能曲线。

静叶调节类似于离心风机入口导流器调节，但静叶安装角变化范围比入口导流器大，既可作正预旋（减小流量）调节，又可作一定程度的负预旋（增加流量）调节。因此，静叶调节比只能作正预旋的入口导流器调节具有更宽的工作范围。静叶调节同样可起到平行下移性能曲线的作用，在小流量工况下，既可稳定工作又可保持较高的运行效率。

静叶调节的调节性能曲线如图 6-17 所示。

由图 6-17 可以看出，静叶调节的等效率曲线类似于一簇圆。与动叶调节相比，沿管路特性曲线方向，调节高效区范围不如动叶调节宽，但变工况性能优于入口导流器调节。

静叶调节也有全调和半调之分。

静叶调节结构简单、可靠、调节故障率低，调节效率高。目前，大型火力发电厂轴流式引风机普遍采用静叶调节。

研究表明，当负荷变化不大时，动叶调节较静叶调节经济性稍好些。负荷变化大时，动叶调节比静叶调节节能效果明显。

六、汽蚀调节

当泵发生汽蚀时，性能发生变化，利用这一特点可以进行工况调节（汽蚀将在本章第四节加以论述）。

在中小型火力发电厂中，凝结水泵常采用汽蚀调节，如图 6-18 所示。当汽轮机负荷降低时，凝汽器热水井中水位降低，凝结水泵发生汽蚀，性能曲线改变，工作点发生变化，流量降低。随着水泵输出流量降低，热水井中水位上升，汽蚀得到改善，输出流量增加，从而流量与汽轮机负荷自动达到平衡。

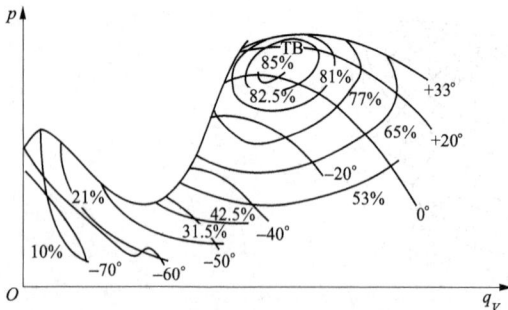

图 6-17 静叶调节的调节性能曲线

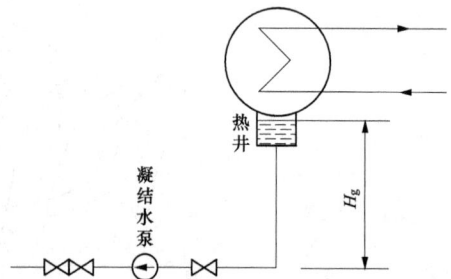

图 6-18 汽蚀调节

汽蚀调节无需任何调节机构，流量调节自动完成；但由于泵内汽蚀会造成泵通流部件的损坏，所以应采用抗汽蚀性能好的材料，且大型机组凝结水泵不宜采用。

七、变速调节

变速调节是指通过改变泵与风机转速来改变工作点。变速调节改变了泵与风机的性能曲线。

根据相似定律，泵与风机转速在一定范围内变化时，流量、扬程（全压）、功率发生相应改变，而效率却基本保持不变，因此变速调节具有较高的经济性。变速后的性能曲线可以通过比例定律换算得到，如图 6-19 所示。

目前，泵与风机变速的具体方式主要有小型汽轮机驱动变速、定速电动机加传动装置变速、变频器变速等。

1. 小型汽轮机驱动

大容量泵与风机的电动机驱动功率过大，为节约能源可以采用小型汽轮机直接驱动。由于避免了机械能与电能的重复转换，其运行经济性明显提高。小型汽轮机驱动的泵与风机可以通过改变汽轮机的进汽量实现无级变速，调节范围平稳、可靠。

目前一般认为，发电厂机组单机容量在 300MW 以上，其锅炉给水泵可以采用小型汽轮机驱动。正常运行时，给水泵汽

图 6-19　变速调节性能曲线

轮机的汽源来自汽轮机的抽汽，由于抽汽压力与外界负荷成正比，而汽动给水泵的输出流量又正比于其转速，所以理论上汽动给水泵的输出流量能自动适应外界负荷的变化。

目前，大容量发电机组的送风机、引风机也有采用小型汽轮机驱动的趋势。

2. 定速电动机加传动装置

在不改变原有驱动方式下，可通过加装传动装置来改变泵与风机的转速。目前，普遍采用的方式是定速电动机加液力耦合器调节。

液力耦合器是一种以液体（主要是油）为工作介质的非刚性联轴器，通过机械能和液体动能相互转化，从而实现原动机与工作机械的动力传递。液力耦合器又称液力联轴器或液体动力驱动装置（The Hydrokinetic Drive，HKD），按其应用特性可分为普通型、限矩型和调速型。

调速型液力耦合器主要由泵轮、涡轮、勺管室等组成，如图 6-20 所示。

泵轮与涡轮均是具有径向直叶片的工作叶轮。当主动轴（与原动机相连）带动泵轮旋转时，泵轮叶片对工作液体做功，在离心力作用下液体由叶片内侧向外缘流动，形成出口处的高速、高压液流，该液流进入涡轮，冲击涡轮叶片带动涡轮旋转，涡轮带动从动轴（与泵与风机相连）旋转。工作液体在涡轮中由外缘向内侧流动，减速、减压，然后再流回泵轮进口，如此周而复始，形成了液力耦合器工作过程。

改变液力耦合器工作腔中工作油的充满度（即改变勺管的位置）就可在主动轴转速不变的情况下无级地改变从动轴的转速。

液力耦合器调节效率高，能实现无级变速，运行平稳；但系统复杂，造价较高，主要应用于大型泵与风机。

3. 变频调节

随着高压变频技术的成熟，变频调节越来越多地应用于泵与风机中。

目前，绝大多数泵与风机采用异步电动机拖动。由电机学知，异步电动机的转速 n 与交流电动机的同步转速 n_1、电源频率 f_1、磁极对数 p 及异步电动机的转差率 S 之间的关

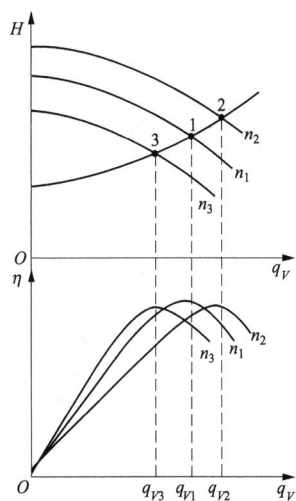

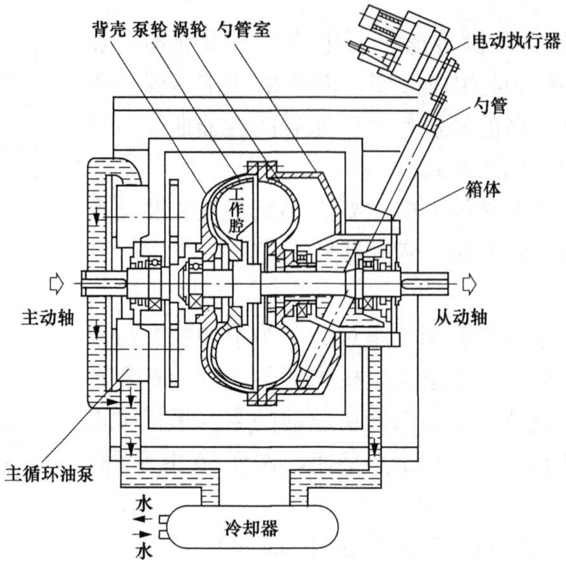

图 6-20 液力耦合器工作原理

系为

$$n = n_1(1-S) = \frac{60f_1}{p}(1-S) \tag{6-8}$$

异步电动机正常运行时，转差率 S 很小。由式（6-8）可知，若磁极对数 p 一定，则异步电动机的转速 n 基本上与电源频率 f_1 成正比。基于这一原理，可用变频电源即变频器实现变速调节。

变频器一般可分为交-直-交变频器和交-交变频器两类。交-交变频器的输出最高频率只能达到工频电源频率的 $1/3 \sim 1/2$，因此，它只适用于低转速、大功率的拖动系统。

交-直-交变频器先将工频交流电经整流器整流成直流电，然后再把直流电经逆变器变成频率可调的交流电。为了能够获得良好的电动机调速特性，必须同时调节电动机定子频率和相电压，称为变频调速的协调控制。目前，泵与风机调速用的变频器绝大多数都是交-直-交变频器。

变速调节的主要优点是没有节流损失、泵与风机在很大范围内能够保持高效、变工况性能好。现代高参数、大容量电站机组的泵与风机常采用变速调节方式，以提高运行经济性。由于变速调节的初投资较大、检修运行技术要求高，小型泵与风机一般很少采用。

另外，通过增加、减少泵或风机并联运行的台数也是进行工况调节的一种方法。当外界负荷变化较大时，可增加、减少一台或数台泵或风机的运行来适应外界负荷变化的要求。这样，可以保证只有一台泵或风机进行工况调节，而其他均在设计工况下运行，经济性较高。泵或风机并联运行不但可以调节工况，而且还可保障设备安全、经济、可靠运行，具体内容将在本章第三节加以论述。

【例 6-2】 水泵在 $n = 1450\text{r/min}$ 时的性能曲线绘于图 6-21 中，若要水泵输出流量 $q_V = 40\text{L/s}$，转速应变为多少？已知管路特性曲线方程 $H_c = 10 + 8000q_V^2$（q_V 的单位以 m^3/s 计算）。

【解】　设变速后工作点为 A，转速为 n_1，变速前泵转速为 n_0。

（1）计算变速后工作点 A 的参数。根据管路特性方程 $H_c = 10 + 8000q_V^2$ 可知，当 $q_{VA} = 40\text{L/s}$ 时，$H_A = 22.8\text{m}$，即 A 点坐标为（40，22.8）。

（2）确定过 A 点的相似抛物线为

$$K = \frac{H_A}{q_{VA}^2} = \frac{22.8}{0.04^2} = 14\,250$$

即与 A 相似的点均在 $H = 14\,250q_V^2$（单位为 m^3/s）这条相似抛物线上。

（3）绘制相似抛物线。根据相似抛物线方程，在其上任取几点，如点 1、2、3、4、5、6，其坐标列于表 6-2 中。

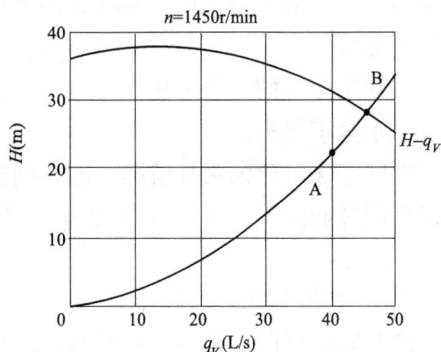

图 6-21　【例 6-2】用图

表 6-2　　　　　　　　相似抛物线上的工况点

点	1	2	3	4	5	6
q_V（L/s）	0	10	20	30	40	50
H（m）	0	1.425	5.7	12.5	22.8	35.6

用光滑曲线连接点 1、2、3、4、5、6，即可得相似抛物线。

（4）确定相似点，求出转速。相似抛物线与 $n = 1450\text{r/min}$ 时的性能曲线交于 B 点，则 A、B 相似，B 点转速为 n_0。

根据图 6-21 可知，B 点流量 $q_{VB} = 45\text{L/s}$

由于 A、B 相似，根据比例定律，所以

$$\frac{q_{VB}}{q_{VA}} = \frac{n_0}{n_1}$$

$$n_1 = \frac{n_0 q_{VA}}{q_{VB}} = \frac{1450 \times 40}{45} = 1289 \text{（r/min）}$$

答：水泵流量为 40L/s 时，转速应变为 1289r/min。

第三节　泵与风机的联合工作

当采用一台泵或风机不能满足流量或能头要求时，往往要用两台或两台以上的泵与风机联合工作。泵与风机联合工作可以分为并联和串联两种。

一、泵与风机的并联工作

并联工作指两台或两台以上的泵或风机向同一压力管路输送流体的工作方式。

一般来说，并联运行的主要目的包括：

（1）一台设备所提供的流量不能满足实际需要，通过并联以增加流量。

（2）当工程改建或扩建，相应需要的流量增大，使原有的泵与风机仍可以使用。

（3）由于外界负荷变化很大，流量变化幅度相应很大，为了发挥泵与风机的经济性，使

其能在高效率范围内工作，往往采用两台或数台并联工作，以增减运行台数来适应外界负荷变化的要求。

（4）从运行的安全可靠性考虑，若其中一台并联设备出现故障时，仍有其余的设备保证运行，不至于停机。

并联工作可分为两种情况，即相同性能的泵与风机并联和不同性能的泵与风机并联，通常以相同性能的泵与风机并联为多，故现以相同性能的泵与风机并联为例介绍并联工作的特点。

（一）相同性能的泵的并联

由并联运行的定义可知：并联后的总流量应等于并联各泵流量之和；并联后的扬程与并联各泵的扬程相等。

由此可见，并联后总的性能曲线是将单独泵的性能曲线在扬程相同的情况下把各自的流量叠加起来得到的。

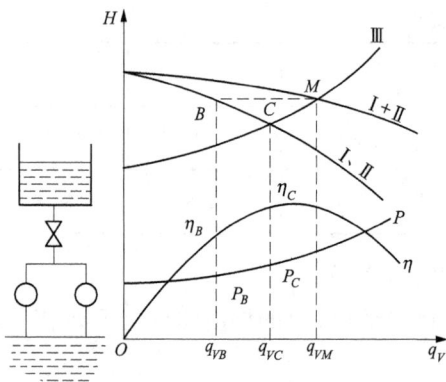

图 6-22　相同性能的泵的并联

图 6-22 所示为两台相同性能的泵并联工作。图 6-22 中曲线 I、II 为泵的性能曲线，III 为管路特性曲线，并联工作后的总性能曲线为 I＋II。管路特性曲线 III 与泵并联后总的性能曲线的交点 M，即为并联后的工作点，此时流量为 q_{VM}，扬程为 H_M。

为了确定并联后单台泵的工况，由 M 点作横坐标平行线与单泵（即 I 或 II）的特性曲线交于 B 点，B 点即为每台泵在并联后的工作点。B 点也就决定了并联后每台泵的工作参数，即流量为 q_{VB}，扬程为 H_B。并联工作的特点是扬程彼此相等；总流量为每台泵输送流量之和，即 $q_{VM}=2q_{VB}$。将并联前每一台泵的参数与并联后每一台泵的参数进行比较：并联前泵单独运行时的工作点为 C（q_{VC}、H_C），而并联后每台泵的工作点为 B（q_{VB}、H_B），由图 6-22 可看出 $H_M=H_B>H_C$，且 $q_{VC}<q_{VM}=2q_{VB}<2q_{VC}$。

这表明：两台泵并联后的流量等于并联后的各台泵流量之和，显然与各台泵单独工作时相比，两台泵并联后的总流量 q_{VM} 小于两台泵单独工作的流量 q_{VC} 的 2 倍，而大于一台泵单独工作时的流量 q_{VC}。并联后每台泵工作的流量 q_{VB} 比单独时的 q_{VC} 小，而并联后的扬程却比一台泵单独工作时要高。这是因为输送的管道仍是原有的，直径没增大，而管道阻力损失随流量的增加而增大了，从而阻力增大，这就需要每台泵都提高它的扬程来克服增加的阻力水头，故 H_M 大于 H_C，流量 q_{VB} 就相应的小于 q_{VC}。另外，管路特性曲线与泵的性能曲线的陡坦程度对泵并联后运行效果影响也很大。管路特性曲线越平坦，并联后的流量就越接近单独运行时的 2 倍，工作就越有利。管路特性曲线越陡，并联效果越差。泵的性能曲线越平坦，并联后的总流量 q_{VM} 反而越小于单独工作时流量 q_{VC} 的 2 倍，因此为达到并联后增加流量的目的，泵的性能曲线应当陡一些为好。

在选择电动机时应根据实际情况加以注意。如果两台泵长期并联工作，应按并联后各台泵的最大输出流量来选择电动机的功率，即每台泵的流量应按 $q_{VB}=0.5q_{VM}$ 来选择而不以单独运行时输出的流量 q_{VC} 来选择，这样可使每台泵均在最高效率点运行。如果并联的台数随扩建递增，总台数增加后，每台泵的容量可能相对过大，运行效率会降低。若考虑到在低负荷只用一台泵运行时，为使电动机不至于过载，电动机的功率就要按单独工作时输出的流量 q_{VC} 来配套。

并联运行时应注意的问题如下：

（1）宜适场合。管路特性曲线 $H_c\text{-}q_V$ 较平坦，自身性能曲线 $H\text{-}q_V$ 较陡。

（2）安全性。对于需要通过改变运行台数来调节流量的泵，应由最大可能的流量决定泵的几何安装高度或倒灌高度，以防止汽蚀的发生；对于离心泵和轴流泵，应按最大可能的轴功率来选择驱动电动机的配套功率，以保证泵运行时驱动电动机不至于过载。

（3）经济性。对于经常处于并联运行的泵，为保证并联泵运行时都在高效区工作，在选择设备时，应使各泵最佳工况点的流量相等或接近，并按并联后的工作点 B 点选择泵。

（4）并联台数。从并联数量来看，台数越多并联后所能增加的流量越少，即每台泵输送的流量减少，故并联台数过多并不经济。

（二）不同性能的泵的并联

图 6-23 所示为两台不同性能的泵并联工作时的性能曲线，图 6-23 中曲线 Ⅰ、Ⅱ 为不同性能泵的性能曲线，Ⅲ 为管路曲线，Ⅰ＋Ⅱ 为并联工作时的总性能曲线，叠加方法与同性能泵并联的方法相同。

过 M 点作水平线，与两台泵的性能曲线交于 A、B 两点，这时并联工作的特点为

$$H_M = H_A = H_B$$

$$q_{VM} = q_{VA} + q_{VB}$$

每台泵单独运行的工作点 C、D 两点，由图 6-23 可知

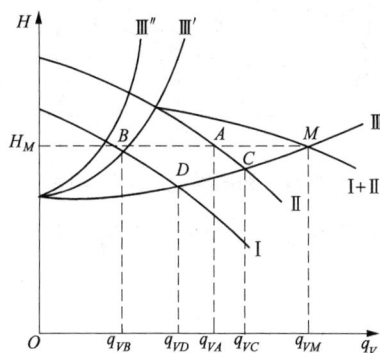

图 6-23 不同性能泵的并联

$$H_M > H_C$$

$$H_M > H_D$$

$$q_{VM} < q_{VC} + q_{VD}$$

上式表明，两台不同性能的泵并联时的总流量等于并联后各泵输出流量之和，而小于单独工作的流量之和，其减少的程度随台数的增加和管路特性曲线变陡而增大。当管路特性曲线变为 Ⅲ′ 时，相当于泵 Ⅰ 不工作；当管路特性曲线变为 Ⅲ″ 时，出现倒灌，系统不能正常工作。不同性能泵并联操作复杂，实际很少使用。

二、泵与风机的串联工作

串联是指前一台泵或风机的出口向另一台泵或风机的入口输送流体的工作方式。串联工作常用于下列情况：

（1）设计制造一台新的高压的泵或风机比较困难，而现有的泵或风机的容量已足够，只是压头不够时。

（2）在改建或扩建的管道阻力加大，要求提高扬程以输出较多流量时。

（3）为防止汽蚀设置前置泵时。

串联也可分为两种情况，即相同性能的泵与风机串联和不同性能的泵与风机串联，现以水泵串联为例，介绍串联工作的特点。

（一）相同性能的泵的串联

由串联运行的定义可知：串联后的总扬程应等于串联各泵扬程之和；串联后的流量与串联运行的各泵的流量相等。

由此可见，串联后总的性能曲线是将单独泵的性能曲线在流量相同的情况下把各自的扬程叠加起来得到的。

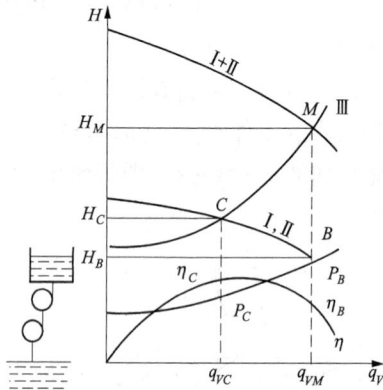

图 6-24   相同性能的泵的串联

如图 6-24 所示，曲线 I、II 分别为两台泵的性能曲线。串联后总的性能曲线为 I ＋ II，它与共同管路特性曲线 III 相交于 M 点，该点即为串联工作后的工作点，此时流量为 q_{VM}，扬程为 H_M。过 M 点作横坐标的垂直线与单独泵的性能曲线交于 B 点，即为每台泵串联工作后各自的工作点，此时流量为 q_{VB}，扬程为 H_B。串联工作的特点是流量彼此相等，总扬程为每台泵扬程之和，即 $H_M = 2H_B$。

将串联前每台泵的参数与串联后每台泵的参数进行比较：

串联前每台泵的单独工作点为 $C(q_{VC} 、 H_C)$，而串联后的每台泵的工作点为 $B(q_{VB} 、 H_B)$，由图 6-24 可以看出：

$$q_{VM} = q_{VB} > q_{VC}$$
$$H_C < H_M < 2H_C$$

这表明，两台泵串联工作后所产生的总扬程 H_M 小于泵单独工作时扬程 H_C 的 2 倍，而大于串联前单独运行的扬程 H_C，且串联后的流量也比一台泵单独工作时大了，这是因为泵串联后一方面扬程的增加大于管路阻力的增加，富裕的扬程促使流量增加。另一方面流量的增加又使阻力增大，抑制了总扬程的升高。管路特性曲线及泵性能曲线的陡坦程度对泵的串联后的运行效果影响很大：管路特性曲线越平坦，串联后的总扬程越小于两台泵单独运行扬程的两倍；同样，泵的性能曲线越陡，则串联后的总扬程也越小于两台泵单独运行扬程的两倍。因此，为达到串联后增加扬程的目的，串联运行方式宜适用于管路特性曲线较陡而泵的性能曲线较平坦的场合。

串联运行时应注意的问题如下：

（1）宜适场合。H_C-q_V 较陡，H-q_V 较平坦。

（2）安全性。对于经常处于串联运行的泵，应由最大可能的流量决定泵的几何安装高度或倒灌高度，以防止汽蚀的发生；对于离心泵和轴流泵，应按最大可能的轴功率选择驱动电动机的配套功率，以保证泵运行时驱动电动机不至于过载。

（3）经济性。对于经常处于串联运行的泵，为保证串联泵运行时都在高效区工作，在选择设备时，应使各泵最佳工况点的流量相等或接近，并按串联后的工作点 B 点选择泵。

（4）启动程序（离心泵）。启动时，首先必须把两台泵的出口阀门都关闭，启动第一台，然后开启第一台泵的出口阀门；在第二台泵出口阀门关闭的情况下再启动第二台泵。

（5）泵的结构强度。由于后一台泵需要承受前一台泵的升压，故选择泵时，应考虑两台泵结构强度的不同。

（6）串联台数。由于串联运行要比单机运行效果差，且运行调节复杂，泵一般避免串联运行，风机一般不采用串联运行。

风机串联的特性与泵相同，但几台风机串联运行的情况不常见，且因在操作上可靠性差，故不推荐采用。

（二）不同性能的泵的串联

如图 6-25 所示，Ⅰ、Ⅱ分别为两台不同性能泵的性能曲线，Ⅰ＋Ⅱ为串联运行后总的性能曲线，串联后总性能曲线是在流量相同的情况下把串联各泵的扬程叠加起来得到的。

串联后的工作点由串联后泵的总性能曲线与管路特性曲线的交点确定。

图 6-25 中表示三种不同陡度的管路特性曲线 1、2、3。当泵在第 1 种管路中工作时，工作点为 M_1，串联运行时总扬程和流量都是增加的。当在第 2 种管路中工作时，工作点为 M_2，这时流量和扬程与只用一台泵（Ⅰ）单独

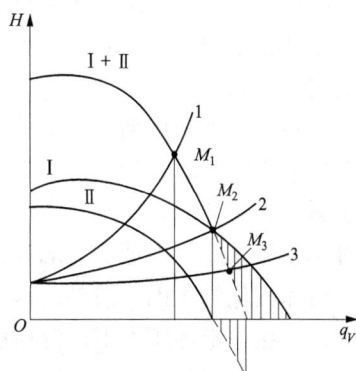

图 6-25　两台不同性能的泵的串联

工作时的情况一样，此时第二台泵不起作用，在串联中只耗费功率。当在第 3 种管路中工作时，工作点为 M_3，这时的扬程和流量反而小于只有Ⅰ泵单独工作时的扬程和流量，这是因为第二台泵相当于装置的节流器，增加了阻力，减少了输出流量。因此，M_2 点可以作为极限状态工作点，只有在 M_2 点左侧时才体现串联工作是有利的。

三、相同性能泵联合工作方式的选择

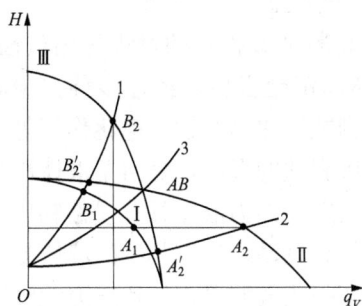

图 6-26　相同性能泵并联或
串联的选择

如果用两台性能相同的泵运行来增加流量，采用两台泵并联或串联方式都可满足此目的，但是，究竟哪种方式有利，要取决于管路特性曲线。图 6-26 中，Ⅰ是两台泵单独运行时的性能曲线，Ⅱ是两台泵并联运行时的性能曲线，Ⅲ是两台泵串联运行时的性能曲线。

图 6-26 中又表示了三种不同陡度的管路特性曲线 1、2 和 3。其中管路特性曲线 3 是这两种运行方式优劣的界线。管路特性曲线 2 与并联时的性能曲线Ⅱ相交于 A_2，与串联时的性能曲线Ⅲ相交于 A_2'，由此看出，并联运行工作点 A_2 的流量大于串联运行工作点 A_2' 的流量，即 $q_{VA_2} > q_{VA_2'}$；另外，管路特性曲线 1 与串联时的性能曲线Ⅲ相交于 B_2，与并联时的性能曲线Ⅱ相交于 B_2'，此时串联运行工作点 B_2 的流量大于并联运行工作点 B_2' 的流量，即 $q_{VB_2} > q_{VB_2'}$，所以，管路系统装置中，若要通过增加泵的台数来增加流量时，究竟采用并联还是串联应当取决于管路特性曲线的陡、坦程度，这是选择并联还是串联运行时必须注意的问题。如图 6-26 中当管路特性曲线平坦时，采用并联方式增大的流量大于串联增大的流量，由此可见，在并联后管路阻力并不增大很多的情况下，一般采用并联方式来增

大输出流量。

第四节　水　泵　汽　蚀

一、汽蚀现象

（一）汽蚀的形成

在现实生活中，泵、水轮机、螺旋桨等许多流体机械都会遇到汽蚀问题，汽蚀现象甚至也广泛存在于非金属世界中。大多数时候汽蚀会给机械装置带来诸多不利的影响，甚至是结构上的损坏和破坏。

早在十九世纪后期，英国物理学家瑞利（Lord Rayleigh 1842—1919）开始研究液体中球形空泡的破溃时，就从理论上推测，螺旋桨和水之间的高速相对运动会产生真空腔，从而影响螺旋桨的性能，在湍急的河流中的岩石表面也会有类似现象。到了十九世纪末，英国皇家海军舰船在航行中证实了瑞利的研究。

液体汽化的原因一般有这样几种：

（1）在一定的压力下，液体的温度高于汽化温度。

（2）在一定的温度下，液体的压力低于汽化压力。

（3）一些其他因素的激发，比如超声波作用于液体会使其产生大量小气泡。

一般来说，液体的温度越高，越容易产生汽化，但是温度过高会使气泡内压力增大，溃灭时有一定的缓冲作用，使汽化的影响减弱。另外，液体的固有性质也对汽化有影响，如液体的表面张力越大，抗拉强度越高，越不容易形成汽化；液体的黏度越大也不容易形成气泡；其他的性质如压缩性等同样也会影响到汽化。实验证实，液体里的杂质会降低液体的抗拉强度，这些杂质中主要是没有溶解的部分气体，有人称之为气核，大量气核的存在会改变液体的结构，使得液体压力还在高于汽化压力的时候就会开始汽化。

液体汽化形成气泡，在液体内发展至溃灭，对过流部件材料造成损坏的过程称为汽蚀。汽蚀的机理和过程非常复杂，并且在各种类型的液体和固体间都会发生。经过多种实验验证，汽蚀是由多种因素共同作用形成的，这些因素包含机械剥蚀、化学腐蚀、电化作用等。

通常，机械剥蚀被认为是造成汽蚀破坏的主要原因。机械剥蚀的形成，是由于液体汽化形成的气泡溃灭时，气体逸出，周围的液体迅速流入留下的空穴。因为液体具有惯性和压缩性，所以当液体充满空穴后，周围液体因惯性而仍在向空穴位置流动，使得其中的液体受到压缩，因为过程非常快、加速度非常大，液体的压缩性也会变得比较明显，导致压力大幅度升高。当液体的流动停止下来以后，空穴位置的流体又会开始向周围膨胀，压力下降，一直到气泡位置的压力小于周围液体的压力。随后，周围的液体会再次向气泡位置流动，再次形成压缩，如此反复下去直至能量衰减（这个过程和管路系统的水击现象有相似的地方，所以有人将其也称作局部水击）。这个过程形成的压力可以高达几十、几百兆帕，压力反复变化的频率可高达 $20 \sim 30 \mathrm{kHz}$，如此高的冲击力会在过流部件的材料表面直接形成蚀坑，而高频率的反复作用会使材料因为疲劳而最终被破坏。还有人认为气泡溃灭时，会引起液体形成流速高达 $100 \sim 300 \mathrm{m/s}$ 的微射流，高速的射流同样也会产生极高的压力和冲击力。另外，因为溃灭过程不断发生，对材料也频繁发生作用。

可见，汽蚀所造成的机械剥蚀是因为材料在局部受到很大的高频作用力，产生疲劳，并逐渐产生局部永久性累积损伤。这个过程在实验观察中被得到证实，在汽蚀刚刚发生阶段，材料会出现被锤击的状态，随着汽蚀进一步持续下去，材料才被破坏。但是，人们又观察到，单纯的机械剥蚀还不能完全解释汽蚀形成的材料破坏，还有其他因素在这一过程中起到重要的作用。

例如，有实验测量到，在汽化过程中气相反应区的瞬间温度可以达到5200K，液相反应区也可以达到1900K，一般认为这是因为气泡溃灭蒸气快速凝结时放出大量热量所致。这些热量甚至可以使金属材料局部熔化，从而形成破坏。同时，液体中逸出的氧气也会与高温共同作用对金属材料造成腐蚀。镍铬不锈钢是抗汽蚀性能非常好的金属材料，其中一个原因就是这种材料的耐高温性能比较优秀，这也从另一个侧面反映汽化所产生的高温对材料的影响。

再如，汽蚀对金属材料形成冲击时，冲击中心的金属温度升高并且局部受力，而周围金属温度较低且未受冲击，这样形成热电偶产生电流，电流会形成电解作用导致材料破坏，因此有时人们会采用阴极保护来防止金属材料的电化腐蚀。另外，汽化时强烈的内摩擦也会形成电荷，甚至可以在气泡内因为放电产生发光现象。

可以看出，汽蚀对泵内过流部件材料的破坏是比较严重也是相当复杂的，汽蚀严重的地方，这些材料会产生脱落、剥离、破损，严重影响使用。

（二）汽蚀对泵的影响

在叶片式泵中，比较容易出现汽蚀现象的部位是：叶轮叶片的入口处，这里是泵内部压力最小的部位，也是最容易发生汽蚀的地方；叶轮和泵外壳的间隙，这里液体的流速快、压力较低，也容易出现汽蚀；吸水管道出口，这里较易形成包含蒸汽和其他气体空腔的涡带，空腔内压力较小并在吸水管道中旋转，引起振动和噪声，形成汽蚀；过流部件表面不平整处，会导致局部流速的变化并形成损失，导致汽蚀。

对于泵来说，汽蚀主要会带来如下几个方面的影响。

1. 引起振动和噪声

在汽蚀发生的过程中，气泡溃灭会产生冲击和噪声，并有较大的压力脉动。如果脉动的频率和泵的部件产生共振，甚至会使泵剧烈振动。

2. 对泵材料造成破坏

如前所述，汽蚀会破坏泵的过流部件的材料，缩短泵的使用寿命，增加维修维护成本，严重时会引起安全事故。

3. 对泵性能产生影响

汽蚀对叶片式泵的性能影响主要是会改变泵的性能参数和性能曲线，会使 H-q_V、ηq_V 曲线均出现不同程度的改变，这需要从两个方面来看待。

一方面，汽蚀的不同阶段泵的表现不同。在泵内汽蚀的初始阶段，泵的性能并没有明显的变化。但是随着汽蚀发展到一定程度以后，液体内会出现大量气泡，这些气泡占据了叶轮流道内的空间，使得液体的有效流动截面大大缩小，液体在叶轮里流动就受到了很大的阻碍、甚至中断，这时泵的 H-q_V、ηq_V 曲线会出现突然向下转折的情况，被称为"断裂工况"，如图6-27（a）所示。

另一方面，汽蚀对不同的泵的影响是不同的。低比转速的离心式泵的叶轮，在结构上一般会呈现叶轮外径相对较大而宽度相对较小的特点，因此流动通道会显得比较狭窄，当汽蚀

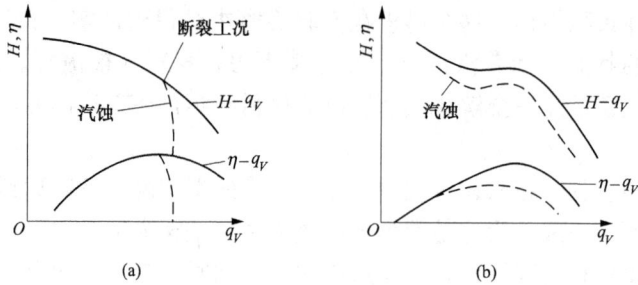

图 6-27 水泵汽蚀性能曲线的变化

(a) n_s 较低；(b) n_s 较高

发生的时候，大量的气泡会更容易堵塞流动通道，使得性能会受到非常明显的影响。但是，高比转速的离心式泵以及轴流泵，流动通道相对都比较宽阔，当汽蚀发生时，气泡对液体的阻塞作用也相对较小，对性能曲线的影响也没有那么明显，如 6-27（b）所示。

4. 对安全性的影响

对于一些输送易燃易爆液体的泵来说，例如喷射泵，汽蚀所带来的振动、气泡溃灭过程中的各种复杂变化，都会给输送过程带来明显的安全隐患。

二、汽蚀性能参数

（一）允许吸上真空高度 $[H_s]$

1. 压力最低点

泵内的压力最低点是最容易出现汽蚀的地方，一般液体在流入叶轮以后，叶轮开始对液体做功，使其压力得以提高，所以压力最低点通常会出现在叶轮入口处附近。这是因为：泵的吸入室的截面一般是收缩的，此段的液体处于增速、减压的过程；液体在吸入室内流动会产生流动损失。

另外，还要考虑两方面的问题：叶片式泵的叶片非工作面压力会小于工作面压力；在卧式泵的叶轮入口处存在一定的高度差，其中高度较大的点静压会较低。因此，叶片式泵的泵内压力最低点，通常是在液体刚刚进入叶轮流道后高度最高的非工作面附近。同时，考虑液体在泵内的间隙内流动时也会产生较大的阻力损失，泵内间隙也是容易出现压力最低点的位置。

2. 安装高度与吸上真空高度

以一台水泵从吸水池吸水为例。

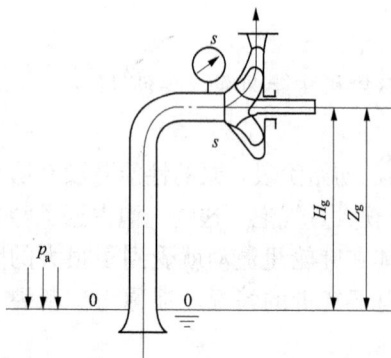

图 6-28 泵的安装高度

如图 6-28 所示，假定泵的安装高度为 H_g，吸水液面的压力为环境气压 p_a、流速为 0，管道中水流速度为 v_s，泵吸入室入口的压力是 p_s，管道中的阻力损失为 h_w，则根据截面 0-0 与 s-s 间伯努利方程得

$$0 + \frac{p_a}{\rho g} + 0 = H_g + \frac{p_s}{\rho g} + \frac{v_s^2}{2g} + h_w$$

简化后可得

$$\frac{p_a}{\rho g} = H_g + \frac{p_s}{\rho g} + \frac{v_s^2}{2g} + h_w \qquad (6-9)$$

即

$$H_g = \frac{p_a}{\rho g} - \left(\frac{p_s}{\rho g} + \frac{v_s^2}{2g} + h_w \right) \qquad (6-10)$$

由式（6-10）可以看出，泵的安装高度是有一定限制的，假如介质是水，环境气压是1个标准大气压的话，这个极限就是10m左右。

把式（6-10）变形一下，可得

$$H_g = \left(\frac{p_a}{\rho g} - \frac{p_s}{\rho g}\right) - \frac{v_s^2}{2g} - h_w \tag{6-11}$$

令

$$H_s = \frac{p_a}{\rho g} - \frac{p_s}{\rho g}$$

这里，H_s 称为吸上真空高度，则

$$H_g = H_s - \frac{v_s^2}{2g} - h_w \tag{6-12}$$

泵的几何安装高度 H_g 就是在吸上真空高度的基础上考虑管内液体的动能以及管道流动损失的结果。水泵发生汽蚀出现"断裂工况"时的吸上真空高度被称为最大吸上真空高度 H_{smax}，这个数值一般是由实验确定的。

前面提到在水泵内的压力最低点的问题，为了保证水泵不出现汽蚀，有必要给吸上真空高度考虑一定的安全余量，所得的结果被称为允许吸上真空高度 $[H_s]$，有

$$[H_s] = H_{smax} - 0.3$$

还可以得到水泵的允许几何安装高度为

$$[H_g] = [H_s] - \frac{v_s^2}{2g} - h_w \tag{6-13}$$

必须指出，水泵样本中的 $[H_s]$ 值是在大气压为 $1.013 \times 10^5 \text{Pa}$（对应压力能头为10.33m）、水温为20℃（对应汽化压力能头为0.24m）条件下的测试值；若当地使用条件不同，应该把样本中的 $[H_s]$ 值换算成当地使用条件下的数值 $[H_s]'$。

$$[H_s]' = [H_s] - 10.33 + H_{amb} + 0.24 - H_v \tag{6-14}$$

式中　$[H_s]'$——使用条件下的允许吸上真空高度，m；

　　　$[H_s]$——样本中的允许吸上真空高度，m；

　　　H_{amb}——使用条件下的大气压对应能头，m；

　　　H_v——使用条件下的液体温度所对应的汽化压力能头，m。

【例6-3】　有一台离心泵，从敞口水池吸水。水泵 $[H_s] = 5.5\text{m}$，泵安装在液面上4m，管内水流速为2m/s，若吸入管阻力为1m当地大气压为97kPa、水温为30℃，问是否汽蚀？

【解】

当地条件为非标准条件，允许吸上真空高度要进行修正，则

$$H_{amb} = \frac{p_a}{\rho g} = \frac{97 \times 1000}{9.8} = 9.9(\text{m})$$

查水的热力学性质表，30℃水对应的汽化压力能头 H_v 为0.433m。

$$
\begin{aligned}
[H_s]' &= [H_s] - 10.33 + H_{amb} + 0.24 - H_v \\
&= 5.5 - 10.33 + 9.9 + 0.24 - 0.433 \\
&= 4.88\text{m}
\end{aligned}
$$

$$H_s = H_g + \frac{v_s^2}{2g} + h_w$$

$$= 4 + \frac{2^2}{2 \times 9.8} + 1 = 5.2\text{m}$$

$$H_s > [H_s]'$$

答：$H_s > [H_s]'$，水泵汽蚀。

（二）汽蚀余量

汽蚀余量是又一种表示水泵汽蚀性能的参数，通常用 NPSH（Net Positive Suction Head 的缩写）表示。经常使用下面四种汽蚀余量来分别描述不同的情况。

1. 有效汽蚀余量 $NPSH_a$

有效汽蚀余量又称为装置汽蚀余量或者可用汽蚀余量，是指在水泵吸入口处单位重力液体所具有的超过汽化压力的富余能量，单位是米，可用 $NPSH_a$ 来表示，也可以写作 Δh_a，即

$$\Delta h_a = \frac{p_s}{\rho g} + \frac{v_s^2}{2g} - \frac{p_V}{\rho g}$$

式中　p_s——泵吸入口截面 $S\text{-}S$ 处的压力，Pa；

　　　v_s——泵吸入口截面 $S\text{-}S$ 处液体速度 m/s；

　　　ρ——液体密度，kg/m³；

　　　p_V——液体温度下对应的汽化压力，Pa；

　　　g——重力加速度，m/s²。

又由式（6-9）可知

$$\frac{p_a}{\rho g} = H_g + \frac{p_s}{\rho g} + \frac{v_s^2}{2g} + h_w$$

综合以上两式可得

$$\Delta h_a = \left(\frac{p_a}{\rho g} - H_g - h_w\right) - \frac{p_V}{\rho g} \tag{6-15}$$

由式（6-15）可以发现，有效汽蚀余量与吸入液面的压力、水泵安装高度、管道损失以及汽化压力有关，也就是说和系统装置的情况和使用环境有关，但是与水泵自身无关，因此又被称为装置汽蚀余量。另外，有效汽蚀余量也表示液体从水泵吸入口到叶轮流道的流动中，保证不出现汽蚀的能量损失的上限，因此也被称为可用汽蚀余量。

2. 必需汽蚀余量 $NPSH_r$

我们已经知道，如果将水泵内的压力最低点定义为 K 点，K 点不在水泵的吸入口截面 $S\text{-}S$ 处，而通常是在液体刚刚进入叶轮流道后的叶片非工作面最高处附近，如图 6-29 所示。在叶片入口前选取 1-1 截面，过 K 点取 $K\text{-}K$ 截面，截面 $S\text{-}S$ 与 1-1 间伯努利方程为

$$z_s + \frac{p_s}{\rho g} + \frac{v_s^2}{2g} = z_1 + \frac{p_1}{\rho g} + \frac{v_1^2}{2g} + h_{w1} \tag{6-16}$$

图 6-29　泵内压力最低点

式中　h_{w1}——截面 $S\text{-}S$ 到 1-1 间的流动阻力损失。

截面 1-1 与 $K\text{-}K$ 间伯努利方程为

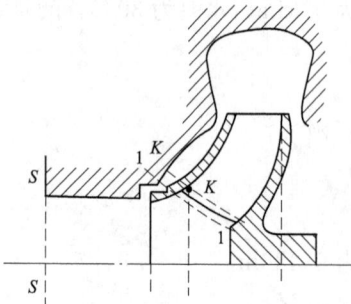

$$z_1 + \frac{p_1}{\rho g} + \frac{w_1^2}{2g} - \frac{u_1^2}{2g} = z_k + \frac{p_k}{\rho g} + \frac{w_k^2}{2g} - \frac{u_k^2}{2g} + h_{wk} \tag{6-17}$$

式中　　　z_s、p_s、v_s——泵入口截面 S-S 处的位置、压力和绝对速度；

z_1、p_1、v_1、w_1、u_1——叶片入口前截面 1-1 处的位置、压力、绝对速度、相对速度和圆周速度；

z_k、p_k、w_k、u_k——压力最低点截面 K-K 处的位置、压力、相对速度和圆周速度；

h_{wk}、h_{wk}——从截面 S-S 到 1-1 间、截面 1-1 到 K-K 间的流动阻力损失。

合并式（6-16）和式（6-17）两式，经过整理可得

$$\frac{p_s}{\rho g} + \frac{v_s^2}{2g} - \frac{p_k}{\rho g} = \frac{v_1^2}{2g} + \frac{w_1^2}{2g}\left[\left(\frac{w_k}{w_1}\right)^2 - 1\right] + \frac{u_1^2 - u_k^2}{2g} + (z_k - z_s) + h_{wsk} \tag{6-18}$$

式中　h_{wsk}——从截面 S-S 到截面 K-K 间的流动阻力损失。

令

$$h_{wsk} = \zeta_s \frac{v_s^2}{2g}$$

式中　ζ_s——流动阻力损失系数。

因为截面 1-1 点与 K-K 间的距离非常小，所以一般近似地认为

$$z_k - z_s = 0$$

$$\frac{u_1^2 - u_k^2}{2g} = 0$$

于是式（6-18）可以简化为

$$\frac{p_s}{\rho g} + \frac{v_s^2}{2g} - \frac{p_k}{\rho g} = \frac{v_1^2}{2g}\left[1 + \zeta_s\left(\frac{v_s}{v_1}\right)^2\right] + \frac{w_1^2}{2g}\left[\left(\frac{w_k}{w_1}\right)^2 - 1\right]$$

如果令

$$1 + \zeta_s\left(\frac{v_s}{v_1}\right)^2 \approx 1 + \zeta_s = \lambda_1$$

$$\left(\frac{w_k}{w_1}\right)^2 - 1 = \lambda_2$$

则可得

$$\frac{p_s}{\rho g} + \frac{v_s^2}{2g} - \frac{p_k}{\rho g} = \lambda_1\frac{v_1^2}{2g} + \lambda_2\frac{w_1^2}{2g} \tag{6-19}$$

式中　λ_1、λ_2——损失系数，λ_1 表示关于绝对速度变化的损失系数，λ_2 表示液体绕叶片尖部导致的损失系数，这两个系数由实验确定，一般叶片入口没有冲击时 $\lambda_1 = 1.2$、$\lambda_2 = 0.3$，有冲击的时候取 $\lambda_1 = 1 \sim 1.2$，$\lambda_2 = 0.3 \sim 0.4$。

在式（6-19）中，等式左边表示单位重力，液体从水泵吸入口到泵内压力最低点的能量损失，把这部分损失称为必需汽蚀余量，用 $NPSH_r$ 或 Δh_r 来表示；即

$$NPSH_r = \lambda_1\frac{v_1^2}{2g} + \lambda_2\frac{w_1^2}{2g} \tag{6-20}$$

式（6-20）也被称为汽蚀基本方程式。

3. 临界汽蚀余量 $NPSH_c$

临界汽蚀余量是指泵内压力最低点的压力为汽化压力时水泵进口处的汽蚀余量，也就是

水泵进口处的液体在流到泵内压力最低点的能量损失，记作 $NPSH_c$ 或者 Δh_c。

临界汽蚀余量代表这样一种状态，在水泵吸入口处单位重力液体所具有的超过汽化压力的富余能量，恰好等于液体从吸入口流动到压力最低处产生的能量损失，于是在泵内压力最低处的压力正好降至汽化压力，在理论上达到了出现泵内汽蚀的临界点。

另外，根据对有效汽蚀余量和必需汽蚀余量的分析知道，随着流量的增大，有效汽蚀余量是逐渐减小的，而必需汽蚀余量在流量较大的范围是逐渐增大的，这样两条曲线会有一个相交点，这个相交点的汽蚀余量就是临界汽蚀余量，而且此时的有效汽蚀余量和必需汽蚀余量也相等。

但是，在工程实际中，因为无法确定何时开始发生汽蚀现象，只能通过测量水泵性能参数的变化来间接反映，所以一般以水泵的断裂工况性能曲线中，性能参数下降到某一个百分数时的有效汽蚀余量作为临界汽蚀余量，这个百分数一般在 $1\%\sim10\%$ 之间。

临界汽蚀余量一般是由生产厂家在 $20℃$ 时用清水进行实验测定的，因此当温度变化时需要进行修正。若不同温度下的临界汽蚀余量表示为 $NPSH_{ct}$，则

$$NPSH_{ct}=NPSH_{r20}+\Delta h_t \tag{6-21}$$

式中 $NPSH_{r20}$——$20℃$ 时的临界汽蚀余量；

Δh_t—— 温度变化后临界汽蚀余量的修正量，它只和液体的物理性质有关，和水泵无关，且根据斯捷潘诺夫的经验公式（6-22）计算。

$$\Delta h_t=\frac{2g}{H_v B_1^{4/3}} \tag{6-22}$$

式中 H_v——某温度下的汽化压力能头，m；

B_1——某温度下的蒸气形成参数，m^{-1}。

4. 允许汽蚀余量 $[NPSH]$

由于临界汽蚀余量所处的状态实际是汽蚀已经发展到一定程度的状态，为了安全起见，在实际工作中规定了允许汽蚀余量 $[NPSH]$ 或 $[\Delta h]$。

一般定义允许汽蚀余量为

$$[NPSH]=NPSH_c+K_1 \tag{6-23}$$

式中 $NPSH_c$——临界汽蚀余量，m；

K_1——安全裕量，m；对于清水泵，$K_1=0.3m$。

或者

$$[NPSH]=K_2 \cdot NPSH_c \tag{6-24}$$

式中 K_2——安全裕量，一般取 $1.1\sim1.5$。

（三）汽蚀余量与吸上真空高度的关系

根据前面分析可知

$$\Delta h_a=\frac{p_s}{\rho g}+\frac{v_s^2}{2g}-\frac{p_v}{\rho g}$$

$$H_s=\frac{p_a}{\rho g}-\frac{p_s}{\rho g}$$

因此

$$H_s=\frac{p_a}{\rho g}-\frac{p_v}{\rho g}+\frac{v_s^2}{2g}-\Delta h_a \tag{6-25}$$

由于最大吸上真空高度对应于水泵开始出现汽蚀的临界状态，所以

$$\Delta h_c = \Delta h_a = \Delta h_r$$

同时上式可以改写为

$$H_{smax} = \frac{p_a}{\rho g} - \frac{p_v}{\rho g} + \frac{v_s^2}{2g} - \Delta h_c \tag{6-26}$$

如果考虑安全裕量，则用允许汽蚀余量代替临界汽蚀余量，可以得到其与允许吸上真空高度的关系为

$$[H_s] = \frac{p_a}{\rho g} - \frac{p_v}{\rho g} + \frac{v_s^2}{2g} - [NPSH] \tag{6-27}$$

那么，水泵的允许几何安装高度又可以表示为

$$[H_g] = \frac{p_a}{\rho g} - \frac{p_v}{\rho g} - h_w - [NPSH] \tag{6-28}$$

根据式（6-13）知

$$[H_g] = [H_s] - \frac{v_s^2}{2g} - h_w$$

对比发现，汽蚀余量和吸上真空高度之间是有一定的关系的，两者都可以反映水泵的汽蚀性能，推算水泵的安装高度。目前，汽蚀余量的使用更加广泛。

三、汽蚀相似定理

泵的很多汽蚀性能参数需要经过试验来确定，但是对于一些大型水泵、输送高温高压液体的泵或者油泵，很难在实验室中完全模拟现实的生产条件来进行试验，这就需要用使用常温常压的液体的模型进行模拟，因此需要根据相似定律对试验结果进行换算来得到所需的性能参数。

在讨论汽蚀性能的时候，一般比较关注泵本身的汽蚀性能参数：根据式（6-20），泵的必需汽蚀余量为

$$\Delta h_r = \lambda_1 \frac{v_1^2}{2g} + \lambda_2 \frac{w_1^2}{2g}$$

它与叶轮入口形状、工况等有关，和液体的性质无关。

用下标"p"、下标"m"分别表示实型和模型的性能参数，若实型和模型的进口几何相似、流动相似，则有线性比为

$$\lambda_{1p} = \lambda_{1m} = \lambda_{2p} = \lambda_{2m}$$

若泵入口相对速度为 w_1，绝对速度为 v_1，则速度比为

$$\frac{w_{1p}}{w_{1m}} = \frac{v_{1p}}{v_{1m}}$$

如用 Δh_{rp} 表示实型的必需汽蚀余量，用 Δh_{rm} 表示模型的必需汽蚀余量，则

$$\frac{\Delta h_{rp}}{\Delta h_{rm}} = \left(\frac{w_{1p}}{w_{1m}}\right)^2 = \left(\frac{u_{1p}}{u_{1m}}\right)^2 = \left(\frac{n_p D_{1p}}{n_m D_{1m}}\right)^2 \tag{6-29}$$

式中　w_{1p}、w_{1m}——实型、模型的叶片进口相对速度，m/s；

　　　u_{1p}、u_{1m}——实型、模型的叶片进口圆周速度，m/s；

　　　n_p、n_m——实型、模型的叶轮转速，r/min；

　　　D_{1p}、D_{1m}——实型、模型的叶片进口直径，m。

式（6-29）被称为泵的汽蚀相似定律。进口几何相似的泵在相似工况下，可以根据模型的必需汽蚀余量 Δh_{rm} 很方便地得到实型的必需汽蚀余量 Δh_{rp}。当然，在工程中，由于与汽蚀相关的因素比较多、也比较复杂，所以有时还需要对其进行一定的修正。

根据汽蚀相似定理，可以得到如下关系

$$\frac{\Delta h_{\mathrm{rp}}}{n_{\mathrm{p}}^2 D_{1\mathrm{p}}^2} = \frac{\Delta h_{\mathrm{rm}}}{n_{\mathrm{m}}^2 D_{1\mathrm{m}}^2} = \mathrm{const}$$

$$\frac{\Delta h_{\mathrm{r}}}{n^2 D_1^2} = \mathrm{const} \tag{6-30}$$

若泵流量为 q_V，根据流量相似定律有

$$\frac{q_V}{n D_1^3} = \mathrm{const} \tag{6-31}$$

将式（6-30）两边三次方，式（6-31）两边平方，相除可得

$$S = n \frac{q_V^{1/2}}{\Delta h_{\mathrm{r}}^{3/4}} \tag{6-32}$$

式中 S——一个相似准则数，被称为吸入系数。

或者定义

$$C = 5.62 n \frac{q_V^{1/2}}{\Delta h_{\mathrm{r}}^{3/4}} \tag{6-33}$$

式中 C——被称为汽蚀比转速。

汽蚀比转速的大小表明了泵的汽蚀性能的好坏。入口几何相似的泵在相似工况下，汽蚀比转速是相等的。在转速和流量一定的情况下，C 越大说明 Δh_{r} 越小，泵的抗汽蚀性能就越好。

对于一台泵来说，标称的汽蚀比转速是在最高效率工况下的参数，一般清水泵的汽蚀比转速为 $800 \sim 1000$。

吸入系数的物理意义和汽蚀比转速相同，吸入系数在英美广泛应用，汽蚀比转速在我国使用普遍。

四、改善泵的汽蚀性能

（一）提高有效汽蚀余量

1. 采用合理的安装高度

从式（6-15）中看出，安装高度对有效汽蚀余量的影响非常明显，同时也可以反过来说，由于汽蚀余量的限制，泵的安装高度是有限的。另外，如果泵的吸入液面的压力较低或者接近汽化压力，泵还可以采用倒灌安装的方式在吸入管路中提高液体压力以防止汽蚀产生。

2. 减小泵吸入管路的能量损失

管路内液体流动产生的能量损失主要有沿程损失和局部损失两种形式。降低沿程损失的常用措施有缩短吸入管路的长度、增大管径、降低流速等；减小局部损失的方法主要有减少吸入管路上的各种管道附件（弯头、三通、阀门、仪表等），减小管路的复杂程度。例如，一般不在泵的吸入管路上安装调节阀来进行节流调节，原因就是防止增加局部损失，以降低汽蚀的可能性。

3. 采用增压装置

采用增压装置的原理就是在液体进入叶轮前增加液体的机械能以防止出现汽蚀，常见的增压装置由如下几种。

（1）诱导轮。诱导轮是与泵的主叶轮同轴安装的一个螺旋形叶轮，可以被看作是一个扬程不大的轴流式叶轮，如图 6-30 所示。它的轮毂小、叶片安装角小、叶片数少、叶栅稠度大，具有比较好的抗汽蚀性能。泵在安装了诱导轮以后，液体经过诱导轮时压力得到提高，从而等同于增加了有效汽蚀余量。安装了诱导轮的泵，其汽蚀比转速可以达到3000 以上，显著提高了抗汽蚀性能。

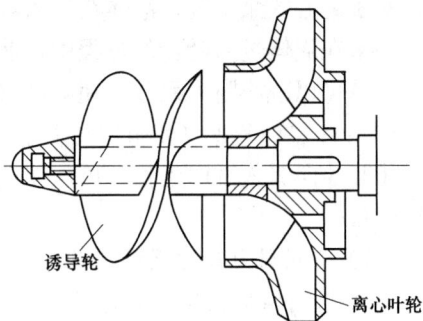

图 6-30　诱导轮

（2）双重翼叶轮。双重翼叶轮由前置叶轮和主叶轮构成，如图 6-31 所示。前置叶轮的叶片数量较少，有轴向尺寸小、简单以及与主叶轮匹配较好的特点，在改善泵的抗汽蚀性能的同时保证泵的性能没有明显降低。

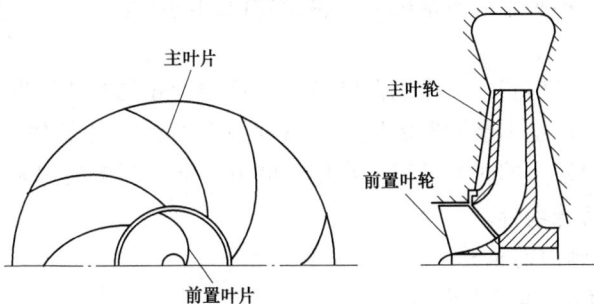

图 6-31　双重翼叶轮

（3）安装前置泵。由于有些泵入口的水温接近该压力下的饱和温度，工作条件比较恶劣，很容易发生汽化，为保证水泵的安全运行，一般会给泵配置流量与其相匹配的低速前置泵。因为前置泵转速低，抗汽蚀性能好，液体经前置泵增压后，保证了足够的汽蚀余量，从而大大改善了泵的抗汽蚀性能。同时，前置泵还经常采用双吸式叶轮以及抗腐蚀材料来提高其自身的汽蚀性能。安装了前置泵以后，原本需要以较大倒灌高度安装的泵可以减小倒灌高度，降低了工程建设的难度。

（二）降低必需汽蚀余量

降低必需汽蚀余量的主要途径就是减小液体在泵内的流动损失，常见的做法有：

1. 降低叶轮入口处的流速

（1）适当增大叶轮入口直径。

（2）适当增大叶片入口边宽度。

（3）采用双吸式叶轮。

其中，前两种措施可以单独采用也可以同时采用，其目的是增大液体流动通道的截面积，降低流速，但是叶轮入口的几何尺寸改变过大会影响到泵的效率；双吸式叶轮可以在保证流量不变的前提下，明显降低液体的流速，从而有很好的改善抗汽蚀性能的作用，当然双吸式泵的造价会比单吸式泵高很多。

2. 增加叶轮前盖板处的曲率半径

对于离心式泵来说，液体在进入叶轮时流动方向会发生很大的变化，导致局部阻力的产生。如果在液体进入叶轮的过程中，前盖板所形成的流动通道对速度的方向变化的影响比较平缓，就可以减小阻力系数，使必需汽蚀余量降低。

3. 叶片在叶轮入口处采用延伸布置

将叶片向吸入方向延长，可以使得压力最低点前移，泵内最低压力提高，从而减小必需汽蚀余量。

（三）在设计制造方面的措施

1. 采用汽蚀性能较好的材料

钛合金、部分类型的不锈钢、稀土合金铸铁和铝青铜等耐高温、耐腐蚀性能好的高强度金属材料，是抗汽蚀性能比较好的材料，经常用来制造易出现汽蚀场合的泵的首级叶轮。

2. 降低过流部件的表面粗糙度

降低过流部件的表面粗糙度可以减小液体流动的摩擦损失，从而减小必需汽蚀余量。另外，如果过流部件表面不平整或有缺陷，还会诱发汽蚀的产生。

3. 采用超汽蚀泵

超汽蚀泵是在主叶轮前安装一个超汽蚀叶轮，这个叶轮的叶片诱发固定型的气泡，产生的气泡不在叶片上破裂、也不会阻塞流道。超汽蚀泵在没有发生汽蚀的时候效率会低于一般类型的泵，但是当汽蚀发生的时候效率不会明显降低，运行时受转速限制少，只受限于机械性能，适合用于某些特殊场合。

（四）在运行维护方面的措施

1. 保持泵在合理的工作范围内运行

保证运行的过程中，有效汽蚀余量始终大于允许汽蚀余量，是避免发生汽蚀的主要手段之一。为了做到这一点，就需要控制系统的流量和泵的转速在合理的范围内。

泵的耗功除了传递给泵内工质水外，还有一部分转化为热能。水泵散热很少，这些热能绝大部分被水吸收，使泵内水温升高。另外，有些泵密封装置的泄漏水和平衡装置的泄漏水，都将返回到泵的进口，这些泄漏水都经摩擦升温，从而进一步加大泵内水温升高。因此，泵在输送接近饱和状态的液体时或流量很小时，各种损失所带来的热量会使水温升高，有效汽蚀余量减小，汽蚀风险加大，这个时候应该开通旁路再循环门。

当转速较高时，泵的必需汽蚀余量大大增加，泵的抗汽蚀性能大大恶化，因此必须控制泵的转速在合理范围。

2. 避免泵的空载运行

泵长时间空载运行，各种损失也会导致水温升高，水泵易发生汽蚀。应避免泵空载运行。

3. 泵内喷涂涂料和堆焊合金

为了减小汽蚀对泵结构的损害，可以在容易被破坏的过流部件表面堆焊合金或喷涂高分子材料，保护叶轮。

【例6-4】 有一台水泵，允许汽蚀余量 $[\Delta h] = 3.5\text{m}$，从敞口水池吸水送入敞口水箱，泵安装在液面上 4.5m，吸入管阻力为 1m。问：

（1）水泵是否汽蚀？（设水温是为 20℃，此时的饱和蒸汽压头为 0.24m，大气压能头 10.33m）

（2）若水温提高，汽蚀的可能性将如何变化？

【解】

（1）
$$\Delta h_a = \left(\frac{p_a}{\rho g} - H_g - h_w\right) - \frac{p_V}{\rho g}$$

$$\Delta h_a = (10.33 - 4.5 - 1) - 0.24 = 4.59\text{m}$$

$$4.59\text{m} > 3.5\text{m}$$

$\Delta h_a > [\Delta h]$，不汽蚀。

（2）水温提高，p_V 增加，Δh_a 减小，泵抗汽蚀性能变差。

第五节　失速、喘振与抢风

由于动叶可调轴流风机具有体积小、质量轻、低负荷区域效率较高、调节范围宽广、反应速度快等优点，动叶可调轴流风机得到越来越普遍的应用。但是轴流风机具有驼峰形曲线这一特点，理论上决定了风机存在不稳定工作区。风机并不是在任何工作点都能稳定运行的，当风机工作点移至不稳定区时就有可能引发风机失速、喘振以及抢风等现象。

一、失速

1. 失速现象

轴流风机叶片通常采用高效的扭曲型叶片，当气流顺着机翼叶片流动时，作用于叶片上有两种力，即垂直于流线的升力与平行于流线的阻力。设计工况下运行时，气流冲角 i（气流方向与叶片叶弦的夹角）为零或很小，气流则绕过机翼型叶片而保持流线平稳的状态。当气流完全贴着叶片呈流线型流动时，这时升力大于阻力，如图 6-32（a）所示。当气流与叶片进口形成正冲角，即 $i > 0$，且此正冲角达到某一临界值时，叶片背面流动工况开始恶化。如正冲角超过临界值时，边界层受到破坏，发生分离，在叶片背面尾端出现涡流区，出现阻力增加、能头下降的现象，称为失速或脱流，如图 6-32（b）所示。冲角 i 大于临界值越多，失速现象就越严重，流体的流动阻力也就越大，严重时还会使叶道产生阻塞现象。

2. 旋转失速现象

风机的叶片在制造及安装过程中，由于各种客观因素的存在，使叶片不可能有完全相同的形状和安装角。当气流流向叶道 1、2、3、4 时［如图 6-32（c）所示］，可能在一个或几个叶片上出现与叶片进口角偏离，即出现气流冲角。当气流冲角达到某一临界值时，产生脱流

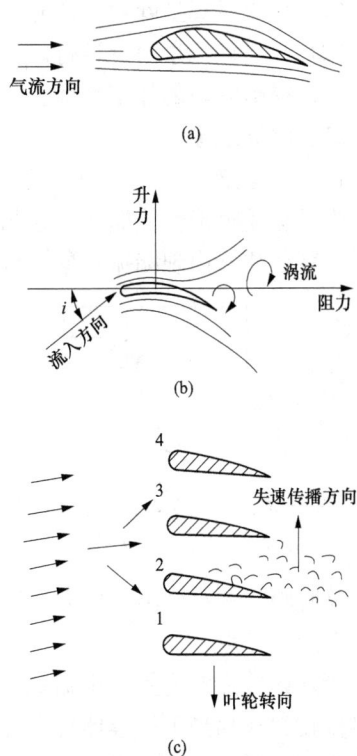

图 6-32　失速与旋转失速
（a）流线型流动；（b）失速；（c）旋转失速

现象。假定在流道 2 内出现由于脱流而产生阻塞现象，原先流入流道 2 的气流只能分流流入叶道 1 和 3，此分流的气流与原先流入叶道 1 和 3 的气流汇合，改变了原来气流的流向，使流入流道 1 的冲角减小了，而流入流道 3 的冲角则增大，这样就防止了叶片 1 背面产生脱流，但却促使叶片 3 发生脱流。流道 3 的阻塞又使其气流向流道 4 和流道 2，这样又触发了叶片 4 背面的脱流。这一过程持续地沿叶轮旋转相反的方向移动。实验表明，这种移动是以比叶轮本身旋转速度小的相对速度进行的。因此，在绝对运动中，就可观察到脱流区在旋转，这种现象称为旋转失速或旋转脱流。

风机进入不稳定工况区运行，叶轮内将产生一个到数个旋转失速区，叶片依次经过失速区要受到交变应力的作用，这种交变应力会使叶片产生疲劳。叶片每经过一次失速区将受到一次激振力的作用，此激振力的作用频率与旋转失速的速度成正比，当失速区的数目为 2、3、…、n 个时，作用于每个叶片的激振力频率也作 2 倍、3 倍、…、n 倍变化。如果这一激振力的作用频率与叶片的固有频率成整数倍关系，或者等于、接近于叶片的固有频率，叶片将发生共振。此时，叶片的动应力显著增加，甚至可达数十倍以上，使叶片产生断裂。一旦有一个叶片疲劳断裂，将会把全部叶片打断，因此，应尽量避免泵与风机在不稳定工况区运行。

从前面的分析可以看出，旋转失速或旋转脱流属于流体绕流叶片或叶轮的动力特性范畴，它受到叶片形状、流量、加工精度等影响，具体而言，为了避免失速发生，有以下几个措施：

（1）采用机翼型叶片，使叶片后部曲率较小。

（2）在设计流量附近运行。

（3）提高叶轮的加工精度。

二、喘振现象

1. 喘振现象

当具有驼峰形性能曲线的泵与风机在其曲线上驼峰以左的范围内工作时，即在不稳定区工作，就往往会出现喘振现象，或称飞动现象。

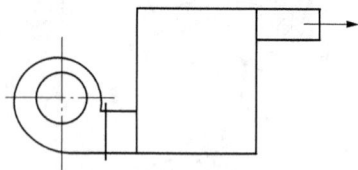

图 6-33　风机在大容量管路系统中运行的示意图

具有驼峰形性能曲线的风机在大容量的管路（如图 6-33 所示）中进行工作，如果外界需要的流量为 q_V，此时管路特性曲线和风机的性能曲线相交于 A 点（如图 6-34 所示），风机产生的能量克服管路阻力达到平衡运行，因此，工作点是稳定的。当外界需要的流量增加时，工作点向 A 点的右方移动，只要阀门开大些，阻力减小些，此时工作仍然是稳定的。当外界需要的流量减少至 q_{VK} 时，此时阀门关小，阻力增大，对应的工作点为 K 点。K 点为临界点，是不稳定工作和稳定工作的分界点。

当外界需要的流量减小到 $q_V < q_{VK}$ 时，风机所产生的风压继续随之减小。然而由于管路容量较大（相当于一容器），在这一瞬间管路阻力仍为 p_K，因此管路阻力大于风机所产生的能头。为了保持压力平衡，风机运行工况点则由 K 点迅速窜向 C 点，同时流体开始反向倒流。由于倒流，管路压力迅速下降，风机的工作点则沿全压性能曲线由 C 点下降到 D 点。当管路中压力已降低到 D 点压力，风机流量为零，风机又重新开始输出流量，流量可达

q_{VE}，即工作点又由 D 点跳到 E 点。此后，风机的工作点则沿全压性能曲线由 E 点开始上升。只要外界所需的流量保持小于 q_{VK}，风机工作点则按 E、K、C、D、E 各点重复循环，风机和管路系统流量时正时负、压力忽高忽低，并伴有振动和轰鸣声，也即发生喘振。如果这种循环的频率与系统的振荡频率合拍，就要引起共振，常造成风机损坏。

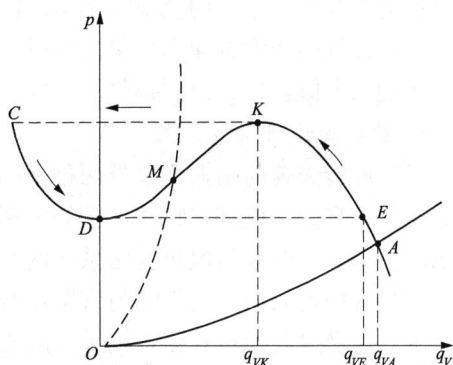

图 6-34　风机的喘振

2. 防止喘振的措施

（1）大容量管路系统中尽量避免采用具有驼峰形 $p\text{-}q_V$ 性能曲线，而应采用 $p\text{-}q_V$ 性能曲线平直向下倾斜的泵与风机。

采用较多的叶片数、较大的轮毂比，可以减少局部负荷区域性能曲线的峰值，在零流量时尤为显著。

（2）使流量在任何条件下不小于 q_{VK}。如果装置系统中所需要的流量小于 q_{VK}，可装设再循环管（出口部分流出量返回入口）或自动排放阀门（向空排放），使风机的出口流量始终大于 q_{VK}。

（3）改变转速。当降低转速或关小吸入阀时，$p\text{-}q_V$ 性能曲线向左下方移动，临界点随之向小流量移动，从而可缩小性能曲线上的不稳定段，如图 6-35 所示。

（4）吸入口处装吸入阀。在叶轮进口前加装径向导流叶片或吸入阀，可以破坏叶片进口处的旋涡，使性能稳定。

（5）采用可动叶片调节。动叶调节轴流式风机的特性曲线如图 6-36 所示，图中鞍形曲线 M 为风机不同安装角下的各失速点的连线，工况点落在马鞍形曲线的左上方，均为不稳定工况区，这条线也称为失速线。由图 6-36 中不难看出：

1）在同一叶片角度下，管路阻力越大，风机出口风压越高，风机运行越接近于不稳定工况区；

2）在管路阻力特性不变的情况下，风机动叶开度越大，风机运行点越接近不稳定工况区。

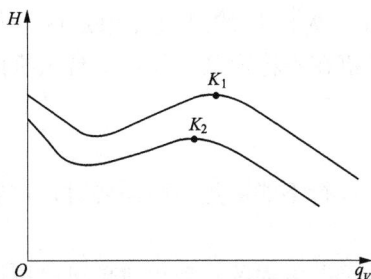

图 6-35　性能曲线不稳定段的变化

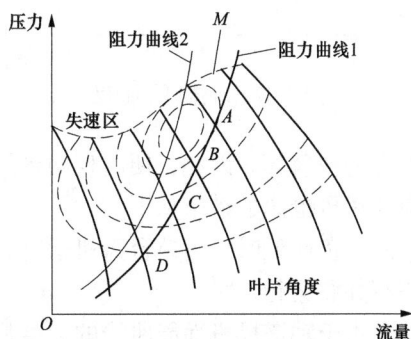

图 6-36　动叶可调与失速

当外界需要的流量减小时，减小叶片安装角，性能曲线下移，临界点随着向左下方移动，性能曲线变成单一的斜率，不出现凹形区域，最小输出流量相应变小。

（6）在管路布置方面，水泵应尽量避免压出管路内积存空气，如不让管路有起伏，但要有一定的向上倾斜度，以利排气。另外，尽量把调节阀及节流装置等靠近泵出口安装。

3. 旋转失速与喘振关系

（1）旋转失速与喘振现象是两种不同的概念。旋转失速是叶片结构特性造成的一种流体动力现象，它的一些基本特性，例如失速区的旋转速度、失速的起始点、消失点等，都有它自己的规律，不受泵与风机管路系统的容量和形状的影响。

（2）喘振是泵与风机性能与管路系统耦合后振荡特性的一种表现形式，它的振幅、频率等基本特性受泵与风机管路系统容量的支配，其流量、全压和轴功率的波动是由不稳定工况区造成的。

试验研究表明，喘振现象总是与叶道内气流的旋转失速密切相关，而冲角的增大也与流量的减小有关。因此，在出现喘振的不稳定工况区内必定会出现旋转失速。

简而言之，出现失速并不一定出现喘振，出现喘振一定已经出现了失速；失速只属于泵与风机内部流动特性，而喘振是泵与风机内外特性耦合结果，与出口管路特性有必然的联系。

三、抢风

所谓抢风，是指并联运行的两台风机出力不一致，突然一台风机电流（频率）上升，另一台风机电流（频率）下降。如果在调整时操作不当可能导致风机电动机超电流而烧坏，并且严重时会引发喘振，扩大事故。

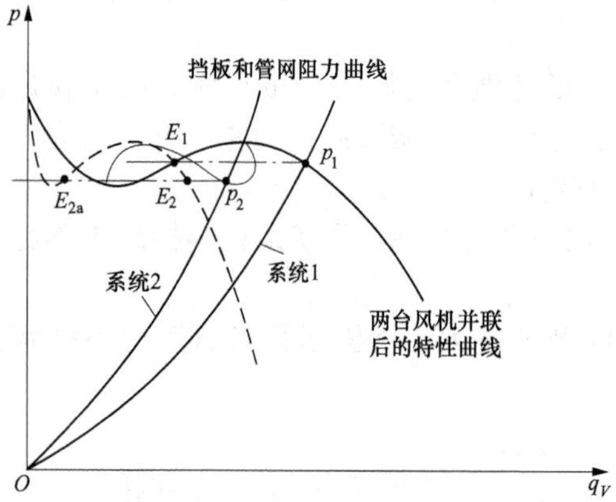

图 6-37　轴流风机抢风

抢风现象的出现，是因为并列运行的风机存在较大的不稳定工况区。下面结合两台特性相同的轴流风机并联后的总性能曲线（如图 6-37 所示）来说明。图 6-37 中，有一个 ∞ 字形区域，若两台风机在管路系统 1 中运行，则 p_1 点为系统的工作点，每台风机都在 E_1 点稳定运行，此时抢风现象不会发生。如果由于某种原因，管路系统阻力改变至系统 2（升高）时，则风机进入 ∞ 字型工作区域内运行。观察 p_2 点的工作情况，两台风机分别位于 E_{2a} 和 E_2 点工作。大流量的风机在稳定区工作，小流量的风机在不稳定区工作，两台风机的不平衡状态极易被破坏。因此，便出现两台风机的抢风现象。

避免风机抢风的措施如下：

（1）当负荷低时采用单台风机运行，待到单台风机运行不能满足负荷需要时，再启动第二台进行并联运行。

（2）由于轴流风机性能曲线的 ∞ 字形区域是在小流量范围内的，所以避免风机抢风现象的措施是防止工作点落在 ∞ 字形区域内。

一旦发生抢风，手动调整两台风机，保持适当的风量偏差（此时，风机并联特性的 ∞ 字型区域收缩），以避开抢风区域。应采用开启排风门、开启再循环调节门、动叶调节等方法，增大风量，使工作点离开∞字形区域，回到稳定工作区。

第六节　轴向力与径向力的平衡

一、轴向力及其平衡

（一）轴向力产生的原因

1. 叶轮前、后盖板压力不对称产生的轴向力

离心泵叶轮前后盖板结构不对称，叶轮旋转时前后盖板像轮盘一样带动泵前后腔内的液体旋转，其液体旋转速度为叶轮旋转角速度之半，压力按抛物线规律分布，如图 6-38 所示。

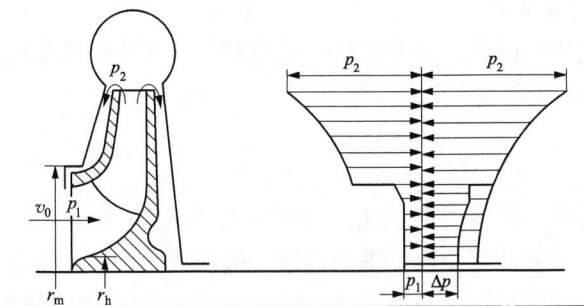

图 6-38　轴向力的产生

对叶轮内流体受力分析可知，作用在前后盖板上的压力，在密封环以上部分相互抵消；密封环以下部分的压力差 Δp 为

$$\Delta p = p_2 - p_1 - \frac{\omega^2}{8}\rho(r_2^2 - r^2) \tag{6-34}$$

式中　p_2、p_1——叶轮出口、入口压力，Pa；

ω——叶轮旋转角速度，1/s；

r_2、r——叶轮出口、任意计算点半径，m。

将上式沿轮毂半径到密封环半径积分，则得盖板处轴向力 F_1 为

$$F_1 = \int_{r_h}^{r_m} \Delta p\, 2\pi r \mathrm{d}r = 2\pi\rho g\, \frac{p_2 - p_1}{\rho g}\left(\frac{r_m^2 - r_h^2}{2}\right) - \frac{\omega^2 2\pi\rho g r_2^2}{8g}\left(\frac{r_m^2 - r_h^2}{2}\right) + \frac{2\pi\rho g \omega^2}{8g}\left(\frac{r_m^4 - r_h^4}{4}\right)$$

$$= \pi\rho g(r_m^2 - r_h^2)\left[\frac{p_2 - p_1}{\rho g} - \frac{\omega^2}{8g}\left(r_2^2 - \frac{r_m^2 + r_h^2}{2}\right)\right]$$

式中　F_1——叶轮不对称产生的轴向力，N；

ρ——液体密度，kg/m³；

g——重力加速度，m/s²；

r——叶轮任意计算点半径，m；

r_m——叶轮密封环处半径，m；

r_h——叶轮轮毂半径，m；

p_1、p_2——泵入口及出口压力，Pa；

ω——叶轮旋转角速度，rad/s。

F_1指向吸入口，作粗略估算时可采用如下公式

$$F_1 = \pi(p_2 - p_1)(r_m^2 - r_h^2) \tag{6-35}$$

叶轮前后盖板处压力不对称，是轴向力产生的最重要的一个原因。

2. 液体流过叶轮由于方向改变产生的轴向力

液体通常沿轴向进入叶轮，沿径向或斜向流出。液流通过叶轮其方向发生变化，是因为液体受到叶轮作用力的结果。反之，液体给叶轮一个大小相等、方向相反的反作用力，即为反动力，方向指向叶轮背后。若反动力的轴向分力为 F_2，则

$$F_2 = \rho q_{VT} v_0 = \rho v_0^2 \pi (r_0^2 - r_h^2) \tag{6-36}$$

F_2是液体流过叶轮由于方向改变产生的轴向力。

3. 转子重量产生的轴向力

立式泵在计算轴向力的时候，应考虑转子的重量和转子中的液体的重量，转子重量产生的轴向力用 F_3 表示，方向指向叶轮入口。

总的轴向力 F 为

$$F = F_1 - F_2 + F_3$$

在这三部分轴向力中，F_1为主要的力。对卧式泵 $F_3 = 0$，$F = F_1 - F_2$。

离心泵产生的轴向力会使转子产生轴向位移，造成叶轮和泵壳等动静部件发生碰撞、摩擦和磨损，造成泵零件的损坏以至不能工作；轴向力还会增加轴承的负荷，导致机组振动、发热甚至损坏，对离心泵的正常运行十分不利。必须重视离心泵轴向力的平衡。

（二）轴向力的平衡

1. 单级离心泵轴向力平衡方法

（1）叶轮上开平衡孔。如图 6-39（a）所示，在叶轮后盖板上靠近轮毂的地方钻几个小孔（称为平衡孔），部分高压液体可通过平衡孔回流到叶轮吸入口使叶轮两侧液体压力差大大减小，起到减小轴向力的作用。该方法简单、可靠，但会增加泵的泄漏量和干扰泵入口流动，降低了泵的效率。平衡孔在单级、单吸离心泵中应用较多。

（2）泵体上装平衡管。如图 6-39（b）所示，将叶轮后盖板外侧靠近轮毂的高压端与离心泵的吸入端用管道连接起来，使叶轮两侧的压力基本平衡，从而消除轴向力。该方法简单、可靠，不会干扰泵入口流动，但结构比平衡孔复杂些。有些离心泵中同时设置平衡管与平衡孔，能得到较好的平衡效果。

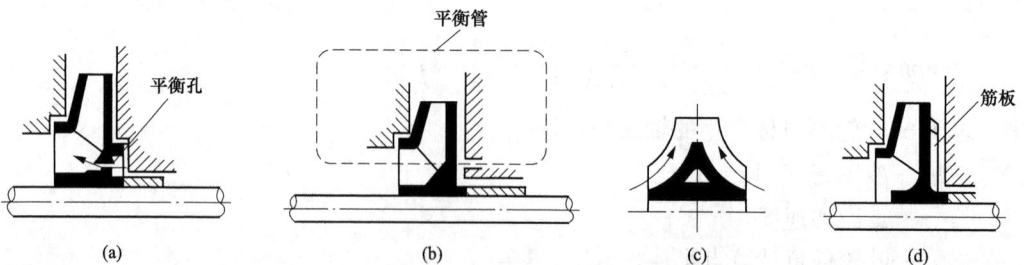

图 6-39 单级离心泵轴向力平衡方法
(a) 平衡孔；(b) 平衡管；(c) 双吸叶轮；(d) 径向筋板

（3）采用双吸叶轮。它是利用叶轮本身的结构特点，达到自身平衡，如图 6-39（c）所

示。由于双吸叶轮两侧对称，所以理论上不会产生轴向力；但实际上由于制造质量及叶轮两侧液体流动的差异，不可能使轴向力完全平衡。

（4）叶轮上设置径向筋板。在叶轮后盖板靠近轮毂处设置径向筋板以平衡轴向力，如图6-39（d）所示。设置径向筋板后，叶轮泵腔高压侧内液体被径向筋板带动，以接近叶轮旋转速度的速度旋转，在离心力的作用下，使此空腔内液体压力降低，从而使叶轮两侧轴向力达到平衡。其缺点是有附加功率损耗。一般在小型泵中采用4条径向筋板，大型泵中采用6条径向筋板。

（5）设置止推轴承。在用以上方法不能完全消除轴向力时，要采用装止推轴承的方法来承受剩余轴向力。

2. 多级离心泵轴向力平衡方法

（1）叶轮对称排列。将两组叶轮如图6-40所示背对背或面对面地装在一根轴上，两组叶轮在工作时所产生的轴向力相反，互相部分抵消。

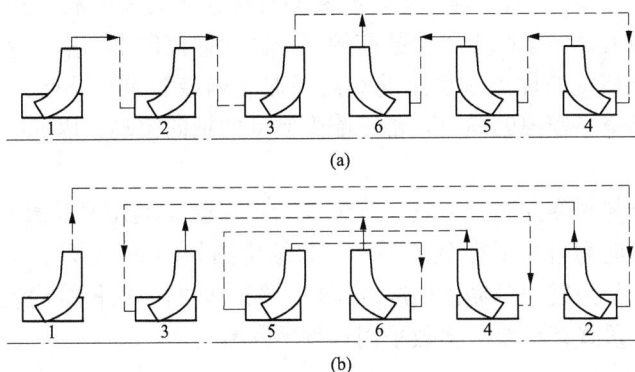

图 6-40　叶轮对称排列
（a）背对背；（b）面对面

（2）采用平衡盘装置。如图6-41所示，在节段式多级离心泵最末级叶轮后面，装设一个随轴一起旋转的平衡盘和在泵壳上嵌装一个可更换的平衡座。平衡盘后的腔室称为平衡室，它与泵的吸入室相连。

平衡盘轴套与泵体之间有一个径向间隙 b，在盘与泵体之间还有一个轴向间隙 b_0，平衡盘的背后则是通入口管的平衡室。末级叶轮背后的高压液体流向径向间隙 b，压力从 p_3 降到 p'，由于 $p'>p_0$（平衡室压力），平衡盘两侧产生一压力差，压力为

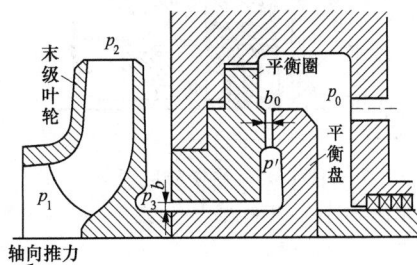

图 6-41　平衡盘装置

p' 液体将平衡盘推向后面，并经间隙 b_0 流向平衡室，推开平衡盘的力即为平衡力，与转子的轴向力方向相反。

当工况改变，如叶轮上的推力大于平衡力时，转子就向前移，使间隙 b_0 减小，减少了泄漏量，而压力 p' 则增高，由于惯性，运动着的转子不会立即停止在平衡位置上，还要继续移动，轴向间隙 b_0 还会继续变化，此时平衡力超过轴向力，所以又使转子向相反方向即

向后移动，即又开始了一个新的平衡循环。这样多次反复动作，一次比一次移动得少，最后可稳定下来，使转子停留在新的平衡位置上。泵工作时，转子始终是在某一平衡位置上窜动着，不过窜动量极小，从外观上很难看出来。

平衡盘可以自动平衡轴向力，平衡效果好，可以平衡全部轴向力，并可以避免泵的动、静部分的碰撞和磨损，结构紧凑，故在多级离心泵中广泛采用。但是泵在启动时，由于末级叶轮出口处的压力尚未达到正常值，平衡盘的平衡力严重不足，泵轴将向泵吸入口窜动，平衡盘与平衡座之间会产生摩擦，造成磨损，此外还有引起汽蚀、增加泄漏等不利问题，现代大容量水泵已趋向于不单独使用。

（3）采用平衡鼓装置。在节段式多级离心泵末级叶轮的后面，装设一个随轴一起旋转圆柱形活塞即平衡鼓，如图 6-42 所示。

平衡鼓与泵体之间有极小的间隙 b_0，平衡鼓后为平衡室，平衡室通过平衡管与入口管连通。末级叶轮入口压力为 p_1，出口压力为 p_2，末级叶轮与平衡鼓间的泵腔内压力为 p_3，平衡室中的压力为 p_0。$p_3 > p_0$，因此平衡鼓两侧有很大压力差，利用这个压力差可以平衡指向入口方向的轴向力。为了减少平衡鼓前的高压区液体漏向平衡室，平衡鼓与泵体之间隙应要尽量小。平衡鼓装置的优点是变工况和启停时平衡鼓和泵体不会发生磨损，使用寿命长。但平衡鼓不能完全平衡掉轴向力，也不能限制轴的轴向窜动，因此装有平衡鼓的泵，必须加装止推轴承。

（4）采用平衡鼓与平衡盘联合装置。该装置的特点就是利用平衡鼓将 $50\% \sim 80\%$ 的轴向力平衡掉，剩余轴向力再由平衡盘来平衡，其结构图如图 6-43 所示。这样就减少了平衡盘的轴向间隙，避免了因转子窜动而引起的摩擦。经验证明，这种结构效果比较好，因此目前大容量高参数的节段式多级泵大多数采用这种平衡方式。

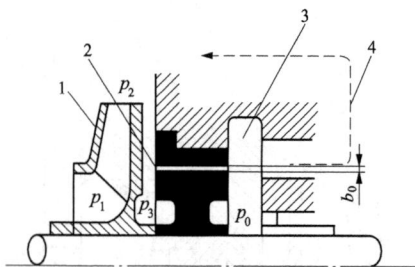

图 6-42　平衡鼓装置

1—末级叶轮；2—平衡鼓；3—低压室；4—平衡管

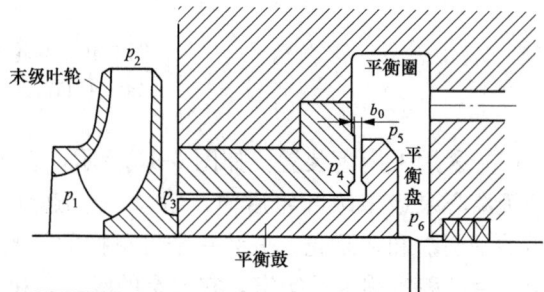

图 6-43　平衡鼓与平衡盘组合装置

二、径向力及其平衡

（一）径向力的产生及其计算

离心泵的蜗室在一定的设计流量下，叶轮上基本不会产生径向力。

图 6-44 所示为一台离心泵在三个不同流量下，实际测得的蜗室内压力分布曲线，说明变工况时存在径向力。

在设计流量时，蜗室内液体流动速度和液体流出叶轮的速度（方向和大小）基本上是一致的，因此从叶轮流出的液体能平顺地流入蜗室，在叶轮周围液体的流动速度和压力分布是均匀的（如图 6-44 中曲线 a 所示），此时没有径向力。

在小于设计流量时，蜗室内液体流动速度一定减慢。而液体流出叶轮的速度不是减小，反而增加，如图 6-45 所示，液体流出叶轮时的速度由 v_2 增加到 v_2'，方向也发生了变化。

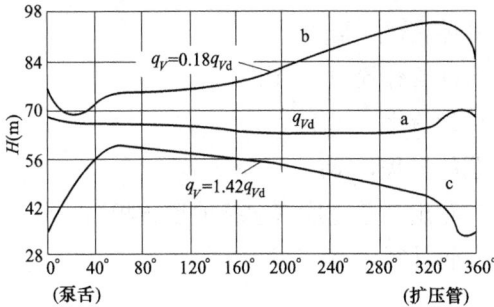

图 6-44　蜗室内压力分布曲线

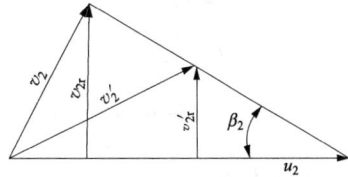

图 6-45　小于设计流量时叶轮出口速度三角形

一方面蜗室里流动速度减慢，另一方面叶轮出口处流动速度增加。两方面就发生了矛盾，从叶轮里流出的液体，再不能平顺地与蜗室内液体汇合，而是撞击在蜗室内的液体上。撞击的结果，使流出叶轮液体的流动速度下降到蜗室里的流动速度，同时，把一部分动能通过撞击传给蜗室内的液体，使蜗室里液体压力增高。

液体从蜗室前端（泵舌）流到蜗室后端的过程中，不断受到撞击，不断增加着压力，致使蜗室里（也就是叶轮周围）压力分布曲线成了逐渐上升的形状，如图 6-44 中曲线 b 所示。在蜗室前端（泵舌）处压力最小，到出口扩压管处压力最大。由于这种压力分布不均匀在叶轮上产生一个集中的径向力 R，其方向为自泵舌开始沿叶轮旋转方向转 90°的位置，如图 6-46 所示。压力分布不均匀是形成径向力的主要原因。

此外，蜗室中压力越小的地方，从叶轮中流出的液体就越多，液体对叶轮的反冲力也越大。由此可见，反

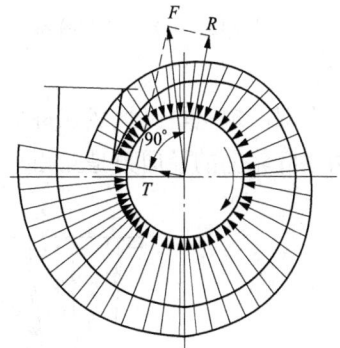

图 6-46　小于设计流量时径向力平衡

冲力的大小在泵舌处最大，扩压管处最小；而反冲力引起的径向力 T 是从 R 开始向叶轮旋转的反方向转 90°的方向，即指向泵舌的方向。这是引起径向力的次要原因。

因此，作用在叶轮上的总径向力 F 为 R 和 T 的向量和，其指向如图 6-46 所示。

同样的分析，也可以说明在大于设计流量时，蜗室里液体压力（从泵舌开始）是不断下降的，如图 6-44 中曲线 c 所示。径向力的方向是自泵舌开始沿叶轮旋转的反方向转 90°的位置，如图 6-47 所示。反冲力的大小在泵舌处最小，扩压管处最大；而反冲力引起的径向力 T 是从 R 开始向叶轮旋转的反方向转 90°的方向，作用在叶轮上的总径向力 F 为 R 和 T 的向量和，其指向如图 6-47 所示。

因为泵不会总在设计流量下工作，当水泵变工况运行时，计算轴和轴承时，必须考虑作用在叶轮上的径向力。

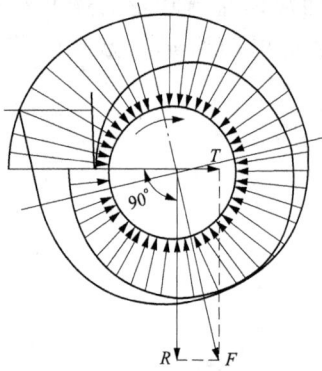

图 6-47 大于设计流量时径向力平衡

离心泵的径向力，可以用经验公式计算，即

$$F = 0.36 \rho g \left(1 - \frac{q_V^2}{q_{Vd}^2}\right)^2 H B_2 D_2 \qquad (6\text{-}37)$$

式中　F——作用在叶轮上的径向力；N；

ρ ——液体密度，kg/m^3；

q_V ——实际工作流量，m^3/s；

q_{Vd} ——设计流量，m^3/s；

H ——泵的扬程，m；

B_2 ——叶轮出口总宽度（包括前后盖板），m；

D_2 ——叶轮外径，m。

（二）径向力的危害

过大的径向力会使轴产生较大的扰度，甚至使密封环、级间套和轴套发生研磨而损坏。同时，对于转动着的轴，径向力是个交变载荷，会使轴因疲劳而破坏。因此，消除径向力和减弱径向力对轴的作用是十分必要的。

（三）径向力的消除

对导叶式泵，由于导叶叶片片数比较多，各个导叶所产生径向力相互平衡，对轴的影响很小，一般不予考虑。

对于非导叶式泵，将蜗室分成两个对称部分，构成双层蜗室或双蜗室，能有效消除径向力。

在双层蜗室里，虽然在每个蜗室里压力分布仍是不均匀的，但由于两个蜗室相互对称，作用在叶轮上的径向力是互相平衡的。如图 6-48 所示。

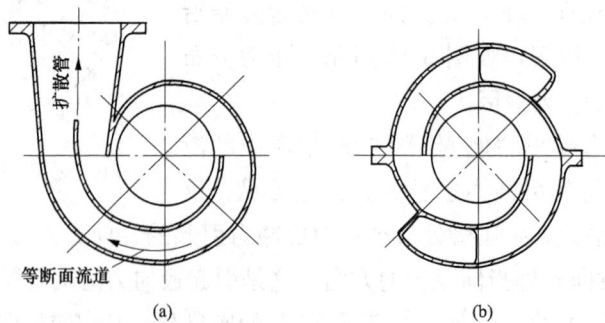

图 6-48　蜗室

(a) 双层蜗室；(b) 双蜗室

在蜗壳式多级泵里，采取相邻两个蜗室旋转 180° 布置的办法，可以减弱径向力对轴的作用，如图 6-49 所示。这样作用在相邻叶轮上的径向力互相抵消。但因为这两个径向力不在一个平面内，所以形成一个力偶，其力臂为两个叶轮间的距离。由于力臂不大，所以这个力偶使轴产生的弯矩也不大，影响较小。

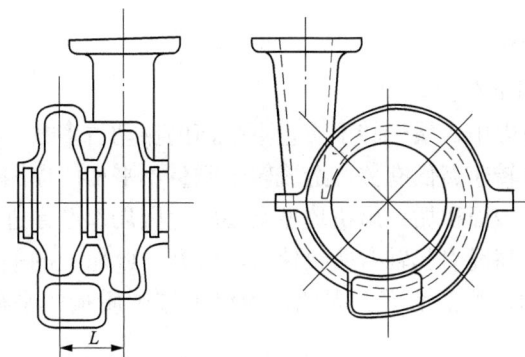

图 6-49 两个蜗室相差 180°布置

第七节 泵与风机运行中的问题

泵与风机运行中的问题有振动、噪声、磨损、效率低等。造成这些问题的原因复杂，涉及多个方面。

一、泵与风机的振动

泵与风机运行过程中的振动现象是运行中的常见故障，严重时将危及泵与风机的安全运行，甚至会影响整个机组的正常运行。泵与风机振动原因很复杂，随着机组容量的日趋增大，其振动问题也变得尤为突出。鉴于引起泵与风机振动原因的复杂性及易于察觉的特点，通常将泵与风机的振动分为三类：流体流动引起的振动、机械原因引起的振动，以及由原动机引起的振动，具体分析如下。

（一）流体流动引起的振动

泵与风机内部或管路系统中的流体流动不正常，与泵与风机自身结构有关、与管路系统的设计好坏有关，与运行工况也有关。流动引起的振动，其原因主要有汽蚀、旋转失速、喘振和水力冲击等。由于汽蚀、旋转失速、喘振等前面已作分析，现以水泵为例，仅讨论因水力冲击而引起的水泵振动。

当水由叶轮叶片外端经过导叶和蜗舌时，由于叶片涡流脱离的尾迹要持续一段很长的距离，在动、静部分产生干涉现象，产生水力冲击，形成有一定频率的周期性压力脉动。脉动传给泵体、管路和基础，引起振动和噪声。若多级泵各级叶轮和导叶组装位置均在同一方向，则水力冲击将叠加起来，引起振动。这种振动的频率为

$$f = zn/60 \tag{6-38}$$

式中 z——叶片数；

n——转速，r/min。

如果这个频率与泵本身或管路的固有频率重合，将产生共振，问题就更严重。防止措施如下：

（1）适当增加叶轮直径与导叶或泵壳与舌之间的距离。

（2）变更流道的型线，以缓和冲击和减小振幅。

（3）组装时将各级的叶轮出口边相对于导叶头部按一定节距错开，不要互相重叠，以免

水力冲击的叠加。

（二）机械引起的振动

1. 转子质量不平衡引起的振动

在现场发生振动的原因中，属于转子质量不平衡的振动占多数，其特征是振幅不随机组负荷改变而变化，而是与转速高低有关。造成转子质量不平衡的原因很多，如运行中叶轮叶片的局部腐蚀磨损，叶片表面积垢；风机翼型空心叶片因局部磨穿进入飞灰；轴与密封圈发生强烈的摩擦，产生局部高温引起轴弯曲致使重心偏移；叶轮上的平衡块质量与设置位置不对，检修后未进行转子动、静平衡等。因此，为保证转子质量的平衡，在组装前必须进行静、动平衡试验。

2. 转子中心不正引起的振动

如果泵与风机同原动机联轴器不同心，接合面不平行度达不到安装要求（机械加工精度差或安装不合要求）就会使联轴器的间隙随着轴的旋转忽大忽小，发生质量不平衡的周期性强迫振动。其原因主要是泵与风机安装或检修后找中心不正；暖泵不充分造成上、下壳温差使泵体变形；设计或布置管路不合理，因管路产生膨胀推力而使轴心错位；轴承架刚性不好或轴承磨损等。

3. 转子的临界转速引起的振动

当转子的转速逐渐增加并接近泵与风机转子的固有频率时，泵与风机就会猛烈地振动起来，转速低于或高于这一转速时，就能平稳地工作，通常把泵与风机发生振动时的转速称为临界转速 n_c。泵与风机的工作转速不能与临界转速相重合、相接近或成倍数，否则发生共振会使泵或风机难以正常工作，甚至遭到结构破坏。

泵与风机的工作转速低于第一临界转速的轴称刚性轴，高于第一临界转速的轴称为柔性轴。泵与风机的轴多采用刚性轴，有利于扩大调速范围，但随着泵的尺寸的增加或为多级泵时，泵的工作转速则经常高于第一临界转速，一般是柔性轴。

4. 动、静部分之间的摩擦引起的振动

热应力会造成泵体变形过大或泵轴弯曲，从而引起转动部分与静止部分接触发生摩擦；轴向力、径向力不平衡会引起动静摩擦。摩擦力作用方向与轴旋转方向相反，对转轴有阻碍作用，有时使轴剧烈偏移而产生振动。这种振动属自激振动，与转速无关。

5. 平衡盘设计不良引起的振动

多级离心泵的平衡盘设计不良也会引起泵的振动。如平衡盘本身的稳定性差，当工况变动后，平衡盘失去稳定，会产生左右较大的窜动，造成泵轴有规则地振动，同时动盘与静盘产生碰磨。

6. 原动机引起的振动

驱动泵与风机的各种原动机由于本身的特点，也会产生振动。如泵由汽轮机驱动，则汽轮机作为流体动力机械本身也有各种振动问题，从而形成轴系振动。若泵与风机由电动机驱动，则电动机也会因电磁力引起振动，如磁场不平衡引起的振动、鼠笼式电动机转子笼条断裂引起的振动、电动机铁芯硅钢片过松而引起的振动等。此外，基础不良或地脚螺钉松动也会引起振动。

二、噪声

随着工业的高速发展，噪声问题也越来越严重，形成了近代工业的一大公害。噪声按机理主要包括空气动力性噪声、机械噪声和电磁性噪声。火力发电厂是工业部门中一个强烈的噪声源，如 300MW 机组的送风机附近的噪声高达 124dB，如果人们长期在这样的环境中工作，对健康是十分有害的。因此，噪声问题作为改善劳动条件和保护环境的重要内容之一，已日益受到重视。

据调查，火力发电厂中 100kW 电动给水泵噪声为 96～97dB，100kW 凝结水泵噪声为 104dB，200kW 循环水泵噪声为 97dB，64kW 送风机噪声为 100dB，100kW 引风机噪声为 88～106dB，100kW 排粉风机噪声为 95～110dB，20kW 三相感应电动机噪声为 103dB。这些泵与风机的噪声基本上呈中高频特性，对人体健康是有害的，应采取消声措施。

1. 降低声源的噪声

控制噪声最根本的方法，就是降低声源的噪声。

在设计泵与风机的时候，在气动性能上要尽量减少气流冲击噪声和涡流噪声的发生。要避免通流部分的尖锐突出和急剧转弯。应合理选择转速，使用优质刚性材料，提高设备固有频率。对于离心风机要十分注意控制叶轮与蜗舌出口处的间隙大小。

在泵与风机使用的时候，要提高转子的动平衡精度，以减少不平衡振动产生的噪声。泵与风机要保持良好的润滑状况，防止部件之间的摩擦。要做好声源处的隔振，使用优良的阻尼材料，可以有效减少噪声的产生。必要时，改变共振构件的固有频率，避免共振。

正确的安装，合理地使用和保养，可以有效防止泵与风机在运行过程中产生异常声音。

2. 传输路径的噪声控制

为了降低或防止噪声的传播，也可以在泵与风机周围设计并使用合适的隔声罩，隔绝声源，减少或防止噪声源向外传播。

利用声音的反射原理，使用不连续结构，使声音的能量反射给声源处，就是所谓的阻抗失配，可以隔绝噪声的传播。

在泵与风机进出口设置消声器，降低噪声。

消声器根据原理不同可以分为以下几类：

阻性消声器，通过吸声材料的吸声能力降低噪声；

抗性消声器，通过管道内截面积变化使得声波在管路中反射向声源起到减小噪声的效果；

共振消声器，共振腔消声器是通过共振腔中的空气共振发生剧烈震动，通过将声能消耗成热能来减少噪声。

三、磨损

火力发电厂易磨损的设备是引风机、灰渣泵、排粉机等。

火力发电厂的引风机设置在除尘器之后，但由于除尘器并不能把烟气中全部固体微粒除去，所以，剩余的固体微粒将随烟气一起进入引风机。这些剩余的固体微粒经常冲击叶片和机壳表面引起引风机磨损；同时也会沉积在引风机叶片上。由于磨损和积灰是不均匀的，从而破坏了风机的动静平衡，引起风机振动，甚至迫使锅炉停止运行。与引风机比较，制粉系统中的排粉风机的工作条件更差，其磨损也更为严重。

风机输送的气体中所含微粒的硬度、形状和大小对磨损的程度有直接影响。风机的磨损是由微粒对金属的撞击和擦伤两种作用构成的。在大量微粒的连续打击下，金属表面因逐渐形成一个塑性变形的薄层而被破坏脱落,坚硬微粒的影响如同锉刀在工件上锉削一样。因此,微粒硬度越高,风机中的流道壁面被磨损得就越快。微粒对流道部件的磨损不仅取决于流道部件的硬度,而且还与微粒的几何形状和大小有关。具有棱锥或其他刃尖凸出表面形状的物体,要比具有球形表面的物体对金属的磨损严重。

风机的磨损速度随磨损部件材料的硬度增加而减小。但是耐磨性不仅取决于它的硬度,而且还与它的成分有关。例如,经热处理的各种不同成分的钢,虽然具有相同的硬度,但却有不同的耐磨性。碳钢在通过淬火提高硬度的同时,耐磨性也有所提高,但是不成正比。如 40 号碳钢淬火后,其硬度由 HV168 增加到 HV730;尽管硬度增加了 3.5 倍,但其耐磨性却仅增加 69%。由此可见,要提高材料的耐磨性,既要提高材料硬度,也要选用耐磨材料。

此外,有关资料表明:排粉风机的实际使用寿命(与磨损密切相关)与输送气体中所含微粒的浓度成正比;与圆周速度的三次方成正比。

引风机和排粉风机的磨损影响锅炉的安全运行。因此,在风机设计制造和使用中应采取防磨措施,以提高其使用寿命。可采用的措施主要有下述几种:

(1)在风机叶片容易磨损部位,用等离子喷镀一定厚度的硬质合金层,或堆焊硬质合金(如高碳铬锰钢等硬质合金)。

(2)叶片渗碳是提高材料表面硬度、减轻磨损的一个有效措施。渗碳使金属表面形成硬而耐磨的碳化铁层,同时保持钢材内部柔韧性。如某电厂对引风机叶片进行渗碳处理后,叶片表面硬度可达到洛氏硬度 50 以上,磨损速度由过去每月 1mm 减小到 0.1mm,使用寿命延长 10 倍。

(3)选择合理的叶型以减少积灰和振动,如采用后向直板型叶片代替机翼型叶片。其结构简单,便于维修,效率也可达 85% 左右。

(4)风机机壳可采用铸石作为防磨衬板,其耐磨性比金属衬板高几倍,甚至几十倍。

除上述方法外,对除尘器加强日常维护和管理以提高除尘效率、对锅炉加强燃烧调整,改善煤粉细度、降低飞灰可燃物以及降低风机转速等,都会延长风机的使用寿命。

灰浆泵是用来把灰渣池中的灰浆排到距电厂很远的储灰场的设备,和排粉风机一样,磨损也极为严重,因此要定期更换叶轮或叶片。

目前解决灰浆泵的磨损问题,主要是采用耐磨的金属材料,另外,在叶片表面上堆焊合金钢也可延长寿命。

四、效率低

泵与风机在运行过程中存在效率低的问题。为了提高运行经济性,可以从以下几个方面挖掘泵与风机的运行潜力。

1. 及时淘汰落后的泵与风机

国内外近年来生产的新型泵与风机效率和使用寿命都大大提高,因此淘汰效率低、噪声大、产品质量差的泵与风机,有助于提高泵与风机的效率。

2. 科学合理地选型

若设计、选型中层层加码,留有过大的余量,造成大马拉小车,导致泵与风机的运行工况点与设计高效点相偏离,运行效率将大幅下降。科学地选择泵与风机的裕量、进行合理的选型是保证高效运行的前提。

3. 改造不合理的管路系统

泵与风机是否节能取决于很多因素，除自身的效率外，还与管路系统的设计是否合理有很大关系。尽量降低管路系统的阻力，实现泵与风机和管路系统合理地匹配是节能降耗最有效的途径。

4. 选用合理的运行调节方式

选用合理的运行调节方式，也是高效节能运行的重要环节之一。不同的调节方式，运行经济性差别很大，要根据具体实际情况进行合理选择。

思 考 题

6-1　如何绘制管路特性曲线？管路特性曲线的形状随哪些因素变化？

6-2　什么是泵与风机的工作点？泵的扬程与泵所在管路的装置扬程区别是什么？两者又有什么联系？

6-3　什么是稳定工作点？何时可能出现不稳定工况？

6-4　画图定性表示泵吸入空间液面高度变化前后其运行工况点变化。

6-5　何谓工况调节？工况调节的原理有哪些？

6-6　泵与风机工况调节的具体办法有哪些？

6-7　离心泵工况调节可以采用哪些办法？各有何特点？

6-8　轴流风机工况调节可以采用哪些办法？各有何特点？

6-9　变速调节后如何绘制相似曲线？

6-10　何谓并联？并联的特点是什么？

6-11　何谓串联？串联的特点是什么？

6-12　泵与风机并联工作的目的是什么？并联后流量和扬程（或全压）如何变化？并联后为什么扬程会有所增加？

6-13　泵与风机串联工作的目的是什么？串联后流量和扬程（或全压）如何变化？串联后为什么流量会有所增加？

6-14　影响串联、并联运行效果的因素有哪些？相同性能泵联合工作方式如何选择？

6-15　简述当两台离心泵串联运行时，泵的启动顺序。

6-16　何谓汽蚀？汽蚀的危害有哪些？

6-17　何谓断裂工况？

6-18　何谓有效汽蚀余量？何谓必需汽蚀余量？

6-19　提高泵抗汽蚀性能的措施有哪些？

6-20　何谓泵与风机的不稳定运行工况？叶片式泵与风机有哪几种不稳定运行工况？

6-21　不稳定运行工况有什么危害？如何防止？

6-22　何谓喘振？何谓旋转失速？它们发生的条件各是什么？两者的区别和联系是什么？

6-23　什么是"抢风"现象？发生的条件是什么？如何防止和消除？

习 题

6-1 某台变速水泵在一管路中工作，吸水面绝对压力为 0.1MPa，出水面比吸水面高 20m，当转速为 960r/min 时，泵流量为 80L/s、扬程为 114m；当转速为 900r/min 时，泵流量为 67L/s、扬程为 104m。试计算出水面上的绝对压力（水的密度为 1000kg/m³）。

6-2 水泵装置系统如图 6-50 所示。吸水面与压水面的压力分别为 $p_1 = 3500\text{Pa}$，$p_2 = 600\text{kPa}$。两液面高度差为 $H_z = 14\text{m}$。管道系统的总阻力 $h_w = 516\dfrac{v^2}{2g}$，管道直径 $d = 350\text{mm}$。试求水泵的流量、扬程、效率及轴功率各为多少？（水温为 26℃）

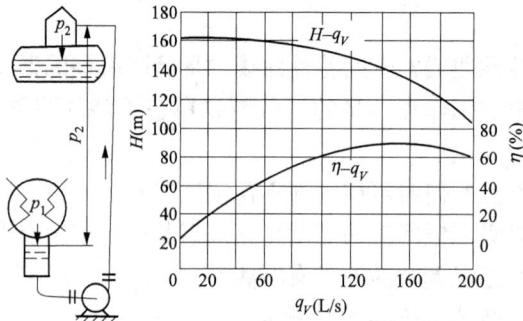

图 6-50 习题 6-2 用图

6-3 某水泵在管路上工作，管路特性曲线方程 $H_c = 20 + 2000q_V^2$（q_V 单位以 m³/s 计算），水泵性能曲线如图 6-51 所示，问水泵在管路中的供水量是多少？若再并联一台性能相同的水泵工作时，供水量变化量为多少？

6-4 为了提高管道系统内的风压，两台相同型号的风机串联在一起。每台风机的性能曲线如图 6-52 所示。一台风机在管道系统中工作时的全压 $p = 2400\text{Pa}$。试确定串联工作时每台风机的全压、流量及效率是多少？

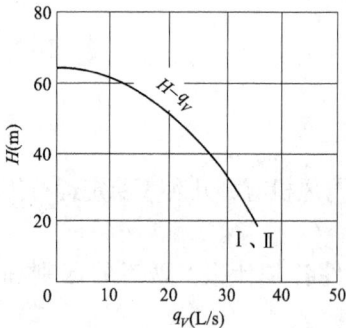

图 6-51 习题 6-3 用图

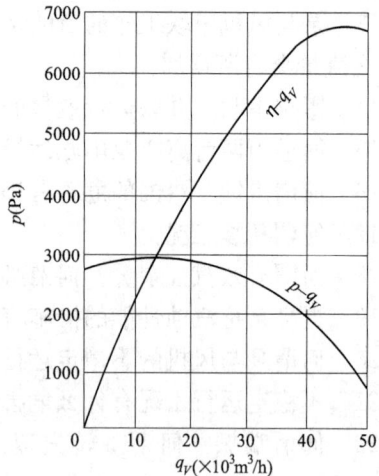

图 6-52 习题 6-4 用图

6-5　为了增加管道系统中的送风量，将 No.1 与 No.2 风机并联工作，管道特性曲线方程为 $p=40q_V^2$（q_V 以 m³/s 计，p 以 Pa 计），No.1 及 No.2 风机性能曲线绘于图 6-53 中，问管道中的风量增加了多少？

6-6　某风机在转速 $n=2750$r/min 时的 $p-q_V$ 性能曲线和 $\eta-q_V$ 性能曲线如图 6-54 所示，管路系统特性方程为 $p=10q_V^2$（q_V 的单位是 m³/s），若采用改变转速的方法使风机的流量减少 10%，问风机的转速应为多少？此时的风机轴功率又为多少？

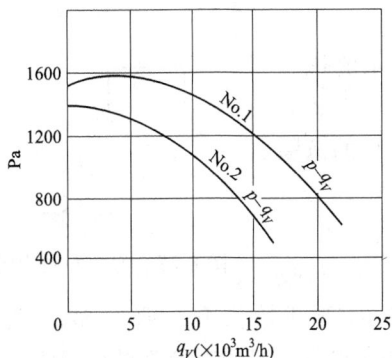

图 6-53　习题 6-5 用图

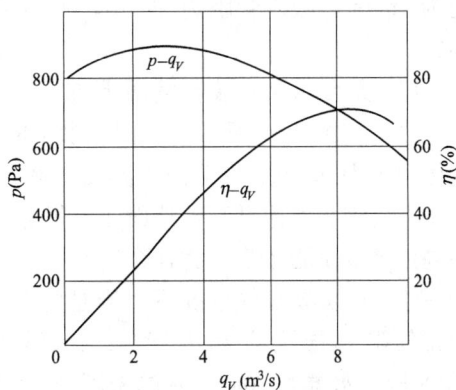

图 6-54　习题 6-6 用图

6-7　某离心泵在 $n_1=1450$r/min 时的性能曲线绘于图 6-55 中，装置管路特性曲线方程为 $H=40+1250q_V^2$（q_V 单位 m³/s）。当管路系统需要将流量改变到 $q_V=240$L/s 时，泵的转速 n_2 应调节到多少？

6-8　某水泵在 $n_1=1450$r/min 时的性能曲线绘于图 6-56 中，装置管路特性曲线方程为 $H=20+0.0015q_V^2$（q_V 单位 m³/h）。求：

（1）水泵在该转速下的工作点；

（2）若采用变速调节至水泵流量为 120m³/h，水泵转速 n_2 应为多少？

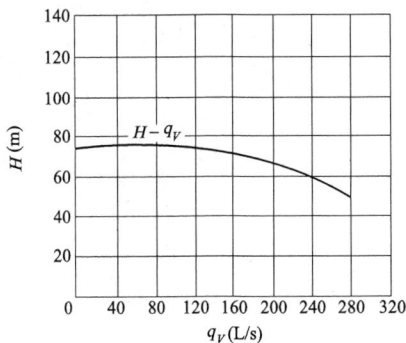

图 6-55　习题 6-7 用图

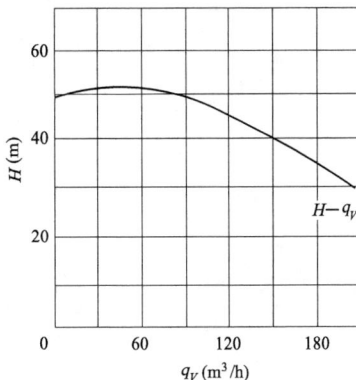

图 6-56　习题 6-8 用图

6-9　在海拔 800m 的某地安装一台水泵，输水量 $q_V=2000$m³/h，水温 $t=30℃$，泵样本中给出的允许吸上真空高度 $[H_s]=4$m，吸水管内径 $d=500$mm，吸水管的长度 $L=$

6m，局部阻力的当量长度 $L_e=4$m，设沿程阻力系数 $\lambda=0.025$。试确定 $H_g=3.5$m 时，水泵能否正常工作。（海拔 800m 的大气压头 $H_{amb}=9.43$m，30℃水的饱和蒸汽压头 $H_v=0.43$m，水的密度 $\rho=995.6$kg/m³）。

6-10 某水泵，从敞口水池吸水，水泵 $[H_s]=5.5$m，安装在液面上 4m，管内流速为 2m/s，若吸入管阻力为 1m，问水泵是否汽蚀？

6-11 某水泵 $[\Delta h]=3$m，从敞口水池吸水送入敞口水箱，泵安装在液面上 5m，管内流速为 2m/s，吸入管阻力为 1m，若当地大气压为标准值、水温为 30℃时，问水泵是否汽蚀？

6-12 某台水泵安装在液面下方，液面压力等于水的饱和蒸汽压力，如图 6-57 所示。已知该水泵的 $[NPSH]=0.9$m，吸入管阻力为 0.6m，问为防止汽蚀，该水泵距液面距离的范围是多少？若饱和水温升高，液面压力仍等于水的饱和蒸汽压力，安装高度范围是否改变？为什么？

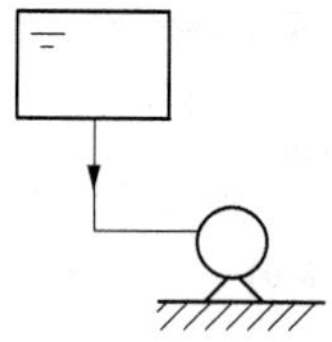

图 6-57 习题 6-12 用图

6-13 在泵吸水的情况下，当泵的几何安装高度 H_g 与吸入管路的阻力损失之和大于 62 000Pa 时，发现泵内刚开始汽化。吸入液面压力为 101 300Pa、水温为 20℃，水的密度为 1000kg/m³，试求水泵装置的有效汽蚀余量为多少？

6-14 有一吸入管径为 500mm 的单级双吸泵，吸水液面压力为大气压，输送常温为 20℃清水时，$q_v=1080$m³/h，$n=790$r/min，$H=47$m，汽蚀比转速 $C=900$，试求：泵的允许吸上真空高度。

第七章 叶片式泵与风机叶轮的初步设计

进行叶片式泵与风机叶轮设计时，首先应确定其结构形式，然后进行水力设计，并进行部件的强度计算，最后进行总体设计。本章只介绍叶片式泵与风机叶轮的初步设计（即部分水力设计）。

第一节 泵与风机叶轮设计的总体要求与任务

一、泵与风机叶轮设计的总体要求

一般来说，无论是离心式还是轴流式泵与风机，叶轮设计的总体要求有以下几个方面：

（1）工作区域要大。泵与风机的工作区域越大，它所适用的范围就越广。在进行产品系列化设计时，可用较少的机号布满一定的流量-扬程（全压）范围。

（2）泵与风机及其附属设备的最大水力效率和平均效率要高。泵与风机及其附属设备在管网中工作时，其工况点不一定落在额定工况点上。尤其是管网阻力改变频繁、工况时常变化的场合，如电站给水泵和送风机、引风机。因此仅仅关注泵与风机额定工况下的效率是不够的，以平均效率作为评定泵与风机经济性指标则比较合理。这就要求尽量在叶轮正常工作范围内的任何工况下都使摩擦、撞击、旋涡和脱流等能量损失降低到最小，在水力设计中使叶片形状尽可能符合实际水流的流动情况，避免撞击和脱流，减小旋涡损失。

（3）调节范围要深，加强对变工况的适应能力。如果泵与风机本身没有调节装置，当它们在非设计工况运行时，特别是在低负荷运行时，由于叶片不能完全符合实际流体的运动情况，而迫使流体转向和改变速度大小，可能会在叶片后产生旋涡，引起效率下降，甚至引起泵与风机的不稳定工况，导致机组振动。因此，叶轮设计时必须考虑调节方式。

（4）泵的叶轮应具有较好的抗汽蚀性能。改善泵叶轮的抗汽蚀性能、提高运行稳定性对延长机组寿命及保证运行安全具有重要的实际意义。

（5）风机噪声要低。噪声是一种公害，它会影响人们的身心健康，以及降低劳动生产率。设计风机时，应对噪声有所限制。

二、叶轮设计的任务

叶轮设计的任务，就是要设计出性能优良的新的叶轮，其关键在于：

（1）正确选择设计参数和合理确定叶轮流道的几何形状。也就是说，叶轮水力设计中首先应合理地确定出：

1）流道轴面投影的几何形状和尺寸；

2）叶片数；

3）叶片进、出口边的位置；

4）沿流道过流断面的面积变化规律等。

（2）从流体在叶轮中的实际运动情况出发，合理地进行叶片绘形。

第二节　离心式泵与风机叶轮的初步设计

离心式泵与风机的叶轮设计是根据给定的流动参数和给定的流动条件，使所设计的泵与风机具有最高的效率，良好的性能，并使其外特性符合要求。

到目前为止，工程上使用的离心式泵与风机设计方法仍然是基于一元流动理论的方法，如相似设计法和速度系数法。大量可靠的设计资料和丰富的设计经验仍然是水力设计成败的关键之一。因此，本节仅介绍基于一元流动理论的两种主要离心式泵与风机的设计方法：相似设计法和速度系数法。

一、相似设计法

（一）相似设计法简介

相似设计法是以泵与风机的相似定律为基础的设计方法。如果两台泵（风机）相似，其比转速 n_s 必然相等；在相似工况下，两台泵（风机）的流量、扬程（全压）和功率应该满足相似定律。已知一台泵（风机）的几何形状和性能曲线，就可以利用相似定律，按一定比例放大或缩小得到另一台泵（风机）几何形状，并换算出这台泵（风机）相应的性能曲线。

相似设计时首先要选定模型，然后进行缩放计算。在第五章相似理论及其应用的相关知识的基础上，按照相似定律可求得流量缩放系数 λ_q 和扬程缩放系数 λ_H，即

$$\lambda_q = \frac{D}{D_m} = \sqrt[3]{\frac{n_m}{n} \cdot \frac{q_V}{q_{Vm}}} \tag{7-1}$$

$$\lambda_H = \frac{D}{D_m} = \frac{n_m}{n} \sqrt{\frac{H}{H_m}} \tag{7-2}$$

式中　　D、D_m——实型、模型定性线性尺寸，m；

$\quad\quad\ n$、n_m——实型、模型转速，r/min；

$\quad\quad\ q_V$、q_{Vm}——实型、模型体积流量，m^3/s；

$\quad\quad\ H$、H_m——实型、模型扬程，m。

缩放系数取 λ_q 或 λ_H，两者均可。一般选取其中较大的值或者两者的平均值。习惯上，用 λ_q 值换算与叶轮宽度有关的尺寸，用 λ_H 值换算与叶轮直径有关的尺寸。

一般来说，缩放系数越接近于 1，这种设计方法越精确。

（二）相似设计的一般步骤

（1）根据给定的参数，先确定泵或风机的结构形式，并最终确定比转速。

确定泵或风机的结构形式包括是单吸还是双吸、是单级还是多级、是悬臂式还是双支撑、是水平中开式还是分段式。除了根据经验选取之外，也可以根据泵或风机的比转速确定。但是设计时，一般转速是未知的，因此比转速也是未知的。

转速的选取至关重要。一般要考虑如下因素：

泵的圆周速度一般较低，强度问题不大，设计时着重考虑的是泵的汽蚀性能和泵的效率。

对于离心风机，圆周速度 u_2 的提高受材料强度和气动噪声的限制。离心风机叶轮的叶片出口安装角 β_{2a} 的变化范围大，可以小于、等于或大于 90°。在相同的风机全压下，改变 β_{2a} 将引起 u_2 和转速 n 的改变，并影响到风机的效率。且离心风机可以用皮带轮传动，转速

大小可以任意选取。因此，在选取离心风机的 n 和 u_2 时，应全面考虑其对机器尺寸、效率、噪声和强度的影响。

转速确定后，便可计算比转速。

（2）根据比转速选择模型泵或风机。选择模型时，流量-扬程（全压）曲线要平坦；效率要高，高效率区要宽；泵汽蚀性能好，即汽蚀比转速要大。

（3）根据已选定的模型和给定的参数，按式（7-1）或式（7-2）计算缩放系数。

（4）将模型泵或风机按照缩放系数，放大或缩小所设计的泵或风机过流部分的所有尺寸。

（5）根据模型泵或风机性能曲线按照相似定律换算出绘制实型泵或风机的性能曲线的数据。

（6）绘制实型泵或风机图纸。实型泵或风机的过流部分所有角度与模型相等，所有尺寸按照步骤 4 计算的结果，但应考虑制造的可能性和结构的合理性（如叶片和导叶厚度不能太厚或太薄）可作适当的修改。

应当注意，如果实型泵或风机与模型泵或风机差别比较大，原因是尺寸效应的影响，用相似定律换算出的性能曲线与实际试验得到的性能曲线会有所不同。

相似设计法快捷可靠，但泵或风机的性能基本上取决于模型泵或风机，不利于进一步改善和提高性能。

二、速度系数法

（一）速度系数法简介

根据相似定律，对一系列几何相似、工况相似的泵或风机，有

$$\frac{q_V}{nD^3} = \text{const}$$

式中　q_V——体积流量，m^3/s；

　　　n——转速，r/min；

　　　D——定性线性尺寸，m。

即

$$D = k_1 \sqrt[3]{\frac{q_V}{n}} \tag{7-3}$$

式中 k_1 为常数。又因为

$$D = k_2 \frac{u}{n} \tag{7-4}$$

式中　u——圆周速度；

　　　k_2——常数。

将式（7-4）代入式（7-3），得

$$k_2 \frac{u}{n} = k_1 \sqrt[3]{\frac{q_V}{n}}$$

化简，可得

$$u = k_3 \sqrt[3]{n^2 q_V} \tag{7-5}$$

式中　k_3——常数。

同样，由相似定律 $\dfrac{H}{n^2 D^2} = \text{const}$，可得

$$D = k_4 \frac{\sqrt{H}}{n} \tag{7-6}$$

式中　k_4——常数。

引入重力加速度常数 g，式（7-6）可变形为

$$D = k_5 \frac{\sqrt{2gH}}{n} \tag{7-7}$$

式中　k_5——常数。

将式（7-4）代入式（7-7），得

$$k_2 \frac{u}{n} = k_5 \frac{\sqrt{2gH}}{n}$$

化简，可得

$$u = k_6 \sqrt{2gH} \tag{7-8}$$

式中　k_6——常数。

在式（7-5）、式（7-8）中，其系数 k_3、k_6 是圆周速度表达式中的系数，称为速度系数。对相似的泵与风机来说，速度系数相等，故这些系数分别为比转速的函数。

利用比转速和速度系数的关系（公式、曲线、数据表格）可求得速度系数，根据相关公式可以进一步计算出各部分尺寸。这样的设计方法就叫速度系数设计法。

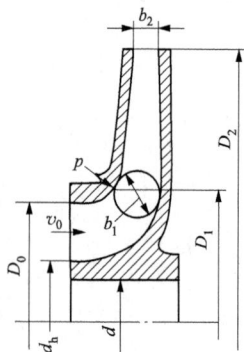

图 7-1　离心叶轮几何尺寸

用速度系数法进行产品设计时，虽然设计计算比较方便，但是产品只能保持原有的水平，因此，采用速度系数法设计产品时，应结合模型试验，不断创造新的优秀的模型，并使速度系数不断充实，才能不断提高产品水平。

泵与风机的速度系数法稍有区别，现分开叙述。

（二）泵的速度系数法

离心叶轮几何尺寸如图 7-1 所示。图 7-1 中 D_0 表示叶轮入口直径，D_1 表示叶片入口直径，D_2 表示叶轮出口直径，d_h 表示轮毂直径，d 表示轴的直径，b_1 表示叶片进口宽度，b_2 表示叶片出口宽度。

1. 叶轮入口直径 D_0 的确定

因为有的叶轮有轮毂（穿轴叶轮），有的叶轮没有轮毂（悬臂式叶轮），为从研究问题中排除轮毂（轮毂直径为 d_h）的影响，即考虑一般情况，引入叶轮入口当量直径 D_e 的概念。以 D_e 为直径的圆面积等于以 D_0 为直径的圆面积减去以 d_h 为直径的圆面积，即

$$\frac{\pi D_e^2}{4} = \frac{\pi (D_0^2 - d_h^2)}{4} \tag{7-9}$$

式中　D_e——叶轮入口当量直径，m；

　　　d_h——轮毂直径，m；

　　　D_0——叶轮入口直径，m。

式（7-9）可变形为

$$D_e^2 = D_0^2 - d_h^2$$

$$D_0 = \sqrt{(D_e^2 + d_h^2)} \tag{7-10}$$

为了确定叶轮入口直径 D_0，必须先确定轮毂直径 d_h 和入口当量直径 D_e。

（1）确定轮毂直径 d_h。按照转矩计算轴的直径 d 为

$$d = \sqrt[3]{\frac{M_n}{0.2[\tau]}} \tag{7-11}$$

$$M_n = 9.55 \times 10^3 \times \frac{P'}{P}$$

$$P' = kP$$

式中　M_n——扭矩，N·m；

　　$[\tau]$——轴材料的许用切应力，对优质碳钢取 $343 \sim 441 \times 10^5$ Pa，对合金钢取 $441 \sim 588 \times 10^5$ Pa；

　　P'——计算功率，kW；

　　P——需要的机器的功率，kW；

　　k——功率备用系数，$k = 1.1 \sim 1.2$。

估算出需要的机器功率 P，由式（7-11）确定轴的最小直径后，再确定装叶轮处的轴径 d 和轮毂直径 d_h，通常取

$$d_h = (1.2 - 1.4)d$$

（2）确定入口当量直径 D_e。叶片入口的相对速度 w_1 影响到叶轮内的流动损失和入口的冲击损失。确定入口直径 D_0 的原则是使 w_1 的值最小，使得损失最小。在进入叶道时无冲击无预旋的情况下，可认为进入叶道后的速度具有的关系为

$$w_1^2 = v_{1r}^2 + u_1^2 \tag{7-12}$$

式中　w_1——叶片入口相对速度，m/s；

　　v_{1r}——叶片入口绝对速度的径向分速度，m/s；

　　u_1——叶片入口圆周速度，m/s。

根据连续性方程，叶轮入口速度为

$$v_0 = \frac{4q_V}{\pi(D_0^2 - d_h^2)\mu_0\eta_V} \tag{7-13}$$

式中　v_0——叶轮入口速度，m/s；

　　q_V——体积流量，m³/s；

　　D_0——叶轮入口直径，m；

　　d_h——轮毂直径，m；

　　μ_0——叶轮入口截面液（气）流充满系数；

　　η_V——容积效率。

叶片入口绝对速度的径向分速度为

$$v_{1r} = \frac{\xi_1 v_0}{\tau_1} \tag{7-14}$$

$$\xi_1 = \frac{v'_{1r}}{v_0}$$

$$\tau_1 = \frac{t_1 - \delta_1/\sin\beta_{1a}}{t_1}$$

$$t_1 = \pi D_1/Z$$

式中　v_0——叶轮入口速度，m/s；

　　　ξ_1——系数；

　　　v'_{1r}——叶片入口前绝对速度的径向分速度，m/s；

　　　τ_1——由于叶片厚度存在，叶道入口截面的排挤系数；

　　　δ_1——入口处叶片厚度；

　　　β_{1a}——叶片入口安装角；

　　　t_1——叶道入口的栅距。

将式（7-13）代入式（7-14）得

$$v_{1r} = \frac{4\xi_1 q_V}{\pi(D_0 - d_h^2)\mu_0 \tau_1 \eta_V} \tag{7-15}$$

将 $u_1 = \pi D_1 n/60$ 和式（7-15）带入式（7-12），得

$$w_1^2 = \frac{16\xi_1^2 q_V^2}{\pi^2(D_0^2 - d_h^2)\mu_0^2 \tau_1^2 \eta_V^2} + \frac{\pi^2 D_1^2 n^2}{3600} \tag{7-16}$$

令

$$D_1 = k_1 D_0 \tag{7-17}$$

式中　k_1——常数。

把式（7-17）带入式（7-16），并近似地视 ξ_1、τ_1、η_V 和 k_1 为常数，则 w_1^2 只是 D_0^2 的函数。求 w_1^2 对 D_0^2 的导数，并令其等于零，则得

$$\frac{16\xi_1^2 q_V^2}{\pi^2 \tau_1^2 \mu_0^2 \eta_V^2}\left[\frac{-2}{(D_0^2 - d_h^2)^3}\right] + \frac{\pi^2 k_1^2 n^2}{3600} = 0 \tag{7-18}$$

因为

$$D_e^2 = D_0^2 - d_h^2$$

式（7-18）最终简化后得

$$D_e = 3.25 \times \sqrt[3]{\frac{\xi_1}{\mu_0 \tau_1 k_1 \eta_V}} \times \sqrt[3]{\frac{q_V}{n}} \tag{7-19}$$

在泵的设计中，通常采用的方法是将式（7-19）中的多个系数简化成一个系数，即将式（7-19）表示为

$$D_e = k_0 \sqrt[3]{\frac{q_V}{n}} \tag{7-20}$$

式中　k_0——系数，根据统计资料选取；

　　　q_V——泵的流量，m³/s；

　　　n——泵转速，r/min。

式（7-20）就是速度系数法的核心。

对于泵，若主要考虑泵的效率，根据统计资料显示，$k_0 = 3.5 \sim 4.0$；若兼顾效率和汽蚀，$k_0 = 4.0 \sim 5.0$；若主要考虑汽蚀性能，$k_0 = 5.0 \sim 5.5$。

（3）确定入口直径 D_0。将 D_e、d_h，代入式（7-10）计算 D_0，根据 $k_1 = D_1/D_0$，同时

确定叶片进口直径 D_1。

对于泵，$k_1 = 0.7 \sim 1.0$，低比转速叶轮取大值，高比转速取较小值。

2. 叶片数 z 的确定

叶轮的叶片数对泵与风机的动力性能有较大的影响，叶道内的流动损失主要来自两方面：一是摩擦损失；二是边界层分离引起的旋涡损失。叶片数增加时，旋涡损失减小，摩擦损失增大；叶片数减少时，涡流损失增大，摩擦损失减小。因此，必然存在令两项流动损失之和为最小的最佳叶片数。

根据比转速，离心泵叶片数可按表 7-1 确定。

表 7-1 离心泵比转速 n_s 与叶片数 z

n_s	30~60	60~180	180~280
Z	8~9	6~8	5~6

3. 叶轮叶片入口宽度 b_1 的确定

图 7-2 表示叶轮流道入口边的两种不同形式。图 7-2（a）所示的入口边形式适用于低、中比转速的泵与风机；图 7-2（b）所示的入口边形式适用于高比转速的泵与风机。图 7-2（b）中的 MN 线为中间流线，实线 AB 为叶片的入口边，虚线 CD 为过流截面的形线。如果将叶片入口边放置在过流截面线 CD 处，则 CD 线即为叶轮叶片入口宽度 b_1。

假设图 7-2（a）中液（气）流为径向流入叶轮流道，且不考虑轮毂直径的影响，由连续方程得

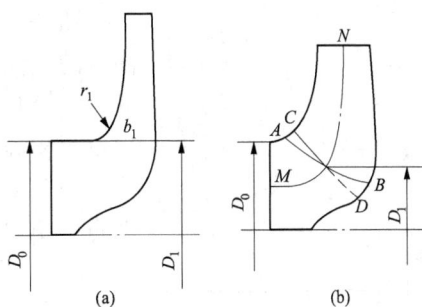

图 7-2 叶轮流道入口边的两种不同形式
（a）适用于低、中比转速的泵与风机；
（b）适用于高比转速的泵与风机

$$\frac{\pi}{4} D_0^2 v_0 \mu_0 = \pi D_1 b_1 v_{1r} \mu_1 \qquad (7\text{-}21)$$

式中 D_0、D_1——叶轮、叶片入口直径，m；

$\quad\quad v_0$——叶轮入口速度，m/s；

$\quad\quad \mu_0$——叶轮入口截面液（气）流充满系数；

$\quad\quad b_1$——叶片入口宽度，m；

$\quad\quad v'_{1r}$——叶片入口前绝对速度的径向分速度，m/s；

$\quad\quad \mu_1$——叶片入口前截面液（气）流充满系数，对于后向叶轮 $\mu_1 = 0.85 \sim 0.95$；
$\quad\quad\quad$ 对于前向叶轮，$\mu_1 = 0.7 \sim 0.9$。

将 $D_0 = D_1/k_1$ 和 $v_{1r} = \xi_1 v_0$ 代入式（7-21），变形可得

$$b_1 = \frac{D_0}{4} \times \frac{\mu_0}{\mu_1} \times \frac{1}{k_1 \xi_1} \qquad (7\text{-}22)$$

近似地认为 $\mu_0 = \mu_1$，则

$$b_1 = \frac{D_0}{4} \times \frac{1}{k_1 \xi_1}$$

对于泵，若主要考虑效率，取 $\xi_1 = 0.9 \sim 1.0$；若主要考虑汽蚀性能，取更小的 ξ_1 值，乘积 $k_1 \xi_1$ 的值应该在以下范围内，即

$$0.4 < k_1 \xi_1 < 0.83$$

4. 叶片入口安装角 β_{1a} 的确定

泵与风机的流量为已知，在流体沿径向流入叶道的情况下，根据已确定的 n、D_1、b_1 即可求出叶片入口前的流动角 β_1'。预选叶道入口排挤系数 τ_1 后，可计算出进入叶片后的流动角 β_1。为了保证流体平滑进入叶道，似乎可令叶片入口安装角 β_{1a} 等于 β_1。但是即使是自由流入，也存在一定的预旋速度，故一般取 $\beta_{1a} > \beta_1$ 或 $\beta_{1a} < \beta_1$。入口冲角为

$$i = \beta_{1a} - \beta_1$$

从汽蚀性能考虑，泵的最佳叶片入口液流角为 $17.5°$。为了提高泵的汽蚀性能，应使泵的 β_1 接近此值，故一般取 $i = 3° \sim 19°$，即 $\beta_{1a} = 20.5° \sim 36.5°$。

对于图 7-2（a）所示叶片进口边位于同一直径上的叶轮，沿进口边各点的圆周速度 u_1 是相等的。按一元流动计算，沿进口边各点的径向分速度 v_{1r} 也相等，因此沿进口边各点的叶片入口安装角 β_{1a} 是相等的。

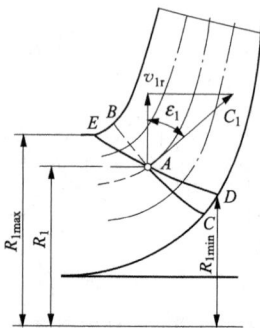

图 7-2（b）中，将叶片入口边延伸到弯曲区的好处是可以提高泵的汽蚀性能，且可避免该处边界层分离。叶片边伸入到弯曲区后，沿叶片边各点的圆周速度 u_1 不再相等，各点的流动角 β_1 也不再相等，也就不能在各点选取相同的 β_{1a} 角。

图 7-3 中，在弯曲区的入口边作若干条流线。通过中间流线 A 点的绝对速度为 v_1，流线与半径的夹角为 ε_1，径向分速为

图 7-3 叶片入口边上的速度分布

$$v_{1r} = v_1 \cos\varepsilon_1 \frac{1}{\tau_1} \tag{7-23}$$

$$\tau_1 = 1 - \frac{z\delta_1 / \sin\beta_{1a}}{\pi D_1}$$

式中　v_{1r}——叶片进口绝对速度径向分速度，m/s；

　　　v_1——叶片进口绝对速度，m/s；

　　　ε_1——流线与半径的夹角；

　　　τ_1——叶道入口截面上的排挤系数；

　　　δ_1——叶片厚度。

因此

$$\tan\beta_1 = \frac{v_{1r}}{u_1} = \frac{v_1}{u_1}\cos\varepsilon_1 \frac{1}{\tau_1} = \frac{v_1}{u_1}\cos\frac{\pi D_1}{\pi D_1 - z\dfrac{\delta_1}{\sin\beta_{1a}}} \tag{7-24}$$

假设叶轮喉部截面上的速度 v_0 是均匀的。在 τ_1 不变的条件下，叶轮流道进口边上各点的径向分速度 v_{1r} 是近似相等的，但 u_1 是不等的，故各点的 β_1 是不等的。需要逐点计算 β_1 的值。

先计算 A 点。若冲角 $i = 0$，则 $\beta_1 = \beta_{1a}$。欲由式（7-24）求 β_1，要预先假设 β_{1a} 的值。计算出式（7-24）左边的值，得 β_1。求出的 β_1 应与预选的 β_{1a} 相等。如不等，要重新预选 β_{1a}，进行逐步逼近计算，最终求得 β_{1a} 值。进口边上其他各点 β_{1a} 值用同样方法计算。

若冲角 i 不等于零，则式（7-24）变为

$$\tan(\beta_1 - i) = \frac{v_1}{u_1}\cos\frac{\pi D_1}{\pi D_1 - z\dfrac{\delta_1}{\sin\beta_{1a}}} \tag{7-25}$$

同样，可用逐步逼近法求出叶片进口边上各点的叶片入口安装角 β_{1a} 的值。

5. 叶片出口安装角 β_{2a} 与叶轮外径 D_2 的确定

根据欧拉方程，泵与风机的能头主要与叶轮出口圆周速度 u_2 和出口绝对速度的圆周分速度 v_{2u} 有关，u_2 与转速 n 和叶轮外径 D_2 有关，v_{2u} 还与 β_{2a} 有关。因此，正确决定 n、β_{2a} 和 D_2 的值是保证获得能头的关键。

对于离心泵，出口安装角 β_{2a} 通常为 $20°\sim30°$。主要问题是确定 D_2 的值。

因为压水室的水力损失与叶轮出口后的绝对速度的平方成正比，为了减小压水室的损失，应当减小叶轮出口的绝对速度。因此，将在满足所要求的扬程和流量的条件下使出口绝对速度为最小，作为确定 D_2 的出发点。

由速度三角形有

$$v_2^2 = v_{2u}^2 + v_{2r}^2 \tag{7-26}$$

式中　v_2——叶轮出口绝对速度，m/s；

　　　v_{2u}——叶轮出口绝对速度的圆周分速度，m/s；

　　　v_{2r}——叶轮出口绝对速度的径向分速度，m/s。

由欧拉方程式经变换有

$$v_{2u} = \frac{gH}{u_2\eta_h} \tag{7-27}$$

式中　g——重力加速度，m/s^2；

　　　H——泵的扬程，m；

　　　u_2——出口圆周速度，m/s；

　　　η_h——流动效率。

又因为 $v_{2r} = (u_2 - v_{2u})\tan\beta_2$，将式（7-27）代入式（7-26），整理后得

$$v_2^2 = \left(\frac{gH}{u_2\eta_h}\right)^2(1 + \tan^2\beta_2) + u_2^2\tan^2\beta_2 - \frac{2gH}{\eta_h}\tan^2\beta_2$$

式中的扬程 H 是给定的，出口流动角 β_2 和水力效率 η_h 的变化范围不大，可视为常数。那么 v_2 只是 u_2 的函数。求 v_2^2 对 u_2^2 的导数并令它等于零，即可求出 v_2 为极小时的 u_2 值，即

$$u_2 = \frac{1}{\sqrt{2\eta_h\sin\beta_2}}\sqrt{2gH}$$

$$\frac{\pi D_2 n}{60} = \frac{1}{\sqrt{2\eta_h\sin\beta_2}}\sqrt{2gH}$$

$$D_2 = \frac{60}{\pi\sqrt{2\eta_h\sin\beta_2}}\frac{\sqrt{2gH}}{n}$$

上式还可简写成

$$D_2 = K_{D_2}\frac{\sqrt{2gH}}{n} \tag{7-28}$$

根据统计资料有

$$K_{D_2} = 19.2\left(\frac{n_s}{100}\right)^{\frac{1}{6}} \tag{7-29}$$

式中 n_s——比转速。

6. 确定叶轮叶片出口宽度 b_2

叶轮外径 D_2 是根据压水室内水力损失为最小的原则确定。只要将叶片出口宽度 b_2 表示为 D_2 的函数，然后代入确定最佳直径 D_2 的公式，即可求得最佳的 b_2 值，即

$$b_2 = K_{b_2} \frac{\sqrt{2gH}}{n} \tag{7-30}$$

式中 K_{b_2}——常数，是 n_s 的函数。

根据统计资料有

$$K_{b_2} = 1.3 \left(\frac{n_s}{100} \right)^{3/2} \tag{7-31}$$

b_2 也可用式（7-32）计算，即

$$b_2 = K'_{b_2} \sqrt[3]{\frac{q_V}{n}} \tag{7-32}$$

式中 K'_{b_2}——常数，是 n_s 的函数。

根据统计资料有

$$K'_{b_2} = 0.64 \left(\frac{n_s}{100} \right)^{5/6} \tag{7-33}$$

（三）风机速度系数法

对于离心风机，由于叶片形式可以是后弯的，也可以是径向或前弯的，叶片出口安装角 β_{2a} 的变化范围很大，不能完全用与泵同样的方法来确定 D_2。因为 n、β_{2a}、D_2 之间的关系复杂，可以采用多种方法来确定它们的数值。先选取转速 n，计算出比转速 n_s（本章风机的比转速也用 n_s 表示），再利用 n_s 确定其他参数是一种常用的方法。

1. 选取转速计算比转速 n_s

风机设计时一般根据设计资料，比转速按式（7-34）计算，即

$$n_s = 5.54 \frac{n \sqrt{q_V}}{\left(\frac{1.2}{\rho} p \right)^{3/4}} \tag{7-34}$$

式中 n_s——风机比转速；

n——转速，r/min；

q_V——体积流量，m³/s；

ρ——气体密度，kg/m³；

p——全压，Pa。

风机的流量 q_V 和全压 p 为给定，气体密度 ρ 由进气温度和压力计算出，选取 n 值后即可求出 n_s。风机转速的选择可以有不同的方案，必要时需进行方案比较。

若 $n_s = 10 \sim 80$，可选用单级单吸离心风机及单级双吸离心式或轴流式风机；也可以选用单吸多级离心风机，但结构复杂，很少采用。

2. 确定压力系数 $\overline{p}$ 和出口安装角 β_{2a}

由欧拉能量方程式及速度三角形可推出风机的全压 p 为

$$p = \mu \eta_h \rho u_2^2 \left(1 - \frac{v_{2r}}{u_2} \cot \beta_{2a} \right) \tag{7-35}$$

式中　μ——滑移系数；

η_h——流动效率；

u_2——出口圆周速度，m/s；

v_{2r}——出口绝对速度径向分速度，m/s；

β_{2a}——出口安装角。

引入压力系数、流量系数，式（7-35）可变形为

$$\overline{p} = 2\mu\eta_h\left(1 - \frac{\overline{q_V}}{4\dfrac{b_2}{D_2}}\cot\beta_{2a}\right) \tag{7-36}$$

$$\overline{p} = \frac{p}{\dfrac{1}{2}\rho u_2^2}$$

$$\overline{q_V} = \frac{q_V}{\dfrac{\pi D_2^2}{4}u_2}$$

式中　$\overline{p}$——风机的压力系数；

$\overline{q_V}$——风机的流量系数。

$\overline{p}$、$\overline{q_V}$ 是 n_s 的函数，比值 b_2/D_2 与 n_s 密切相关，故式（7-36）可写成

$$\overline{p} = f(\beta_{2a}, n_s)$$

对多种后向叶片离心风机的模型进行试验，回归筛选后得全压系数的公式为

$$\frac{\overline{p}}{2} = 0.3835 + 2.7966 \times 10^{-3}\beta_{2a} - 1.44 \times 10^{-5}n_s^2 \tag{7-37}$$

图 7-4 是按照式（7-37）绘制的不同 β_{2a} 条件下 $\overline{p}$ 与 n_s 的关系曲线。

由统计资料求得的 $\overline{p}$ 与 n_s 的关系曲线如图 7-5 所示。对于高、中比转速的后向叶片通风机，该曲线是可信的。

一般，根据已求出的 n_s 和由图 7-5 查出的 $\overline{p}$ 值，即可由式（7-37）或图 7-4 得到 β_{2a}。

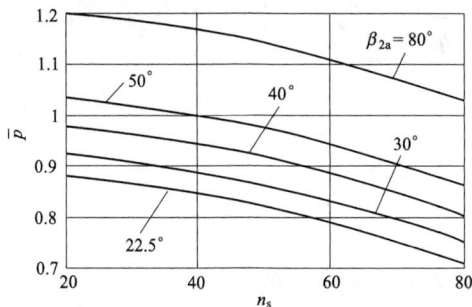

图 7-4　$\overline{p}$ 与 n_s、β_{2a} 的关系曲线

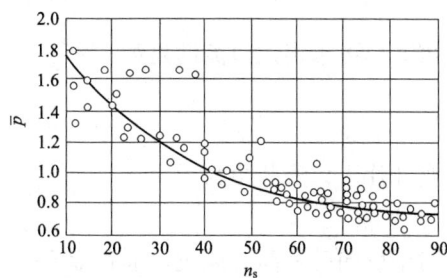

图 7-5　比转速与压力系数的关系

3. 确定圆周速度 u_2 和叶轮外径 D_2

根据求出的压力系数 $\overline{p}$ 和给出的全压 p，由 $u_2 = \sqrt{\dfrac{2p}{\rho\overline{p}}}$ 确定出口圆周速度 u_2。由 $D_2 =$

$\dfrac{60u_2}{\pi n}$ 确定 D_2。

4. 校验全压

在上述计算中采用了不少经验公式和统计资料，计算结果可能误差较大。因此，在初步确定叶轮的全部几何参数后，需用式（7-35）验算压力。如验算值与所要求的值相差较大，要修改部分参数，重新计算。

5. 叶轮进口直径 D_0 和叶片进口直径 D_1 的确定

根据公式（7-10），即 $D_0=\sqrt{(D_e^2+D_h^2)}$ 确定 D_0，过程与泵类似。

由 $k_1=D_1/D_0$，确定 D_1，对于风机，$k_1=0.9\sim1.1$。

6. 计算叶片进口宽度 b_1

由式（7-22），即 $b_1=\dfrac{D_0}{4}\times\dfrac{\mu_0}{\mu_1}\times\dfrac{1}{k_1\xi_1}$ 可计算 b_1。对于风机，$\mu_0=0.8\sim1$。关于 ξ_1 的选取，有两种不用的观点，一种取 $\xi_1>1$，即从叶轮入口到叶片入口为加速，以避免在叶片入口前出现边界层分离。另一种是取 $\xi_1<1$，即从叶轮入口到叶片入口为减速，以减小叶片入口后的相对速度 w_1，从而减小叶道内的流动损失。大量高效率后向叶片风机的统计资料表明，大部分是 $\xi_1<1$ 的，个别强后向叶片风机的 ξ_1 只有 0.5 左右。前向叶片叶轮的比转速 n_s 小，D_0 小，叶片宽度 b_1 窄，流体进入叶轮后由轴向变为径向的流动中，由于曲率大，容易产生边界层分离，如果仍为减速流动或减速过大，会加剧这种分离。因此，ξ_1 应选取大一些。有学者对 $n_s=13$、$\beta_{2a}=140°$ 的前向叶片风机分别取 $\xi_1=0.917$ 和 $\xi_1=0.963$ 进行对比试验，结果表明后者的全压提高了 600Pa，效率提高了 3 个百分点。这说明，对于前向叶片通风机，取 ξ_1 接近 1 或略大于 1 是可行的。

7. 确定入口安装角 β_{1a}

根据已知的流量和已经确定的转速 n、叶片进口直径 D_1、叶片进口宽度 b_1，预选叶片入口排挤系数 τ_1 和容积效率 η_V 后，可计算出绝对速度的径向分量为

$$v_{1r}=\dfrac{q_V}{\pi D_1 b_1 \tau_1 \eta_V}$$

因而，可求出入口流动角为

$$\beta_1=\text{arc tan}\dfrac{v_{1r}}{u_1}$$

则叶片入口安装角为

$$\beta_{1a}=\beta_1+i$$

对于后向叶片离心风机，通常取 $i=0$，也有建议取 $i=0°\sim5°$ 的。

对于前向叶片风机，由于叶道要拐弯，会引起边界层分离。为了减小分离，要减小拐弯处的曲率，就需要选取较大的 β_{1a}，即取较大的正冲角。这样做，虽然会增加叶片入口的冲击损失，但可更多地减小叶道内的流动损失。资料介绍，前向叶轮的 β_{1a} 一般应该在 $40°\sim60°$ 的范围内。有学者对 $\beta_{2a}=150°$ 的叶轮取 $\beta_{1a}=35°$ 和 $\beta_{1a}=45°$ 做对比试验的结果是两者的效率相等，但前者的全压稍高于后者。这表明对于前向叶片风机，如选取的 β_{1a} 过大，可能使风机的气动性能下降。

8. 选取叶片数 z

已有的风机寻求最佳叶片数的计算公式很多，从根本上讲，是如何选取叶栅稠度的问题。

叶栅稠度为

$$\sigma = \frac{l}{t_m} = z \frac{R_2 - R_1}{\pi(R_2 + R_1)} \times \frac{1}{\sin \dfrac{\beta_{1a} + \beta_{2a}}{2}}$$

式中　t_m——平均半径处的栅距；

　　　l——叶片长度；

　R_2、R_1——叶片出、进口半径。

因为

$$t_m = \frac{\pi(R_2 + R_1)}{z}$$

叶片数为

$$z = \pi\sigma \frac{R_2 + R_1}{R_2 - R_1} \sin \frac{\beta_{1a} + \beta_{2a}}{2}$$

对于 $\beta_{2a} = 25°\sim90°$ 的后向和径向通风机，按式（7-37）计算叶片数。根据统计资料，叶栅稠度为

$$\sigma = 1.3 \sim 2.1$$

β_{2a} 小者取低值，β_{2a} 大者取高值。

对于低比转速的前向叶片风机，应有较多的叶片数。理由是后向叶轮流道中的损失以摩擦损失为主，旋涡损失较小，而前向叶轮单个叶片的载荷大，二次流的影响大，且流道拐弯处的曲率大，流道中的涡流损失大。叶片数增加时，摩擦损失增加，后向叶轮的压力和效率会降低，前向叶轮的摩擦损失虽然也增大，但涡流损失将有较大的降低，故全压和效率会有所提高。此外，增加叶片数会增大滑移系数，也会提高风机的压力。

有学者对某 β_{1a}、β_{2a} 分别为 38°和 150°，叶片入口和出口半径分别为 0.095m 和 0.315m 的前向叶片风机，分别取叶片数 $z=12$ 和 $z=16$ 进行了对比试验，结果表明，$z=16$ 时的全压和效率都明显高于 $z=12$ 的情形。如按式（7-37）计算，$z=12$ 相当于取 $\sigma=2.1$，而 $z=16$ 相当于取 $\sigma=2.74$。这表明，如仍用式（7-37）计算，前弯叶片风机的叶片数，选取的 σ 值应大于 2.1。

在小直径比 D_1/D_2 的叶轮中，叶道出口处的栅距远远大于叶道入口处的栅距，在叶道出口前往往形成较大的涡流区。栅距大，叶道内气流的滑移也大。为了改善此情况，采用长短叶片，可获得良好的效果。

确定了叶片数后，要验算值，其计算式为

$$\tau_1 = \frac{t_1 - \delta_1/\sin\beta_{1a}}{t_1}$$

$$t_1 = \pi D_1/z$$

9. 确定叶轮叶片出口宽度 b_2

离心风机叶轮出口宽度 b_2 的大小，不仅与蜗壳内的流动损失有关，还对叶轮内的流动

损失有很大的影响。b_2 值与叶轮流道进、出口的相对速度比 w_1/w_2、叶道的当量扩散角 θ_{eq}、轮盖的倾斜角 γ 等有关。

$$b_2 = b_1 \frac{D_1 \tau_1 \mu_1 \sin\beta_{1a}}{D_2 \tau_2 \mu_2 \sin\beta_{2a}} \frac{w_1}{w_2} \tag{7-38}$$

式中　b_2、b_1——叶片出口、进口宽度，m；

　　　D_2、D_1——叶片出口、进口直径，m；

　　　τ_2、τ_1——叶道出口、进口截面的排挤系数；

　　　μ_2——叶道出口截面的气流充满系数。对后向叶片锥形轮盖的叶轮，$\mu_2 = \mu_1$；对前向叶片的叶轮，$\mu_2 = 0.8 \sim 0.9$；

　　　β_{2a}、β_{1a}——叶片出口、进口安装角；

　　　w_2、w_1——叶片出口、进口相对速度，m/s。

式（7-38）表明，其他参数不变的情况下，b_2 与 w_1/w_2 成正比。w_1/w_2 对叶轮的效率 η_{imp} 的影响很大。增大 b_2 虽可减小蜗壳内的损失，但将使 w_1/w_2 值增大，会降低叶轮的效率。为了避免叶轮的效率急剧降低，需限制 w_1/w_2 值。对后向叶轮，一般要求

$$w_1/w_2 < 1.8 \sim 2$$

径向叶轮和前向叶轮的 w_1/w_2 值应该更小些。

b_2 确定的步骤是综合考虑上述各个因素，先选择一个适当的值，由式（7-38）计算出。计算叶道当量扩散角 θ_{eq} 的公式为

$$\tan\frac{\theta_{eq}}{2} = \frac{\sqrt{A_2} - \sqrt{A_1}}{\sqrt{\pi} l}$$

将叶道进出口的截面积 $A_1 = \pi D_1 b_1 \tau_1 \sin\beta_{1a}/z$ 和 $A_2 = \pi D_2 b_2 \tau_2 \sin\beta_{2a}/z$ 代入上式，得

$$\tan\frac{\theta_{eq}}{2} = \frac{\sqrt{D_2 b_2 \tau_2 \sin\beta_{2a}} - \sqrt{D_1 b_1 \tau_1 \sin\beta_{1a}}}{\sqrt{z} l} \tag{7-39}$$

式（7-39）中，叶片长度

$$l = \frac{R_2 - R_1}{\sin\dfrac{\beta_{2a} + \beta_{1a}}{2}}$$

叶道内的流动损失为

$$\Delta p_b = \xi_b \frac{\rho w_1^2}{2}$$

式中　ξ_b——损失系数；

　　　w_1——叶片进口相对速度。

实验得出的 θ_{eq} 与 ξ_b 的关系曲线如图 7-6 所示。由图 7-6 可见，当 $\theta_{eq} < 0° \sim 5°$ 时，ξ_b 很小；当 $\theta_{eq} = 6° \sim 7°$ 时，ξ_b 明显增大。因此，希望 $\theta_{eq} < 5°$，最大不超过 $6° \sim 7°$。由式（7-39）可知，θ_{eq} 是随着 b_2 的增大而增大的，限制 θ_{eq} 的增加也就是限制 b_2 的增大。

轮盖倾斜角对性能的影响如下：

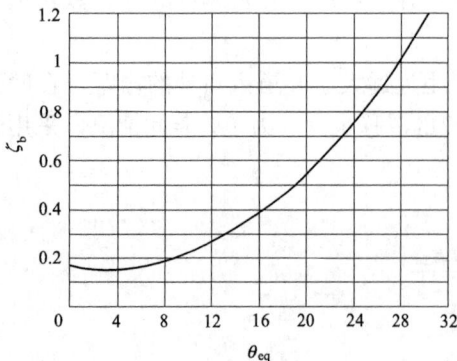

图 7-6　θ_{eq} 与 ξ_b 的关系曲线

假设轮盖为锥形板，其倾斜角为 γ ，则

$$\gamma = \arctan\left[\frac{2(b_2 - b_1)}{D_2 - D_1}\right] \tag{7-40}$$

可见，在 b_1、D_2 和 D_1 已决定的情况下，出口宽度 b_2 决定轮盖的倾斜角。一般希望 $\gamma < 12°$，当 D_1/D_2 比值较大时，可稍大于 $12°$。

三、离心式泵与风机设计实例——离心风机的叶轮设计

已知：用风机输送烟气，体积流量 $q_v = 252\ 000\text{m}^3/\text{h}$ ，进口气体压力 $p'_{in} = -3860\text{Pa}$ ，进口气体温度 $t'_{in} = 158℃$ ，用体积分数表示的烟气成分，见表7-2。试进行叶轮初步设计。

表 7-2　　　　　　　　　　　　　　　　烟气成分

组分气体名称	CO_2	SO_2	H_2O	N_2	O_2
体积分数（%）	9.72	0.14	6.31	74.67	9.16

（一）决定风机的设计参数

空气的相对分子质量为 28.97，空气的气体常数 $R = 287\text{J}/(\text{kg} \cdot \text{K})$ ，则烟气的相对分子质量为

$$\mu = 0.097\ 2 \times 44 + 0.001\ 4 \times 64 + 0.063\ 1 \times 18 + 0.746\ 7 \times 28 + 0.091\ 6 \times 32$$
$$= 29.43$$

烟气的气体常数为

$$R' = \frac{287 \times 28.97}{29.34} = 283\text{J}/(\text{kg} \cdot \text{K})$$

风机输送烟气时的进口压力为 -3860Pa ，即风机的全压 $p = 3860\text{Pa}$ 。进口烟气的绝对压力为

$$p'_{in} = p_a - 3860 = 101\ 300 - 3860 = 97\ 440(\text{Pa})$$

进口烟气的密度为

$$\rho' = \frac{97\ 440}{283 \times (273 + 158)} = 0.798(\text{kg}/\text{m}^3)$$

标准状态下，进口气体密度为

$$\rho = 1.2\text{kg}/\text{m}^3$$

风机的全压应为

$$p = \frac{\rho}{\rho'}p' = \frac{1.2}{0.798} \times 3860 = 5810(\text{Pa})$$

故风机的设计参数如下：

体积流量为

$$q_V = \frac{252\ 000}{3600}\text{m}^3/\text{s} = 70\text{m}^3/\text{s}$$

风机的全压为

$$p = 5810\text{Pa}$$

进口空气压力

$$p_{in} = 101\ 300\text{Pa}$$

进口空气温度为

$$t_{in} = 20℃$$

（二）决定风机的结构形式

选取转速 $n=980\text{r/min}$。

（1）如果采取单吸方案，风机的比转速为

$$n_\text{s}=\frac{5.54n\sqrt{q_V}}{p^{3/4}}=5.54\times980\times\frac{\sqrt{70}}{5810^{3/4}}=68$$

由图 7-5，选取全压系数 $\overline{p}=0.8$，则

$$u_2=\sqrt{\frac{p}{\dfrac{\rho}{2}\overline{p}}}=\sqrt{\frac{5810}{\dfrac{1.2}{1}\times0.8}}=110(\text{m/s})$$

$$D_2=\frac{60u_2}{\pi n}=\frac{60\times110}{3.14\times980}=2.14(\text{m})$$

（2）如果采取双吸方案，比转速为

$$n_\text{s}=\frac{5.54n\sqrt{q_V}}{p^{3/4}}=5.54\times980\times\frac{\sqrt{35}}{5810^{3/4}}=48$$

由图 7-5，选取 $\overline{p}=0.9$，则

$$u_2=\sqrt{\frac{p}{\dfrac{\rho}{2}\overline{p}}}=\sqrt{\frac{5810}{\dfrac{1.2}{1}\times0.9}}=103(\text{m/s})$$

$$D_2=\frac{60u_2}{\pi n}=\frac{60\times103}{3.14\times980}=2(\text{m})$$

为了降低 u_2 和减小 D_2，决定采取双吸方案。由于是双吸且叶轮直径很大，决定采用叶轮在两轴承间、联轴器在轴承外的结构形式。

（三）叶轮几何参数的确定

除已确定 $D_2=2\text{m}$，$n=980\text{r/min}$ 和 $u_2=103\text{m/s}$ 外，其他几何参数确定如下：

1. 叶片出口安装角 β_{2a} 的确定

已知 $n_\text{s}=48$，$\overline{p}=0.9$，由图 7-4，选取 $\beta_{2a}=40°$。

2. 叶轮进口直径的确定

叶轮进口当量直径为

$$D_\text{e}^2=D_0^2-d_\text{h}^2=D_0^2\left[1-\left(\frac{d_\text{h}}{D_0}\right)^2\right]=D_0^2[1-\overline{d}_\text{h}^2]$$

轮毂直径决定于轴的直径，而轴径需根据轴的强度和临界转速来确定。现预选 $\overline{d}_\text{h}=0.25$，进行气动设计，待以后再校核强度和临界转速。当量直径 D_e 由式（7-19）确定，即

$$D_\text{e}=3.25\times\sqrt[3]{\frac{\xi_1}{\mu_0\tau_1k_1\eta_V}}\times\sqrt[3]{\frac{q_V}{n}}$$

取 $k_1=1$，$\xi_1=0.8$，$\mu_0=0.9$，预选 $\tau_1=0.94$，$\eta_V=0.98$，双吸流量取 1/2，则

$$D_\text{e}=3.25\times\sqrt[3]{\frac{0.8}{0.9\times0.94\times1\times0.98}}\times\sqrt[3]{\frac{35}{980}}=1.057(\text{m})$$

$$D_0 = \sqrt{\frac{D_e^2}{(1 - \bar{d}_h^2)}} = \sqrt{\frac{1.057^2}{(1 - 0.25^2)}} = 1.092 \text{(m)}$$

最终确定 $D_0 = 1.1$m。

$$D_1 = k_1 D_0 = 1 \times 1.1 = 1.1 \text{(m)}$$
$$d_h = 0.25 \times 1.1 = 0.275 \text{m}$$

3. 叶轮叶片进口宽度 b_1 的确定

由式（7-22），取 $\mu_1 = \mu_0$，则

$$b_1 = \frac{D_0}{4} \times \frac{\mu_0}{\mu_1} \times \frac{1}{k_1 \xi_1} = 0.344 \text{(m)}$$

确定 $b_1 = 0.34$m。

4. 叶片入口安装角 β_{1a} 的确定

叶道入口前气流速度为

$$v'_{1r} = \frac{q_V/2}{\pi D_1 b_1 \eta_V} = \frac{35}{3.14 \times 1.1 \times 0.34 \times 0.98} = 30.4 \text{(m/s)}$$

叶道入口后速度为

$$v_{1r} = \frac{v'_{1r}}{\tau_1} = \frac{30.4}{0.94} = 32.3 \text{(m/s)}$$

叶片入口圆周速度为

$$u_1 = \frac{\pi D_1 n}{60} = \frac{3.14 \times 1.1 \times 980}{60} = 56.4 \text{(m/s)}$$

叶片入口后气流角为

$$\beta_1 = \arctan \frac{v_{1r}}{u_1} = \arctan \frac{32.3}{56.4} = 29.8°$$

选取 $\beta_{1a} = 30°$。

叶道入口后的相对速度为

$$w_1 = \frac{v_{1r}}{\sin \beta_{1a}} = \frac{32.3}{\sin 30} = 64.6 \text{(m/s)}$$

5. 叶片数的确定

由式（7-37），叶片数为

$$z = \pi \sigma \frac{R_2 + R_1}{R_2 - R_1} \sin \frac{\beta_{1a} + \beta_{2a}}{2}$$

取叶栅密度 $\sigma = 1.6$，则

$$z = 1.6 \times 3.14 \times \frac{1 + 0.55}{1 - 0.55} \times \sin \frac{40° + 30°}{2} = 9.93$$

取 $z = 10$。

验算 τ_1 值，其计算式为

$$\tau_1 = \frac{t_1 - \delta_1/\sin \beta_{1a}}{t_1}$$

$$t_1 = \pi D_1/z$$

取叶片厚度 $\delta_1 = 10$mm，则

$$\tau_1 = 1 - \frac{0.01/\sin 30°}{3.14 \times 1.1/10} = 0.942,\ 与预选值很接近，确定\ \tau_1 = 0.94。$$

6. 叶轮叶片出口宽度 b_2 的确定

由式（7-38），叶片出口宽度为

$$b_2 = b_1 \frac{D_1 \tau_1 \mu_1 \sin\beta_{1a}}{D_2 \tau_2 \mu_2 \sin\beta_{2a}} \frac{w_1}{w_2}$$

而

$$\tau_2 = \frac{t_2 - \delta_2/\sin\beta_{2a}}{t_2} = 1 - \frac{0.01/\sin 40°}{3.14 \times 2/10} = 0.975$$

取 $\mu_1 = \mu_2$，预选 $w_1/w_2 = 1.7$，得

$$b_2 = 0.34 \times \frac{1.1 \times 0.94 \times \sin 40°}{2 \times 0.975 \times \sin 30°} \times 1.7 = 0.238(\text{m})$$

确定取 $b_2 = 0.24\text{m}$。

叶道出口径向速度为

$$v_{2r} = \frac{q_v/2}{\pi D_2 b_2 \tau_2 \eta_V} = \frac{35}{3.14 \times 2 \times 0.24 \times 0.98 \times 0.975} = 24.4(\text{m/s})$$

出口相对速度为

$$w_2 = \frac{v_{2r}}{\sin\beta_{2a}} = \frac{24.4}{\sin 40°} = 38(\text{m/s})$$

验算 w_1/w_2 值为

$$w_1/w_2 = 64.6/38 = 1.7$$

与预选值一致。

计算叶道当量扩散角 θ_{eq}：

叶片长度为

$$l = \frac{R_2 - R_1}{\sin\dfrac{\beta_{2a} + \beta_{1a}}{2}} = \frac{1 - 0.55}{\sin 35°} = 0.785(\text{m})$$

由式（7-39）得

$$\tan\frac{\theta_{eq}}{2} = \frac{\sqrt{D_2 b_2 \tau_2 \sin\beta_{2a}} - \sqrt{D_1 b_1 \tau_1 \sin\beta_{1a}}}{\sqrt{Z} l} = 0.051\ 9$$

$\dfrac{\theta_{eq}}{2} = 2.97°$；$\theta_{eq} = 6°$，在正常范围。

计算叶盖的倾斜角 γ：

由式（7-40）可得

$$\gamma = \arctan\left[\frac{2(b_2 - b_1)}{D_2 - D_1}\right] = \arctan\frac{0.34 - 0.24}{1 - 0.55} = 12.5°$$

在正常范围。

至此，叶轮的主要参数已经确定完毕。在工程实际中，为了能够将所设计的叶轮制造加工出来，还要绘制叶片的型线。由于篇幅所限，本节暂不涉及，请读者参阅有关设计手册。

另外，实际的风机设计还涉及压出和吸入装置的设计，并且在泵或风机所有部件设计完成之后对泵与风机的流量、扬程（全压）、功率和效率进行校核，以验证设计过程中所假设或试取的参数是否合适，详见有关设计手册和参考书。

第三节　轴流式泵与风机叶轮的初步设计

进行轴流叶轮的设计，应首先确定叶轮的结构参数，而后进行叶栅的设计。叶轮结构参数确定的方法和步骤如下：

一、叶轮结构参数的确定

（一）轮毂比 $\overline{d}_h$ 的确定

轮毂直径 d_h 与叶轮外径 D_t 的比值称为轮毂比，以 $\overline{d}_h$ 表示。

$$\overline{d}_h = \frac{d_h}{D_t} \tag{7-41}$$

轮毂比是轴流式流体机械的一个重要参数，对效率、强度、刚度和汽蚀性能均有很大的影响。

轮毂比越大，则叶片越短，强度和刚度都较好。对于动叶可调的叶轮，要求在轮毂内部布置转叶机构，就需要具有足够的空间，势必加大轮毂比。但轮毂比过大，也有不利的一面。因为轮毂比大，则同样叶轮直径的条件下过流通道变窄，轴向速度增大，导致损失增大，效率将会降低，且增加了汽蚀的危险性。

轮毂比过小的缺点是除了使叶片长度和扭曲程度增加外，还造成叶片根部基元级的反作用度过小，恶化了流体动力性能。

从轮毂处基元级允许的最大载荷来看，有一个允许的最小轮毂比。

根据统计资料，轴流泵 $\overline{d}_h$ 与 n_s 的关系见表 7-3（其中 $n_s = 3.65n \dfrac{\sqrt{q_V}}{H^{3/4}}$），轴流通风机 $\overline{d}_h$ 与 n_s 的关系如图 7-7 所示（其中 $n_s = 5.54n \dfrac{\sqrt{q_V}}{p^{3/4}}$）。

表 7-3　　　　　　　　　　　　　　　　**轴流泵 $\overline{d}_h$ 与 n_s 的关系**

n_s	500	600	700	800	900	1000	>1100
$\overline{d}_h$	0.5～0.63	0.46～0.59	0.44～0.56	0.40～0.53	0.37～0.50	0.35～0.48	0.33～0.45

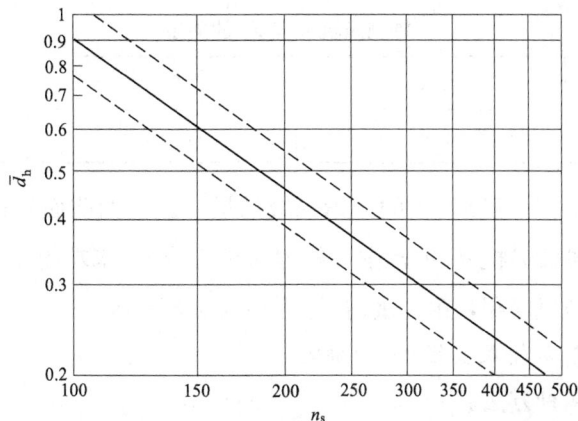

图 7-7　轴流通风机 $\overline{d}_h$ 与 n_s 关系曲线 $\left(n_s = 5.54n \dfrac{\sqrt{q_V}}{p^{3/4}} \right)$

还可用另一方法确定轮毂比：

根据第四章知识、轴流式泵与风机的理论能头 H_T 与升力系数 C_L、弦长 b、栅距 t，计算点圆周速度 u、几何平均相对速度 w_∞、重力加速度 g 有关，即

$$H_T = C_L \frac{b}{t} u \frac{w_\infty}{2g}$$

若流动效率为 η_h，实际能量头为

$$H = \eta_h H_T = C_L \frac{b}{t} u \frac{w_\infty}{2g} \eta_h \tag{7-42}$$

根据式（7-41），$\overline{d}_h = \dfrac{d_h}{D_t}$，$d_h = \overline{d}_h D_t$，则

轮毂处圆周速度

$$u = \overline{d}_h u_t \tag{7-43}$$

将式（7-43）代入（7-42），得

$$H = C_L \frac{b}{t} \overline{d}_h u_t \frac{w_\infty}{2g} \eta_h$$

变形，可得

$$\overline{d}_h = \frac{2gHt}{C_L b \eta_h u_t w_\infty} \tag{7-44}$$

根据绝对速度的轴向分速度 v_a 与平均相对气流角 β_∞ 的关系，即

$$\frac{v_a}{\sin\beta_\infty} = w_\infty$$

因此，式（7-44）可变为

$$\overline{d}_h = \frac{2gHt\sin\beta_\infty}{C_L b \eta_h u_t v_a} \tag{7-45}$$

由式（7-45）可见，轮毂比 $\overline{d}_h$ 是随着能头 H 的增大而增大的。根据统计资料，轴流风机压力系数 $\overline{p}$ 与 $\overline{d}_h$ 的关系见表 7-4。

表 7-4   轴流风机 $\overline{p}$ 与 $\overline{d}_h$ 的关系

$\overline{p}$	$\leqslant 0.2$	$0.2 \sim 0.4$	$\geqslant 0.4$
$\overline{d}_h$	$0.35 \sim 0.45$	$0.5 \sim 0.6$	$0.6 \sim 0.7$

多级轴流风机的 $\overline{d}_h$ 是逐级增大的，第一级的最小。正如前面说过的，$\overline{d}_h$ 过小或过大，都有不少弊端。多级轴流风机 $\overline{d}_h$ 的范围一般为 $0.5 \sim 0.85$，末端的 $\overline{d}_h$ 不得大于 0.85。航空用压缩机，为了减小迎风面积，第一级的 $\overline{d}_h$ 可小至 $0.35 \sim 0.4$。

（二）叶轮直径 D_t 和轮毂直径 d_h 的确定

确定叶轮直径有多种方法。

一种方法是确定叶轮入口的轴向分速度 v_{1a} 后，根据理论流量 q_{VT} 求出当量直径 D_e；然后再根据已确定的轮毂比 $\overline{d}_h$ 分别计算叶轮外径 D_t 和轮毂直径 d_h。

当量直径 D_e 由式（7-46）计算，即

$$D_e = 2\sqrt{\frac{q_{VT}}{\pi v_{1a}}} \tag{7-46}$$

求出 D_e 后分别由以下两式计算 D_t 和 d_h，即

$$d_h = \overline{d_h} D_t$$

$$D_t = \sqrt{D_e^2 + d_h^2} = 2\sqrt{\frac{q_{VT}}{\pi v_{1a}(1-\overline{d_h}^2)}} \tag{7-47}$$

另一方法是利用圆周速度系数 K_{u_t} 求出圆周速度 u_t 后，再计算 D_t，即

$$K_{u_t} = \frac{u_t}{\sqrt{2gH}} = \frac{u_t}{\sqrt{2\frac{p}{\rho}}} \tag{7-48}$$

式中　u_t——圆周速度，m/s；

　　　g——重力加速度，m/s²；

　　　H——扬程，m；

　　　p——全压，Pa；

　　　ρ——密度，kg/m³。

圆周速度系数 K_{u_t} 是比转速 n_s 的函数。根据统计资料得出的泵和通风机的 K_{u_t} 和 n_s 的关系曲线分别如图 7-8 和图 7-9 所示。

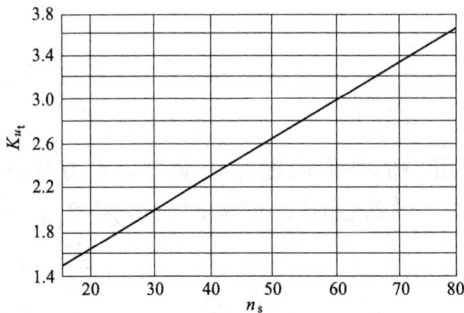

图 7-8　轴流泵的 K_{u_t} 和 n_s 的关系曲线　　　图 7-9　轴流风机的 K_{u_t} 和 n_s 的关系曲线

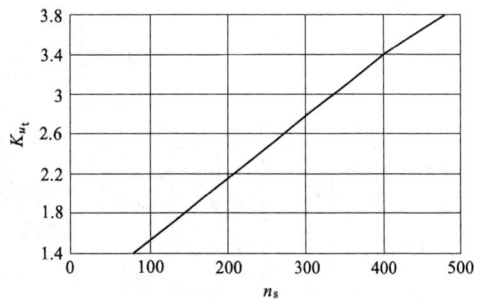

轴流风机的圆周速度 u_t 除受材料强度的限制外，还受噪声的限制。为了保持安静运转，u_t 应不超过 70～75m/s。对噪声要求不严的场所，限制 u_t 不超过 100m/s 比较合适。

除上述方法外，对于泵，从汽蚀性能考虑，还可由式（7-49）确定 D_t，即

$$D_t = (4.0 \sim 4.5)\sqrt[3]{\frac{q_V}{n}} \tag{7-49}$$

（三）叶栅稠度的确定

叶栅稠度 σ 是轴流式流体机械的另一个重要参数。

由基于机翼理论的轴流式泵与风机的理论能量方程式，理论能头 H_T 可写为

$$H_T = \frac{u}{v_a}\frac{b}{t}C_L\frac{w_\infty^2}{2g}\frac{\sin(\beta_\infty+\lambda)}{\cos\lambda}$$

式中　u——圆周速度，m/s；

　　v_a——绝对速度轴向分速度，m/s；

　　b——翼型弦长，m；

　　t——栅距，m；

　　C_L——升力系数；

　　λ——滑翔角；

　　g——重力加速度，m/s^2；

　　β_∞——平均相对气流角；

　　w_∞——几何平均相对速度，m/s；

由欧拉方程，理论能头 H_T 可写为

$$H_T = \frac{u}{g}\Delta v_u$$

式中　Δv_u——扭速。

因此

$$\frac{u}{g}\Delta v_u = \frac{u}{v_a}\frac{b}{t}C_L\frac{w_\infty^2}{2g}\frac{\sin(\beta_\infty+\lambda)}{\cos\lambda}$$

化简，可得

$$\frac{b}{t} = \frac{2\Delta v_u}{C_L w_\infty}\times\frac{1}{1+\frac{\tan\lambda}{\tan\beta_\infty}}$$

叶栅稠度为

$$\sigma = \frac{b}{t} = \frac{2\Delta v_u}{C_L w_\infty}\times\frac{1}{1+\frac{\tan\lambda}{\tan\beta_\infty}} \tag{7-50}$$

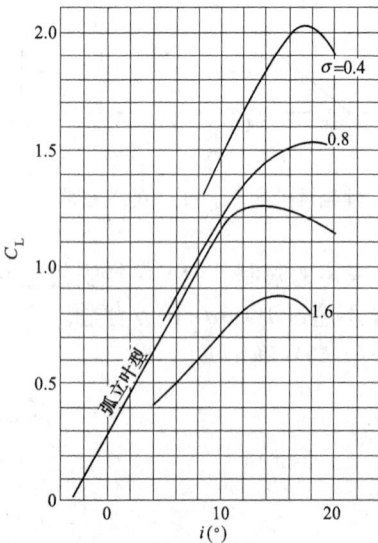

图 7-10　叶栅稠度 σ 对叶栅中翼型升力系数 C_L 的影响

这是通常所说的平面叶栅流体动力基本方程的另一种表达形式。当略去阻力损失时，滑翔角 $\lambda=0$，则得

$$\sigma = \frac{b}{t} = \frac{2\Delta v_u}{C_L w_\infty} \tag{7-51}$$

由式（7-51）可知，叶栅稠度 σ 与升力系数密切相关。式（7-51）中各参数是在高质量工作区的参数。当叶栅稠度增大时，不仅降低了最大升力系数 C_{Lmax} 的数值，而且改变了冲角 i 与 C_L 关系曲线的斜率。图 7-10 所示为不同叶栅稠度 σ 下测得的 C_L-i 关系曲线。由图 7-10 中的曲线可以看出，当 σ 值过大时，叶栅翼型的最大升力系数 C_{Lmax} 要比孤立翼的 C_{Lmax} 小得多，而在较稀疏的叶栅中（$\sigma<1$）测量的 C_{Lmax} 值却比孤立翼的 C_{Lmax} 大得多。设计时，若 C_L 值已确定，可由式（7-50）或式（7-51）来确定叶栅稠度。如果 C_L 值尚未确定，可预选一叶栅稠度值进行设计计算，然后再进行

校正。如果以后计算出的叶栅稠度值与预选值相差较大，要重新计算，直到两者接近为止。

基于平面叶栅的试验数据设计基元值时，可根据图 7-11 所示的叶栅额定特性曲线确定叶栅稠度。

（四）叶片数 z 的选取

轴流式叶轮叶片数的确定有多种方法。普弗莱德芮尔提出流道长度与平均流道宽度之比等于某一常数的原则来计算泵的叶片数。

取中间基元级叶栅翼弦长度 b 作为流道长度。平均流道宽度 a_m 为

$$a_m = \frac{2\pi R_m}{z} \sin \frac{\beta_1 + \beta_2}{2} \qquad (7\text{-}52)$$

$$R_m = \frac{D_t + d_h}{4}$$

式中　R_m——中间基元级所在圆柱面的半径；

　　　z——叶片数；

　　　β_1——中间基元级叶栅的进口相对流动角；

　　　β_2——中间基元级叶栅的出口相对流动角。

由于 b/a_m 为常数，因此

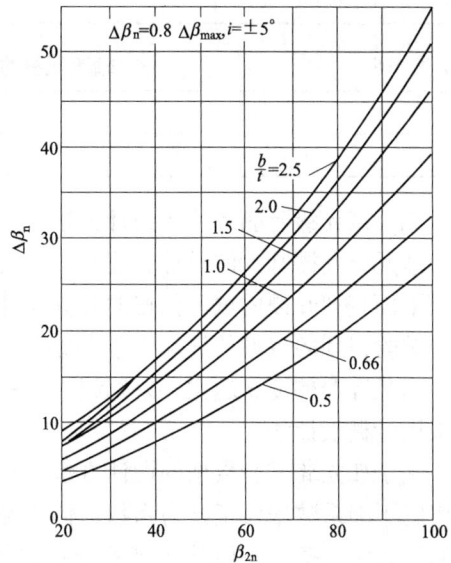

图 7-11　设计工况下 β_{2n} 和 $\Delta\beta_n$ 与叶栅稠度 b/t 关系

注：n 表示叶栅设计工况。

$$\frac{b}{\dfrac{2\pi R_m}{z} \sin \dfrac{\beta_1 + \beta_2}{2}} = K \qquad (7\text{-}53)$$

式（7-53）变换后，可得

$$z = K \frac{2\pi R_m}{b} \sin \frac{\beta_1 + \beta_2}{2} \qquad (7\text{-}54)$$

式中　K——常数，$K = 1.5 \sim 2.5$。轮毂比小者取小值，轮毂比大者取大值。

轴流风机的叶片数可按经验公式（7-55）计算，即

$$z = \pi \lambda_m \frac{1 + \overline{d}_h}{1 - \overline{d}_h} \sigma_m \qquad (7\text{-}55)$$

$$\lambda_m = \frac{D_t + d_h}{2 l_m}$$

式中　σ_m——平均半径处的叶栅稠度；

　　　λ_m——平均半径处叶片的展弦比，$\overline{d}_h = 0.5 \sim 0.7$ 时，$\lambda_m = 0.9 \sim 1.5$，$\overline{d}_h$ 值越小，λ_m 值越大；$\overline{d}_h = 0.3 \sim 0.4$ 时，λ_m 达到 2 或更大。

轴流泵与风机的叶片数，也可根据表 7-5 和表 7-6 给出的统计资料选取。

表 7-5   轴流泵叶轮叶片数与 n_s 的关系

比转速 n_s	500~600	700~900	>1000
叶片数 z	5~6	4	3

表 7-6   轴流风机的轮毂比与叶片数的关系

$\overline{d}_h$	0.3	0.4	0.5	0.6	0.7
z	2~6	4~8	6~12	8~16	10~20

二、基元级叶栅叶片的设计方法

基元级叶栅叶片的设计方法有二：一是基于单个翼型的试验数据的孤立翼设计法，二是基于平面直列叶栅的试验数据的叶栅设计法。在叶栅中，由于各个翼型气（液）流的相互干扰，试验得到的翼型的气动性能与绕过单个相同形状的翼型试验求得的气动性能是有差别的，而且叶栅稠度 σ 越大，差别越大。一般认为 $\sigma < 1$ 时可用孤立翼设计法，当 $\sigma > 1$ 时则应采用叶栅设计法。

基于孤立翼试验数据的设计方法，只适用于叶栅稠度小的情况，因为虽然可以借用平板叶栅的干涉系数来修正升力系数，但还是存在相当大的误差。泵与低压风机的级一般采用孤立翼设计法。基于平面叶栅试验数据的设计方法，直接利用其试验数据，计算结果比较准确。因此，对于能头较高、叶栅稠度较大的高压轴流通风机和轴流压缩机的级，一般采用叶栅设计法。

叶栅设计的具体过程详见有关设计手册和参考书。

思 考 题

7-1 泵与风机叶轮设计的总体要求是什么？
7-2 离心式泵与风机的设计方法有哪些？
7-3 离心式泵与风机相似设计法的设计步骤是什么？
7-4 离心式泵与风机速度系数法的设计步骤是什么？
7-5 离心式泵与风机的设计方法有哪些？
7-6 轴流式泵与风机的设计步骤包括哪些？

第八章　容积式和其他类型的泵与风机

在生产生活中除了叶片式泵与风机外，还有相当数量的容积式泵与风机和其他类型的泵与风机。这些泵与风机广泛地应用于石油、化工、食品、卫生、机械、采矿、能源、电力、造纸、医药等行业，在国民经济中也占有重要地位。

容积式泵与风机通过工作室容积周期性变化来输送流体。根据工作元件运动方式的不同，可分为往复式和回转式两类。

不属于叶片式或容积式的泵与风机称之为其他类型。

第一节　往复式泵与风机

常用的往复式泵与风机主要有活塞泵、柱塞泵、隔膜泵、活塞式压气机等。火力发电厂中的锅炉加药泵常采用活塞式，采矿工业中的抽油泵常采用柱塞式。活塞式压气机、活塞式增压泵在制冷行业、化工行业中发挥着重要作用。往复式泵与风机流量小、压力高，具有较高的效率和良好的运行性能，且适用于多种介质（如易燃，易爆、剧毒、易挥发等）。往复式泵与风机具有相似的特征，下面以活塞泵为例加以介绍。

一、活塞泵的结构与工作原理

由图 8-1 可知，活塞泵的主要部件有泵缸、活塞，吸入阀、排出阀等。

当活塞泵的活塞自左向右移动时，泵缸内形成负压，排出阀被吸下关闭，贮槽内液体经吸入阀进入泵缸内。当活塞自右向左移动时，缸内液体受压挤，压力增大，吸入阀被关闭，同时顶开排出阀，液体由排出阀排出。活塞由一端移至另一端，称为一个冲程。活塞往复一次，各吸入和排出一次液体，称为一个工作循环；这种活塞往复一次，吸入和排出一次液体的泵称为单作用泵或单动泵。

对于单作用泵来说，吸入行程没有流量输出，因此，流量是不连续的。为了改善单作用泵的流量不均匀性，可以采用双作用泵、三联泵、多作用泵、多缸，甚至可以将泵并联起来。

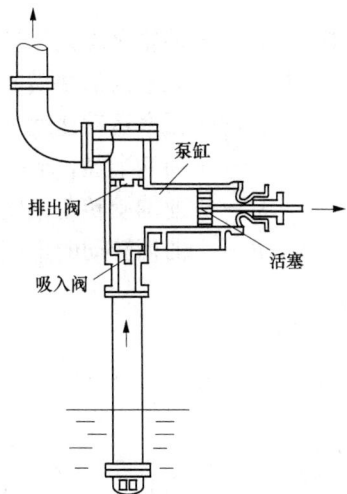

图 8-1　活塞泵结构简图

双作用泵是指活塞在往返一次，完成两次吸、排过程的泵，其结构如图 8-2 所示。显然，双作用泵当泵缸容积相同时，其流量约为单作用泵的两倍。

三塞单作用泵也称三联泵。由于采用公共的吸入管和排出管，当曲轴旋转一周时，其流量约为单作用泵的三倍。

二、活塞泵的性能

活塞泵的流量由泵缸直径、活塞行程及活塞每分钟的往复次数确定。同一台活塞泵在给定的转速下流量不变。对于单作用泵来说，吸入行程没有流量输出，且在排出行程流量也不是均匀变化的。

图 8-3 所示为活塞泵的传动示意图，结合图 8-3 可推导出活塞泵的流量变化规律。

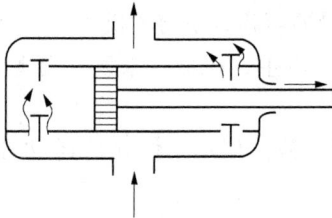

图 8-2　双作用泵简图

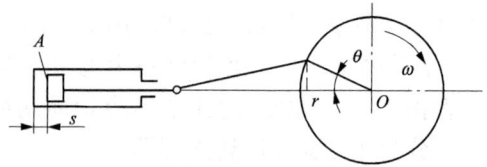

图 8-3　活塞泵的传动示意图

曲轴以等角速度 ω 旋转，当曲柄半径 r 转动一个 θ 角时，活塞离开左死点之距离为 s，根据数学知识，易知

$$s = r(1 - \cos\theta) \tag{8-1}$$

活塞运动速度为

$$v = \frac{ds}{dt} = r\omega\sin\theta \tag{8-2}$$

则在每一个双行程内，单作用泵瞬时排出的理论流量为

$$q_{VT} = Av = Ar\omega\sin\theta \tag{8-3}$$

式中　q_{VT}——活塞泵理论流量，m^3/s；

　　　　A——泵缸内活塞横截面积，m^2；

　　　　v——活塞运动速度，m/s；

　　　　r——曲柄半径，m；

　　　　ω——曲轴旋转角速度，$1/s$；

　　　　θ——曲柄转动的角度。

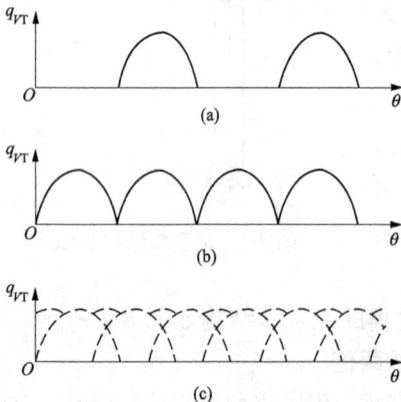

图 8-4　活塞泵的流量变化

(a) 单作用泵；(b) 双作用泵；(c) 三联泵

当 $0 \leqslant \theta \leqslant \pi$ 之间时，相当于活塞的吸入行程，此时没有流量输出，即 $q_{VT} = 0$；而当 $\pi \leqslant \theta \leqslant 2\pi$ 之间时，相当于活塞的排出行程，此时瞬时排出的理论流量按正弦规律变化，即 $q_{VT} = Ar\omega\sin\theta$

当 $\theta = 3\pi/2$ 时，流量为最大，且

$$q_{VT} = Ar\omega \tag{8-4}$$

单作用活塞泵的流量变化规律如图 8-4（a）所示。

显然，对于双作用泵，其流量为单作用泵的 2 倍，如图 8-4（b）所示；三联泵流量为单作用泵的 3 倍，如图 8-4（c）所示。可以看出，三联泵输出流量近似是稳定的。

活塞泵在每一个双行程内，其瞬时排出的流量具有波动性，一般以 n 个双行程内的平均流量作为理论流量，即 q_{VT} 为定值。

活塞泵的扬程 H 取决于装置的管路特性，随着装置管路特性变化而变化。只要原动机有足够的功率、泵的零件有足够的强度，活塞泵理论上可以达到任意大的扬程。

活塞泵的性能曲线如图 8-5 所示。

在一定的双行程数下，理论上活塞泵流量-扬程（q_V-H）曲线表现为平行于横坐标的直线。实际上，q_V-H 曲线，当扬程较高时，由于泄漏损失的增加，流量趋于降低。

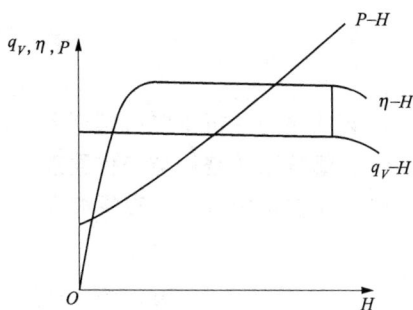

图 8-5　活塞泵的性能曲线

同样，理论上功率与扬程呈正比例关系。实际上功率-扬程（P-H）曲线因高扬程下泄漏损失的增加而略向上弯曲。

效率-扬程（η-H）曲线表明：在很大的工况范围内，泵的总效率 η 保持不变。在 H 相当高或相当低时，总效率 η 降低。前者是由于泄漏损失增加的缘故；而后者则是由于有效功率过小，即接近于空转状态，致使其经济性下降。

活塞泵具有自吸功能，启动前不需灌水或抽真空。

三、工况调节

活塞泵由于流量与扬程无关，因此活塞泵的流量不允许采用排出阀节流调节。实际上，所有的往复式泵，其流量都不能用排出管阀门调节，而应采用旁路管或改变活塞的往复次数（对于电动活塞泵来说，通常是改变电动机的转速 n）以及改变活塞的冲程来实现。图 8-6 所示为活塞泵旁路调节流量示意图。

在一定转速下，活塞泵扬程调节可通过改变排出阀的开启度来进行。排出阀开启度变小，扬程增大，工作点由 M 点变化到 M' 点，如图 8-7 所示。调节过程中，由于流量不变、扬程增加，轴功率增加。活塞泵理论上可以达到任意大的扬程，为了避免发生事故，通常需装有安全阀。

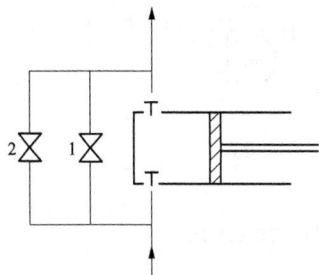

图 8-6　活塞泵旁路调节流量示意图
1、2—旁路调节阀

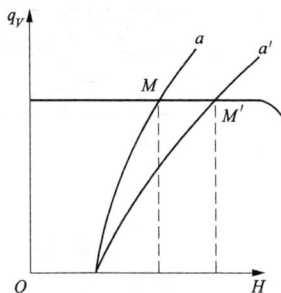

图 8-7　活塞泵扬程调节曲线

当盘状的活塞产生很高的压力时（如 10MPa 以上）时，就会因强度不够而容易损坏。柱状活塞比盘状活塞强度大得多，故高压下一般采用柱状活塞泵，即柱塞泵。

活塞式压气机的原理与活塞泵类似，不再详述。

往复式泵与风机总的来说具有装置系统比较简单、适用压力范围广、可维修性强的特点，一般转速不高。其缺点是流量具有不连续性，运转时有较大的振动。

第二节　回转式泵与风机

回转式泵与风机主要有螺杆泵、齿轮泵、罗茨风机等。下面以螺杆泵为例加以介绍。

一、螺杆泵的结构与工作原理

螺杆泵有单螺杆泵、双螺杆泵和三螺杆泵之分。单螺杆泵结构如图 8-8 所示。

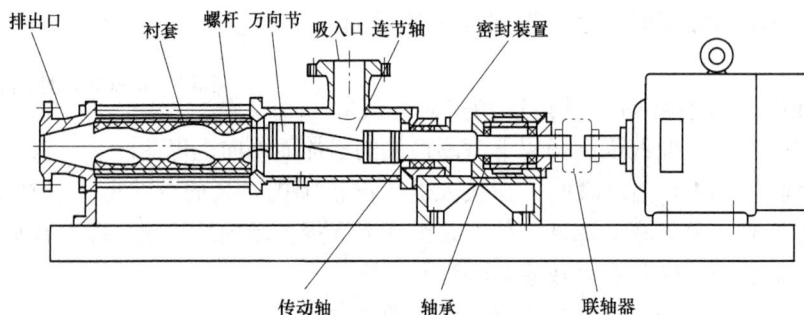

图 8-8　单螺杆泵结构简图

单螺杆泵是一种内啮合的密闭式螺杆泵，主要工作部件有衬套、螺杆、万向节、吸入口、排出口、连节轴、传动轴、轴承、密封装置、联轴器等。

螺杆具有单头螺纹，其任意截面皆为直径为 D 的圆，截面的中心位于螺旋线上，且与螺杆的轴心线偏离一个偏心距 e，如图 8-9（a）所示。螺杆上，相邻两螺纹间的距离称为螺距 t。每两个螺距为一个导程 T。对于单螺杆泵来说，一个导程为一级。级数越多，螺杆泵越长，扬程越大。

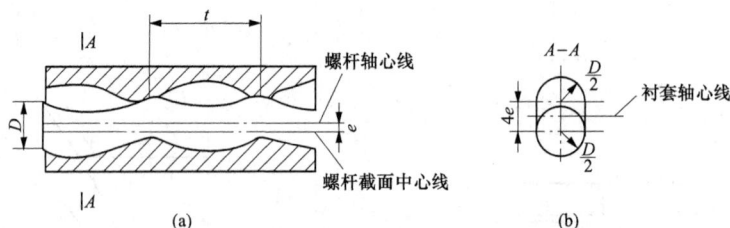

图 8-9　螺杆泵结构参数
（a）螺杆纵切面结构示意图；（b）螺杆横截面结构示意图

衬套是个空腔，内表面具有双螺纹。其任意截面都是彼此互相错开一个角度的相同的长圆，即两端是半径等于螺杆截面半径 $\left(\dfrac{D}{2}\right)$ 的半圆，中间是长为 $4e$ 的直线段，如图 8-9（b）所示。

当传动轴通过万向节驱动螺杆绕衬套作行星回转时，衬套与螺杆间就连续啮合形成密封腔，同时在任意截面上形成上、下两个月牙形工作室。当螺杆旋转时，靠近吸入口的第一个工作室的容积逐渐增大，形成负压，在压差的作用下液体被吸入工作室。随着螺杆的连续转动，工作腔容积不断增大。容积达最大后，这个工作室封闭，并将液体沿轴向推出。与此同时，上、下两个工作室交替循环地吸入和排出液体，液体被连续不断地从吸入室沿轴向推向压出室。

二、螺杆泵的性能

单螺杆泵的理论流量 q_{VT} 的近似计算式为

$$q_{VT} = \frac{4eDTn}{60} \tag{8-5}$$

式中　q_{VT}——螺杆泵理论流量，m^3/s；

　　　e——偏心距，m；

　　　D——螺杆截面圆直径，m；

　　　T——螺杆的导程，m；

　　　n——螺杆的每分钟转数，r/min。

螺杆泵流量与转子偏心距、螺距、截面圆的直径、转速成正比，也就是说螺杆泵的流量只与自身结构和转速有关，与扬程无关。因此理论上，在给定转速下，螺杆泵流量不变。螺杆泵等速旋转，其输出的流量是均匀的。

螺杆泵的扬程＝单级扬程×螺杆级数。

螺杆泵的性能曲线如图 8-10 所示。

螺杆泵的性能曲线与活塞泵性能曲线相比，有如下不同之处：

（1）螺杆泵 $q_V\text{-}H$ 曲线并不是平行于横坐标的直线，而是随扬程的增加略有降低。这是因为当扬程增加时，螺杆泵的泄漏损失也随之增加的缘故。

（2）螺杆泵 $P\text{-}H$ 曲线随扬程增加而上升，即轴功率增加。

（3）螺杆泵 $\eta\text{-}H$ 曲线的高效区不如活塞泵宽，这是由于螺杆泵转速较高，在低扬程工况下，摩擦损失相对较大。

螺杆泵工况调节方式与活塞泵基本相同。

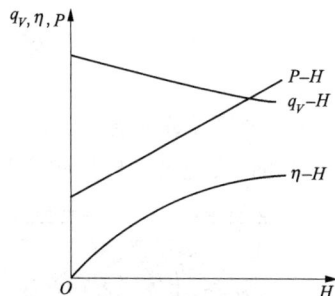

图 8-10　螺杆泵的性能曲线

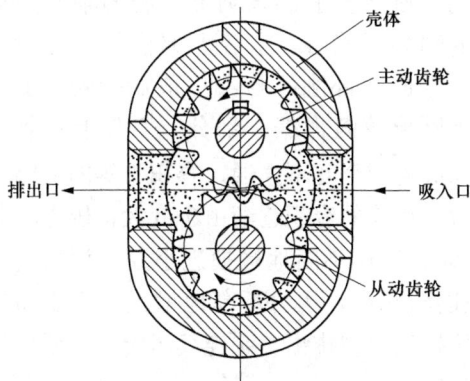

螺杆泵的优点是流量平稳、压力脉动小、有自吸能力、噪声低、振动小，效率高、寿命长、工作可靠，可输送高黏度甚至是固体含量较高的介质。缺点是螺杆的加工和装配要求较高，泵的性能对液体的黏度变化比较敏感。

三、齿轮泵简介

齿轮泵也是常见的回转式泵，有内啮合与外啮合之分。常见的内啮合齿轮泵结构如图 8-11 所示。

齿轮泵是通过齿轮在相互啮合过程中工作空间容积的变化来实现输送液体。啮合的齿将

图 8-11　齿轮泵结构图

工作空间分隔成吸入腔和排出腔。当主动齿轮带动从动齿轮旋转时，位于吸入腔的齿逐渐退出啮合，使吸入腔的容积逐渐增大，压力降低，液体沿吸入管进入吸入腔，直至充满整个齿间。随着齿轮的转动，进入齿间的液体被带至排出腔，此时由于其他齿的啮入，使排出腔的容积变小，液体被强行排出至管排出。这样，每转过一个齿就有部分液体吸入和排出，当主动齿轮带动从动齿轮连续旋转时，就形成了齿轮泵连续输送液体的工作过程。

齿轮泵的理论流量 q_{VT} 可以按下式近似计算，即

$$q_{VT} = \frac{(\pi d_0^2/4 - \pi d_i^2/4)bn}{60} \tag{8-6}$$

式中 d_0——齿顶圆直径，m；

　　　d_i——齿根圆直径，m；

　　　b——齿宽，m；

　　　n——齿轮的转速，r/min。

由此可见，与活塞泵、螺杆泵类似，齿轮泵的理论流量也与其扬程无关，它们被称为定排量泵。

齿轮泵的性能和调节方式与螺杆泵类似。

齿轮泵的特点是体积小、质量轻、结构简单、制造方便、价格低、工作可靠、自吸性能较好、对油液污染不敏感、维护方便等。缺点是流量和压力脉动较大、噪声大。

第三节　其他类型泵与风机简介

一、水环式真空泵

水环式真空泵结构如图 8-12 所示。

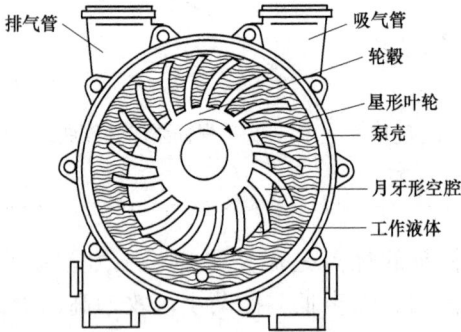

图 8-12　水环式真空泵

水环式真空泵的主要部件有星形叶轮、泵壳、吸气管、排气管等。

星形叶轮偏心地安装在圆筒形泵缸上。启动前，在泵缸内充以适量的工作液体，一般用水。当叶轮旋转时，工作液体被甩到四周，形成了一个与泵腔形状相似的等厚度的封闭的水环，中间为圆形空腔。该圆形空腔的轴心与偏心叶轮的轴心不同心，空腔上部恰好与叶轮轮毂相切，空腔下部刚好与叶片顶端接触。由于该空腔被圆形轮毂占据一部分，实际上只剩下一个月牙形空间。叶轮叶片又将该月牙形工作腔分隔成若干个互不连通、容积不等的封闭小室。如果以叶轮的上部为起点，当叶轮旋转至底部时，小腔的容积逐渐由小变大，压力不断降低。当小腔空间内的压力低于被抽容器内的压力时，气体不断地被抽进小腔，为吸气过程。当叶轮继续从底部旋转至顶部时，小腔的容积逐渐减小，压力不断地增大，为压缩过程。当压缩的气体达到排气压力时，被压缩的气体从排气口被排出。泵连续运转，不断地进行着吸气、压缩、排气过程，从而达到连续抽气的目的。

从上述分析可知，水环式真空泵的结构和工作原理介于离心泵和容积泵之间。

水环式真空泵的性能曲线如图 8-13 所示。从图 8-13 中可以看出，在相同转速下，随吸入口压力增加，水环式真空泵的吸气量逐渐增大，然后变化平缓；吸气耗功先增加，后呈下降趋势。随着转速的升高，水环式真空泵的吸气量按比例增大。

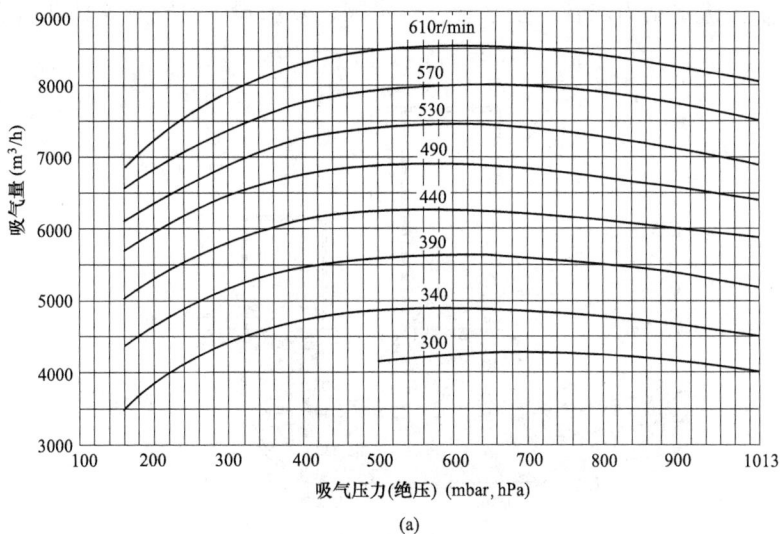

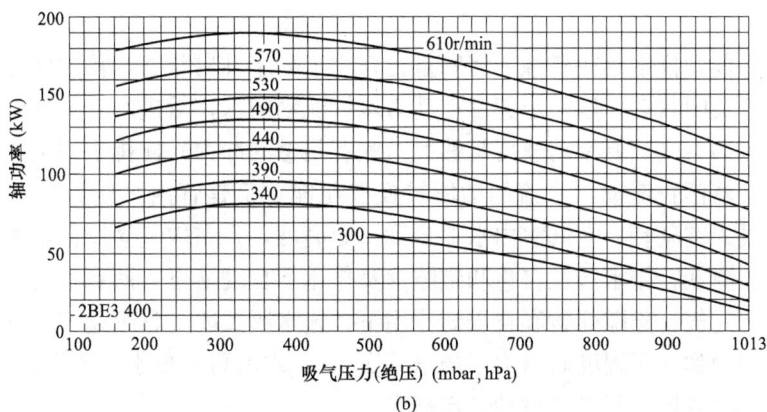

图 8-13　水环式真空泵的性能曲线
（a）吸气量随吸气压力变化曲线；（b）轴功率随吸气压力变化曲线

水环式真空泵抽真空时，其真空度较低。这主要是由于水环式真空泵内有工作液体，受工作液体饱和蒸汽压力限制，其真空度不可能太高。用水作工作液，极限压力只能达到 2000~4000Pa。若用油作工作液，极限压力可达 130Pa，但也会带来其他一些问题（如排气的气液分离）。

水环式真空泵在抽吸气体时，必须依靠叶轮对工作液体做功产生水环，因此其能量损失较大，效率很低。水环式真空泵效率一般在 30% 左右，较好的可达 50%。

水环式真空泵结构简单、运行费用低，不但能抽吸空气，而且还能抽吸其他易燃、易爆有腐蚀性的气体，甚至还可以抽吸少量的水。水环式真空泵广泛地用于石油、化工、电力、造纸、制药、食品、冶金等行业。

二、水锤泵

水锤泵是一种以流水为动力，通过机械作用产生水锤效应，将低水头能转换为高水头能的提水装置。

水锤泵主要由进水动力水管、扬水管、排水阀、输水阀、空气室等部件组成，如图 8-14 所示。

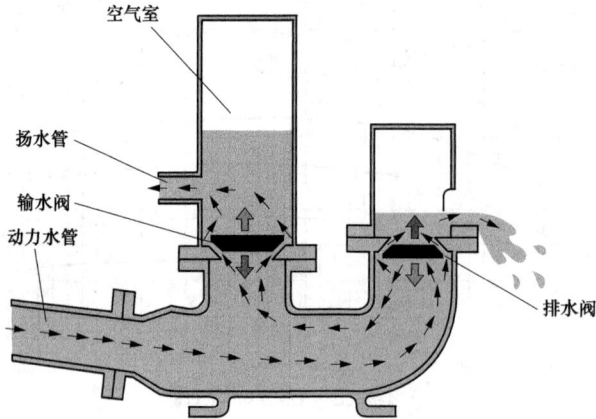

图 8-14　水锤泵结构原理图

水锤泵工作前，排水阀在磁隙弹簧和重力作用下处于开启状态，输水阀在磁隙弹簧和重力的作用下处于关闭状态。以一定速度在动力水管流动的水，沿进水管向下流动至排水阀附近时，由于水流冲力（只要流动速度足够大，就有足够的冲力）使排水阀迅速关闭。根据动量定理，水流突然停止流动，水流的动能转换成压能，于是管内水压力升高，将输水阀冲开，一部分水进入空气室。空气室内水上升到一定高度，且室内气体压力增大。随后，由于动力水管中压力降低，排水阀在自重和磁隙弹簧作用下自动落下，回到开启状态。同时，在空气室中的压缩空气、磁隙弹簧和自重的作用下，输水阀关闭，整个过程又重复进行。当空气室内水压力增大到一定程度时（大于扬水管压力），水就可沿扬水管流出。

水锤作用产生的增压可以通过动量定理求得。

假定动力水管截面面积为 A，管长为 L，管道液体的初始流速为 v_0，液体密度为 ρ，压力波从排水阀传至动力水管上游水池进水口的时间为 T，则根据动量定理有

$$\vec{F}T = m\Delta\vec{v} \tag{8-7}$$

式中　$\vec{F}$——水锤作用力，N；

　　　m ——动力水管内水的质量，kg；

　　　$\Delta\vec{v}$ ——水流的速度变化，m/s；

$$\Delta pAT = \rho ALv_0$$

$$\Delta p = \frac{\rho ALv_0}{AT} = \rho\,\frac{L}{T}v_0$$

即

$$\Delta p = \rho cv_0 \tag{8-8}$$

$$c = \frac{L}{T}$$

式中　Δp——理论上水锤压力，Pa；

　　　c——压力波在水中的传播速度，取 1400m/s。

若水从高度 $h=3$m 处，经动力水管进入水锤泵。根据伯努利方程可知，水流初始速度 $v_0 = \sqrt{2gh} = 7.7$（m/s）。理论上可产生水锤压力为 $\Delta p = \rho c v_0 = 1000 \times 1400 \times 7.7 = 10.78$（MPa）。

这个压力相当高，若不计损失，可以将单位重力的水输送到 100m 高的地方。实际上由于种种损失，实际扬程约为 30m。

为了获得合理的初速度和结构布置，进水动力管的安装倾斜度非常重要，一般在 1∶9 至 1∶4 的范围内。

水锤泵没有运动工作元件，结构简单，而且不需要外部动力源，也无须专人看管，是一种节能环保型水泵，在山区和有水坝地区广泛应用。

思　考　题

8-1　容积式泵与风机的工作原理是什么？有哪些常见的容积式泵与风机？

8-2　简述活塞泵的工作过程，并说明其适用场合。

8-3　活塞泵的流量有何特点？

8-4　活塞泵的性能曲线有何特点？

8-5　简述螺杆泵的工作过程。

8-6　螺杆泵的理论流量与哪些因素有关？

8-7　与活塞泵相比，螺杆泵的性能曲线有何特点？

8-8　简述齿轮泵的工作过程。

8-9　简述水环式真空泵的工作过程。

8-10　水环式真空泵的性能曲线有何特点？

8-11　水环式真空泵抽真空效果为何不高？

8-12　简述水锤泵的工作过程。

8-13　水锤压力如何计算？

附录 A　水的物理参数表

温度 (℃)	密度 ρ (kg/m³)	饱和蒸汽压 p_V (kPa)	运动黏度 ν ($\times 10^{-7}$ m²/s)	温度 (℃)	密度 ρ (kg/m³)	饱和蒸汽压 p_V (kPa)	运动黏度 ν ($\times 10^{-7}$ m²/s)
5	1000. 0	0. 872 8	15. 20	95	961. 9	84. 523 5	3. 11
10	999. 7	1. 225 8	13. 10	100	958. 1	101. 322 3	2. 911 6
15	999. 1	1. 706 4	11. 46	105	945. 7	120. 798 3	2. 776 4
20	998. 2	2. 334 0	10. 11	110	950. 6	143. 265 4	2. 653 5
25	997. 0	3. 167 6	8. 97	115	946. 8	169. 056 8	2. 541 3
30	995. 6	4. 236 5	8. 04	120	942. 9	198. 545 4	2. 438 6
35	994. 0	5. 619 2	7. 25	125	938. 3	232. 094 0	2. 344 6
40	992. 2	7. 374 6	6. 59	130	934. 6	270. 134	2. 258 3
45	990. 2	9. 581 1	6. 02	135	930. 2	313. 028 3	2. 178 9
50	988. 0	12. 327 0	5. 56	140	925. 8	361. 375 1	2. 106 5
55	985. 7	15. 739 7	5. 15	145	921. 4	415. 507 8	2. 037 8
60	983. 2	19. 917 3	4. 78	150	916. 8	476. 014 8	1. 975 3
65	980. 6	25. 007 0	4. 46	155	912. 1	543. 288 4	1. 917 2
70	977. 8	31. 155 7	4. 16	160	907. 3	618. 113 2	1. 863 3
75	974. 9	38. 550 0	3. 91	165	902. 4	700. 783 2	1. 813 3
80	971. 8	47. 363 1	3. 67	170	897. 2	791. 985 1	1. 766 9
85	968. 6	57. 800 4	3. 47	175	892. 1	892. 405 2	1. 723 6
90	965. 3	70. 107 7	3. 27	180	886. 9	1002. 631 9	1. 683 2

附录 B 压力的单位换算表

帕 (Pa) (N/m²)	千克/厘米² (kg/cm²)	吨/米² (t/m²)	标准大气压 (atm)	磅/英寸² (lb/in²)	巴 (bar)	$p/\rho g$ 水银柱 (0℃)		$p/\rho g$ 水柱 (15℃)	
						毫米 (mm)	英寸 (in)	米 (m)	英尺 (ft)
1	10.1972×10^{-6}	101.972×10^{-6}	9.86923×10^{-6}	145.063×10^{-6}	10×10^{-6}	7.50062×10^{-3}	295.300×10^{-6}	102.074×10^{-6}	334.887×10^{-6}
98.0665×10^{3}	1	10	0.967492	14.2230	0.980665	735.560	28.9592	10.0090	32.8380
9.80665×10^{3}	0.1	1	9.67492	1.42230	9.80665×10^{-2}	73.5560	2.89592	1.0090	3.2380
101.325×10^{3}	1.03320	10.3320	1	14.6958	1.01325	760.000	29.9213	10.3322	33.8983
6.89476×10^{3}	7.03077×10^{-2}	0.703077	6.80467×10^{-2}	1	6.89476×10^{-2}	51.7155	2.03604	0.703780	2.30899
10^{3}	1.01972	10.1972	0.986923	14.5036	1	750.062	29.5300	10.2074	33.4887
133.322	1.35951×10^{-3}	1.35951×10^{-2}	1.31579×10^{-3}	1.93366×10^{-2}	1.33322×10^{-3}	1	3.93700×10^{-2}	1.36087×10^{-2}	4.46480×10^{-2}
3.38639×10^{3}	3.45316×10^{-2}	0.345316	3.34211×10^{-2}	0.491149	3.38639×10^{-2}	25.4000	1	0.345661	1.13406
9.79685×10^{3}	9.99000×10^{-2}	0.999000	9.66874×10^{-2}	1.42090	9.79685×10^{-2}	73.4824	2.89301	1	3.28084
2.98608×10^{3}	3.04496×10^{-2}	0.304496	2.94703×10^{-2}	0.433090	2.98608×10^{-2}	22.3974	0.881789	0.304800	1

注　1. $1Pa=1N/m^2=10^{-5}bar=1.01972\times10^{-5}kgf/cm^2=9.86923\times10^{-6}atm=7.50062\times10^{-3}mmHg$ (0℃) $=145.036\times10^{-6}lb/in^2$。

2. $1lb/in^2=295.300\times10^{-6}inHg$ (0℃) $=10dyn/cm^2=334.887\times10^{-6}ftH_2O$ (15℃)。

3. $1bar=10^6dyn/cm^2=10^5Pa$。

4. $1atm=760mmHg$ (0℃) $=101.325\times10^3Pa$。

参 考 文 献

［1］安连锁．泵与风机．北京：中国电力出版社，2008.

［2］何川，郭立君．泵与风机．5 版．北京：中国电力出版社，2016.

［3］杨诗成，王喜魁．泵与风机．5 版．北京：中国电力出版社，2016.

［4］李庆宜．通风机．北京：机械工业出版社，1985.

［5］关醒凡．现代泵理论与设计．北京：中国宇航出版社，2011.

［6］袁寿其．泵理论与技术．北京：机械工业出版社，2014.

［7］成新德．叶片式泵·通风机·压缩机（原理、设计、运行、强度）．北京：机械工业出版社，2011.

［8］斯捷潘诺夫．离心泵与轴流泵．徐行键译．北京：机械工业出版社，1986.

［9］商景泰．通风机设计入门与精通．北京：机械工业出版社，2012.

［10］普弗莱德芮尔．叶片泵与透平压缩机．奚户棣译．北京：机械工业出版社，1973.

［11］B. 埃克．沈阳鼓风机研究所等译．通风机．北京：机械工业出版社，1983.

［12］VOLK M. Pump characteristics and Applications. Ind ed. London：Taylor & francis Group，2005.